农业转型升级 种养增效措施与实用技术

NONGYE ZHUANXING SHENGJI ZHONGYANG
ZENGXIAO CUOSHI YU SHIYONG JISHU

高丁石　悦金锋　冯　莉　等　主编

中国农业出版社

北京

编 委 会

前 言

    中国的农业发展经历了漫长而曲折的过程，集聚了众多的经验与技术，既有历史悠久与文明的美誉，也有"农业大国""农业大省""农业大市""农业大县"等称号，在长期的发展过程中，以垦荒扩大种植面积，并不断总结生产经验提高产量为主，总体看是以量的扩张为主。在农业生产发展到一定水平、生产能力达到一定程度之后，农业生产的再发展就必须运用生态学和生态经济学原理，把农业现代化纳入生态合理的轨道，以实现农业健康发展、优质与高效发展和可持续发展。

    在我国农业生产取得举世瞩目成就之后，农业资源如何有效配置？农业生产如何优质、高效和绿色发展？农民怎样才能较快地摆脱贫困并步入小康？社会主义新农村如何振兴等问题相继而来摆在我们面前。回顾20世纪以来社会和经济发展的历程，人类已经清醒地认识到，工业化的推进为人类创造了大量的物质财富，加快了人类文明的进步，但也给人类带来了诸如资源衰竭、环境污染、生态破坏等不良后果，再加上人类的刚性增长，人类必然要坚持走农业绿色发展的道路。在我国实现农业绿色发展，并使之由大变强，既要继承和发扬传统农业技术的精华，还要在此基础上从各个方面转变发展理念与方式，并大量应用现代农业生产技术，才能做精做强农业。为此，笔者根据多年来的生产实践经验，加之观察与思考，运用生态循环原则，对实现种（种植）养（养殖）生产、土壤培肥管理与防止污染以及产业化经营的理念和农业良性循环过程中的实用技术作了简要总结，提出了一些浅薄看法，旨在为我国农业发展尽些微薄之力。

　　本书以理论和实践相结合为指导原则，在对做精做强农业的意义、作用与途径进行探讨的基础上，较系统地阐述了循环生态农业生产过程中各个环节（包括种植业的粮经菜菌果生产、养殖业的畜禽鱼精养、土壤培肥管理与污染防治、间作套种与休耕、作物病虫害绿色防控、全程机械化信息化配套以及农业产业化经营）的转型升级增效措施与实用技术，突出实践经验，并对当前农业绿色发展中各环节存在的问题，有针对性地提出了对策与发展思路。该书以做精做强农业为主线，以问题分析和实践经验阐述及实用技术为重点，语言精练朴实，深入浅出，通俗易懂，针对性和可操作性较强，适宜于广大基层农技人员和农业生产者阅读。

　　由于编著者水平所限，加之有些问题尚在探索之中，谬误之处在所难免，恳请广大读者批评指正。

编　者
2019 年 6 月

目录

前言

第一章　农业转型升级的意义、作用与途径探讨 ·················· 1

第一节　农业供给侧改革的意义、作用、目标与措施 ········· 2
第二节　农业绿色发展理念与建设 ························· 18

第二章　种植业生产转型升级篇 ····························· 46

第一节　粮食作物生产转型升级 ························· 52
第二节　经济作物生产转型升级 ························· 85
第三节　食用菌生产转型升级 ··························· 114
第四节　林果业生产转型升级 ··························· 134

第三章　畜牧水产养殖业生产转型升级篇 ··················· 154

第一节　畜牧水产养殖业发展概述 ······················· 154
第二节　养猪实用技术 ······························· 163
第三节　养羊实用技术 ······························· 185
第四节　池塘综合养鱼实用技术 ······················· 192

第四章　农业关键技术提升篇 ····························· 208

第一节　土壤培肥与精准施肥技术 ······················· 208
第二节　间作套种与轮作休耕技术 ······················· 264
第三节　病虫草害绿色防控技术 ·········· 309

　第四节　全程机械化和信息化配套技术 ……………… 322

第五章　农业产业化与一二三产业融合转型升级篇 ……… 328

　第一节　农业产业化的概念与内涵 …………………… 328

　第二节　农业产业化经营的基本特征 ………………… 329

　第三节　农业产业化经营的意义 ……………………… 333

　第四节　提升农业产业化水平的途径 ………………… 336

　第五节　农业产业化经营中土地流转与规模经营 ……… 341

　第六节　不断创新土地与农业产业化经营体系 ………… 349

第一章 农业转型升级的意义、作用与途径探讨

中国的农业发展经历了漫长而曲折的过程，集聚了众多的经验与技术，既有历史悠久与文明的美誉，也有"农业大国""农业大省""农业大市""农业大县"等称号，在长期的发展过程中，以垦荒扩大种植面积，并不断总结生产经验提高产量为主，总体看是以量的扩张为主。改革开放40年来，我国经济的高速增长在世界范围内、在我国历史上都是罕见的，经济总量已经稳居世界第二。在很短的时间内，我们就由低收入国家进入了中等偏上收入国家的行列，国力、财力包括国际影响力都发生了深刻的变化。我国农业发展已经进入了新的历史阶段，主要矛盾已经由解决总量不足转变为解决质量效益不高的问题。现在我们面临的主要问题是供给不适应需求的变化，这一点不仅表现在工业上，也同样表现在农业中。一方面我们生产的产品大路货多，卖难滞销，库存积压，形成社会资源的浪费；另一方面，高端的个性化的需求满足不了，产品缺乏国际竞争力，大量的市场被进口产品挤占，给我们国内的产业成长带来了隐患和威胁。在农业生产发展到一定水平、生产能力达到一定程度之后，农业生产的再发展就必须运用生态学和生态经济学原理，把农业现代化纳入生态合理的轨道，以实现农业绿色健康发展。

农业要转型升级做精做强，不解决好农业供给侧结构性改革这个问题就没有出路。所以在我国农业生产取得举世瞩目成就之后，农业资源如何有效配置？农业生产如何优质、高效和绿色发展？农民怎样才能较快地摆脱贫困并步入小康？社会主义新农村

如何振兴等问题相继而来摆在我们面前。回顾 20 世纪以来社会和经济发展的历程，人类已经清醒地认识到，工业化的推进为人类创造了大量的物质财富，加快了人类文明的进步，但也给人类带来了诸如资源衰竭、环境污染、生态破坏等不良后果，再加上人类的刚性增长，人类必然要坚持走农业绿色发展的道路。

供给侧结构性改革就是要用改革创新的办法，调整农业的要素、产品、技术、产业、区域、主体这几个方面的结构。比如，要素结构，特别是投入品，要投入绿色的产品、信息化的产品，比如绿色的生物肥料等。产品结构，要创造能满足中高端需求的优质产品。技术结构，由过去促进增产的单一性技术，转变为强调品种、环保、节本增效等符合可持续发展要求的复合型技术。产业结构，改变产业结构失衡的现状，实现一二三产业融合发展。区域结构，继续推进优势特色农产品的区域布局规划，解决跟风种养、同期上市、相互杀价等恶性竞争问题。主体结构，加快培育新型经营主体，促进农业规模化经营和产业化发展。只有解决好这几方面的结构性问题，我们的农业才能有竞争力，才能满足不断增长和升级的消费需求。

第一节　农业供给侧改革的意义、作用、目标与措施

一、农业供给侧改革的意义与作用

1. 农业供给侧结构性改革是破解农产品供需结构性失衡的迫切需要　农产品供需失衡，缺乏优质品牌农产品，与城市居民消费结构快速升级的要求不适应，是当前农业发展面临的第一大问题。这一现状需要我们以市场需求为导向，加快调优农产品结构，调精品质结构，从过去主要满足量的需求向更加注重质的需求转变。

2. 推进农业供给侧结构性改革是提高农业比较效益的迫切

需要　由于资源条件的制约，我国农业生产成本高，效益比较差，缺乏竞争力。土地流转和人工成本不断攀升，不走机械化、规模化的发展道路，农业生产效益很难提升。目前，一方面我国的农业生产成本每年在增长，对农业经营效益形成了明显的挤压效应；另一方面农产品价格低位徘徊，尽管前几年国家采取保护价收购提高了农产品价格，但这种做法长期来看难以为继，要进行改革，实行价补分离。因此，不进行农业供给侧结构性改革，我们的农业效益就难以提升，就很难吸引新的要素、新的资源投入，长此以往农业就会衰落。

3. 推进农业供给侧结构性改革是缓解资源环境压力的迫切需要　农业是自然的再生产和经济的再生产交织的过程，必须依赖于自然资源，又必须在发展的过程中很好地利用和保护好自然资源。近年来我们在农业取得巨大成就的同时，也给资源环境造成了很大的压力，水土流失、地下水干涸、湿地面积减少、农业面源污染等种种问题都不符合绿色发展的要求，必须通过农业供给侧结构性改革，由过去过度依赖资源消耗转到绿色可持续的发展道路上来。

4. 推进农业供给侧结构性改革是增强我国农产品国际竞争力的迫切需要　加入世界贸易组织以来，我国农业已经完全融入了国际市场，现在进口农产品的平均关税只有 15%。一些农产品的生产成本比从国外进口要高出许多。同时一些农产品的质量没有完全满足消费需求，也使大量的国外农产品进入了中国的市场，比如说奶粉、奶制品等。成本、品质是竞争力的核心，不解决这两方面的问题，我们国内的产业就很难在国际竞争中取得优势。要不断提升产品质量和品质，也需要推动农业供给侧结构性改革。

总之，中央提出要把推动农业供给侧结构性改革作为农业农村经济工作的主线，抓住了当前农业面临的主要矛盾。同时，也要看到我们推进农业供给侧结构性改革有两个有利因素：一是我们现在的农产品供应充足，调整尚有余地、有空间；二是我们有广阔的市场需求，中国的消费市场优势是全世界其他任何一个国家都没有的。

二、农业供给侧改革的目标与方向

1. 要把提高农业的质量和效益作为主攻方向 农业供给侧结构性改革不是解决量的问题，而是要解决质量和效益的问题。要围绕这个主攻方向来发力，抓住品种、品质、品牌这个核心，不断优化产品结构和品质结构，优化生产技术和经营结构，提高农业经营效益。要提高组织化程度，靠生产经营的组织化和规模化来保证质量、提高效益。例如，依托合作社通过统一服务来降低成本，通过成员的自我约束来保证质量安全，实现自我教育、自我管理、自我约束。

2. 要把促进农民增收作为核心目标 改革也好，发展也好，最核心的是看农民的腰包鼓没鼓起来，这是检验农业农村工作成效最基本的一个标准。这些年农民增收增速很快，城乡收入的差距在逐步缩小，但也要看到现在农民增收的难度也越来越大。所以在推动农业供给侧结构性改革过程中，我们要围绕着增收来采取措施。家庭农场与专业合作社作为一个市场主体，只有自己发展好了，带动力增强了，才能更好地带领群众发展致富。

3. 要用改革的办法和创新的思维来推进农业供给侧结构性改革 一是要把改革作为根本途径。农业供给侧结构性改革简言之就是"结构调整＋深化改革"。要用改革的办法来解决我们面临的问题，核心就是要处理好市场和政府的关系。一方面我们要继续加大对家庭农场与专业合作社发展的政策扶持，另一方面家庭农场和专业合作社的发展也要更好地适应市场的需求。国家扶持是一个重要方面，但更多的是需要家庭农场与专业合作社在市场中去竞争，在竞争中成长，最终才能真正增强自己的发展能力。二是要把创新思维作为动力。我们搞农业供给侧结构性改革，在思维方式上也要与时俱进，要用统筹城乡的思路来看待和推进改革，不能就农业谈农业。还要用国际视野来看待农业供给侧结构性改革，特别是我们的一些家庭农场和专业合作社，搞大宗农产品、特色农产品，和国际交往多、交流多、贸易多，更需要了解国际行情，掌握国际动态。

三、农业供给侧改革的基本思路与原则

搞好农业供给侧改革，必须推动高效种养业转型升级来提质增效，迫切需要通过生产力调整和生产关系变革，加快推进种养业转型升级。要通过破解农产品供需结构性矛盾、提高农业比较效益、缓解资源环境压力、应对市场竞争等方法发展专用、特色、高端农产品，提升产品档次，培育农产品知名品牌，增强市场竞争力。

（一）基本思路

牢固树立创新、协调、绿色、开放、共享发展新理念，以农业供给侧结构性改革为主线，以保证国家粮食安全、增加农民收入为前提，坚持因地制宜、市场主导、科技支撑、绿色发展、协同推进的基本原则和布局区域化、经营规模化、生产标准化、发展产业化的基本路径，通过建基地、调结构、延链条、创品牌、促融合，着力推进种养业向高端化、绿色化、智能化、融合化方向发展，走出一条质量更高、效益更好、结构更优、优势充分释放的发展之路，全面提高种养业整体效益和竞争力，实现种养业由大变强的转变。

（二）基本原则

1. 坚持因地制宜，发挥优势　推动高效种养业转型升级，各地要因地制宜、因地施策，不搞一刀切，要立足当地资源禀赋、生态条件、产业基础，发挥比较优势，因地制宜确定各地发展方向、发展重点。

2. 坚持市场主导，政府引导　推动高效种养业转型升级，

既要加强规划引导，开展试点示范，强化政策支持，发挥政府的引导作用；又要遵循市场规律，尊重农民意愿，调动各类市场主体的积极性，充分发挥市场的主导作用。

3. 坚持科技支撑，自主创新发展 推动高效种养业转型升级，要充分发挥人才和技术的作用，以科技创新为内生动力，走内涵式发展道路，加快实现种养业由投入要素驱动向科技自主创新转变。

4. 坚持绿色发展，生态友好 要把尊重自然、保护生态融入种养业转型升级全过程，以绿色发展为方向，大力推行绿色生产和清洁生产，加快形成资源利用高效、产品质量安全、生态环境友好的发展格局。

5. 坚持协同推进，融合发展 推动高效种养业转型升级，要坚持加工带动，产销衔接，种养结合，协同推进，从全产业链统筹谋划种养业发展。

四、农业供给侧改革的方向路径

（一）推进农业结构调整

调整农业结构，各地要因地制宜，突出特色和重点，从目前全国情况来看，农业结构调整主要体现在以下几个方面：

一是要调减玉米种植面积。主要调减非优势产区，也就是东北冷凉区、北方农牧交错区、西北风沙干旱区及西南石漠化区的玉米种植面积。

二是要稳定生猪生产，振兴奶业。要统筹考虑稳定生猪生产和生猪生产的转型升级，要从南方的水网地区、大中城市郊区转移到环境容量大、玉米饲料多的农牧交混区和粮食主产区。奶业的关键是要把奶源基地建设好，改善目前牧草质量不高的问题。

三是要进行渔业减量增收和资源养护。渔业合作社要转变养殖方式，朝健康养殖转变，尤其要注意养殖的质量，实现提质发展。

四是要做大做强特色产业。鼓励各地开展特色农产品示范区建设，通过"三园两场""三品一标"*等工作，不断提升农业整体发展素质。

五是要鼓励发展农村新业态新模式。鼓励发展电商、乡村旅游、农产品加工业等，推进农业一二三产业融合。

农业大省河南省是种养业大省，据 2017 年统计数据，全省小麦、花生、食用菌产量均居全国第一，肉、蛋、奶产量分别位居第二、第一和第四位，水果、蔬菜产量位居全国前列，干果、木本油料、中药材、茶叶等特色农产品稳步发展。为加快推进高效种养业转型升级，提高农产品市场竞争力和综合效益，结合河南省实际，制定了以"四优"为重点的行动方案，该方案聚焦突出问题，破解发展瓶颈，引领带动河南省种养业向区域协调型、生产集约型、生态友好型方向转型，向质量效益并重、种养加销一体、市场竞争力提升方向升级。

一是发展优质小麦。着力破解专用小麦结构性紧缺、混种混收混存、产销脱节、比较效益低等问题，在稳定小麦面积的基础上，调优品质结构，适当发展强筋、弱筋小麦，做优做强中筋小麦；积极推广专用品种，推行单品种集中连片种植，落实标准化技术，推进产销衔接，推动优质小麦向专种、专收、专储、专用和产加销一体化方向转型升级。

二是发展优质花生。着力破解花生优势品种规模小、机械化程度低、产业化水平不高等问题，在扩大花生种植面积的基础上，调优品种结构，提高高油、高油酸花生比重，建设规模化种植基地，推广绿色标准化生产技术，提高机械化水平，推进产销衔接，推动优质花生向规模化、机械化、产加销一体化方向转型

---

* "三品一标"指无公害农产品、绿色食品、有机农产品和农产品地理标志的统称。"三园两场"即指标准化的果园、菜园、茶园和标准化畜禽养殖场、水产健康养殖场。

升级。

三是发展优质草畜。着力破解优质饲草短缺、肉牛奶牛养殖成本高、牛源供应不足、精深加工产品比重小、产加销一体化程度低、养殖效益不稳等问题，在保障肉制品、奶制品市场有效供给的基础上，大力推进粮改饲，稳步扩大养殖规模，积极推进精深加工，促进产品结构升级，加快构建粮经饲统筹、种养加一体、资源循环利用的新型种养结构。推动优质草畜向调结构、扩规模、强加工、延链条、促融合方向转型，构建优质草畜的产业体系、生产体系和经营体系。

四是发展优质林果。以水果干果、木本油料、花卉苗木、蔬菜食用菌、茶叶、中药材为重点，着力破解品种结构不合理，生产标准化、机械化程度低，产后商品化处理水平低，冷链储运体系滞后等问题，在稳定发展的基础上，通过优化品种结构，调整种植模式，推广名特优新品种和绿色高效栽培技术，推进机械化生产，发展产地预冷等措施，提高单位面积产能，提升产品品质和档次，增强四季均衡供应能力，推动优质林果业向标准化、机械化、高端化方向转型升级。

（二）推进农业绿色发展

推进绿色发展关键是围绕提高品质和可持续能力来开展。一方面，要保证质量安全。方法有三：①要推行标准化生产。只有按照标准化来生产才能从源头上保证安全。②要重视品牌建设。通过召开农业品牌大会，推出一批有市场信誉度、有公信力的品牌。③要加强质量监管。企业是质量监管责任的第一责任人，生产单位和个人要按照规范来生产，不违规使用农兽药，使用药物要建立登记制度和休药期制度。另一方面，要加强对资源环境的保护。按照"一控两减三基本"（即严格控制农业用水总量，减少化肥农药施用量，地膜、秸秆、畜禽粪便基本资源化利用）的发展原则研究和应用农业新技术，走良性循环农业发展道路。

（三）推进农业创新驱动发展战略

家庭农场和专业合作社要主动和农业科研单位、农技推广部门对接，承接试验示范项目，尽可能地跟踪和采用先进的技术、先进的品种，来提高自己的发展水平和质量。

基层农业技术推广机构要创新体系建设并不断提高服务水平。多年来，我国农技推广工作作为农业的发展做出了巨大贡献。但面对新时期、新阶段和新要求，目前，基层农技推广体系建设尚不能很好地适应现代农业发展的需要，尤其是随着我国农业不断向深度和广度拓展，新品种、新技术层出不穷，如何满足农民对农业科技日益增长的需求，农技推广体系急需创新，服务水平需要不断增强与提高。

1. 基层农技推广体系的基本状况与问题

（1）基层农技推广基本状况。种植业、畜牧兽医、水产、农机化、经营管理等方面在各级政府中基本都有农技推广机构，这些机构多为计划经济时期成立而延续至今，也经历了多次改革，其规模大小、人员多少、素质高低、工作条件与职能要求以及经费保障水平都存在较大差异，总体认为，越是县、乡基层农技推广机构，工作条件越差、经费保障水平越低、专业人员越缺乏，与越是基层越需要专业技术人才的实际不相适应，也与发展现代农业的需要不相适应。

（2）基层农技推广机构的基本职能。由于县、乡基层农技推广机构多在各级政府部门中，机构普遍存在挂牌现象，没有形成真正的独立事业单位。长期以来，基层农技推广机构的主要推广手段靠的是总结当地先进经验，"现发现卖"，既没有农业大学的理论创新优势，也没有农科研究系统的科技研发优势，加上体制不顺、保障不足、机制不活等因素，造成目前基本职能不清，甚至个别地方领导认为可有可无。30多年来，农技推广工作经历了改革开放之初的农业科研、推广、教育三结合时期，当时一些重点县农技推广中心提出了"立足推广搞经营，搞好经营促推广"的工作方针;到 20 世纪 90 年代,随着对农口事业单位"断奶、断粮"的改革时期到来,农技推广工作指导思想逐渐变为"搞好经营,弥补事业费不足";近些年来又提出了"强化公益性,推广与经营性服务分离"的工作指导思想。

(3) 基层农技推广机构中人员状况。由于基层农技推广人员长期处在条件差、待遇低且保障不足,加上不断变革等因素,目前,从事基层农技推广工作的技术人员不但数量不足,且混编混岗使用现象严重,同时年龄老化,对从事农技推广工作产生较大的影响。另外,长期从事农技推广工作的专业技术人员知识更新较慢,所能提供的服务不能很好地适应现代农业发展的需要。基层农技推广机构总体还存在科研、推广、教育三者结合不够紧密的问题,造成农业科技创新不够,科研成果利用转化率不高,科研、推广、教育相互脱节现象,制约了农技推广事业发展,从而影响了现代农业发展。

2. 对基层农技推广体系创新与提高服务水平的思考

(1) 农技推广体系需要由完备的法律来规范。尽管我国各地条件和情况差异很大,许多事情很难做到统一,但对基层农技推广机构的性质、职能、人员素质、运作方式需要有一个明确的定位,对机构规模和人员编制以及经费供给等有一个最低标准要求,并以法律的形式明确规范。以确保机构和人员相对稳定,以促进和保障农技推广事业稳步健康发展。

(2) 农技推广机构要有一套创新运行机制和科学考评办法。依据机构规模、当地发展目标和人员状况等综合因素,要不断创新农技推广机构运行机制和科学考评机制,以机制创新促推广事业进步,从而促进服务水平的提高,进而促进现代农业发展。

(3) 对农技推广机构性质、职能、人员素质、运作方式的一些思考。

一是职能设置。各级农技推广机构都应是财政全供事业单位。但根据工作实际情况和需要，市级以上和县级以下农技推广机构工作性质和职能应有所区别，市级以上农技推广机构应强化公益性职能，工作重点应放在种植养殖规划、推广目标制定、新成果新技术引进、区域性病虫害防治、基层技术人员资格评定以及人员素质培训等方面；县、乡基层农技推广机构应根据上级业务部门规划，结合当地实际情况，以解决实际问题、提供有效服务为主。

二是人员配备。县、乡基层农技推广机构特别是乡（镇）基层农技推广机构应以综合工作站为宜，但技术人员应是多学科多专业的，能充分发挥人才互补优势，利于工作的开展和实际问题的解决。

三是持证上岗。农技推广机构工作人员应实行职业资格制度。在通过一定的专业技术和专业技能评定和测试后才能上岗工作。

四是适当开展经营服务。县、乡基层农技推广机构应保留一定规模的经营性服务。①农民需要。②通过经营性服务有利于推广新品种、新肥料、新农药；通过经营性服务可物化农业新技术；通过经营性服务稳定和抑制种子、肥料、农药等生产资料价格，起到公益性作用。但经营性服务要规范，也可作为政府预算外收入按收入与支出两条线按比例返还的办法运作等。同时基层农技推广人员经营服务的能力也是反映农技人员掌握专业技术能力的一个重要方面。

（四）推进农村改革

继续推进土地确权登记颁证工作，逐步推开集体产权制度改革，大力培育新型经营主体，制定和完善支持政策。推进价格形成机制改革，继续执行和完善小麦、水稻的最低保护收购价制度，继续推进玉米收购价格改革工作，继续实施棉花、大豆的目标价格补贴制度。

农村改革，其核心是如何处理好农民与土地的关系、农业与农村的关系、农村与城市的关系，不断深入解决不同发展时期面临的突出问题和深层次矛盾，持续为农业农村现代化不断开辟新道路、注入新活力。农村改革从调整农民与土地的关系开始，通过实行联产承包责任制，构建起农业生产发展的动力机制。土地制度自古以来就是一个关乎国本的重大问题，是乡村问题的核心。农村深化改革的历史任务已提升到以统筹协调农村与城市关系为目的，通过建立一系列以工补农、以城带乡的新政策，不断构建起农业农村持续发展的动力机制。

1. 深化农村改革的方向 通过政府主导、农民主体、社会参与，解决好加快推进农业农村现代化的动力机制问题。

（1）城乡统筹改革"开新篇"。新时代农村改革与过去最大的不同，就是要紧扣城乡关系重塑，构建城乡融合发展的体制机制和政策体系。因此，今天深化农村改革，不能就农村论农村，而要着眼于彻底打破城乡二元体制藩篱，理顺城乡利益分配关系，让乡村回归到与城市"互补""融合"的功能定位，推动乡村振兴与新型城镇化"双轮驱动"，共同为国家现代化建设提供强大动力。统筹谋划城乡改革，要重点在三个方面寻求突破：

一是在规划引领、政策制定、法律保障等方面，进一步突出农村一二三产业融合发展，持续增强乡村发展在国民经济与社会发展中不可替代的地位和作用，更好地发挥乡村振兴拉动内需、扩大就业、保护生态的重要功能。

二是加快完善城乡要素合理流动机制，强化改革"集成"，更好地让人才、土地、资金反流乡村，让绿色产品、生态环境、乡风乡貌服务城市。特别是完善农业农村支持保护制度，加快形成财政优先保障、金融重点倾斜、社会积极参与的多元投入格局，有效改变长期以来乡村"失血""贫血""空心化"状况。

三是推进城乡公共资源均衡配置和基本公共服务均等化制度创新，坚持"四个优先"，强化乡村公共基础设施建设，重点发展农村教育、医疗、卫生、康养等事业，全面改善农村生产生活条件。

（2）"三农"内部改革"回头看"。过去 40 年"三农"领域的改革取得了巨大成就，同时也存在需要深化改革的"弱项""短板"。比如农村土地制度的改革要完善，农村集体经济薄弱长期未有效解决，"分"的比较充分，"统"的功能失效，农民主体地位实现不足等。为此，要加快"三农"内部改革，重点在四方面下功夫：

一是在保持土地承包关系稳定并长久不变的基础上，进一步理顺土地所有权、承包权、经营权关系，让集体的所有权更"实"、农户的承包权更"稳"、经营权更"活"。

二是在农业领域，以绿色发展、质量兴农、深入推进农业供给侧结构性改革为主线，加快构建现代农业产业体系、生产体系、经营体系。

三是在农村领域，以巩固和完善农村基本经营制度为核心，以共同富裕为目标，深入推进农村集体产权制度改革，构建归属清晰、权能完整、流转顺畅、保护严格的中国特色社会主义集体产权制度，推进股份合作制改革，盘活农村集体资产，提高农村各类资源要素的配置和利用效率，确保集体资产保值增值和农民受益。

四是在农民利益发展上，以维护、实现农民主体地位为核心，既要塑"形"，更要强"魂"，充分发挥村级党组织的核心作用，以组织振兴来促进产业、生态、人才和文化振兴。

（3）全方位改革"出活力"。随着改革进入攻坚期和深水区，过去单项突破或局部突进的改革方式已难以适应新形势新要求，改革要向系统化、集成化方向推进，形成"1＋1＞2"的"叠加效应"。乡村振兴时期的改革是 40 年来农村改革的最高形态，既要着眼于城乡融合层面的改革政策、措施，又要立足于稳定和巩固之前各阶段的农村改革制度成果；既要注意推动农业农村外部的改革任务，又要做优做实农业农村内部的改革举措。各地要对照改革目标要求，按照"缺什么补什么"的原则，抓重点、补短板、强弱项，形成改革促发展的强大动力。乡村振兴是全面振兴，改革也涉及方方面面，必须破除改革设计的"碎片化"和目标化的"应急化"，避免"头疼医头、脚疼医脚"，强化配套改革，形成"组合拳"。比如推进农业发展绿色革命，既要创新农业资源使用付费制度，又要强化环境影响问责制度，也要改革政府绩效考核办法。又比如推进农村宅基地改革，既要让农民充分享受宅基地"三权分置"带来的红利，也要让集体经济发展从中受益，还要保护好农村乡土风貌。只有各项改革配套推进、同向发力，才能事半功倍，让农民群众满意。

2. 深化农村改革需要处理好几方面关系 要牢固树立创新、协调、绿色、开放、共享发展理念，坚持目标导向和问题导向，准确把握目标任务和原则要求，敢于触及深层次利益关系和矛盾，把改革进行到底，确保全面实现乡村振兴的各项目标任务。

（1）处理好城市与农村的关系。随着城乡改革逐步并轨，城市与乡村"有差别无差距"将成为普遍形态。目前，在大多数地区，城乡差距仍然十分明显，这种状况也将长期存在。城乡发展区位不同，不能苛求农村有像城市一样的"面子"，但必须有与城市同等质量的"里子"。城乡功能定位不同，不能强求农村与城市同质化，而应发挥城乡互补性强的优势，全面融合，共同把"蛋糕"做大。要充分认识到，城市和乡村是互促互进、共生共存的，没有乡村的全面发展，就没有城镇化的健康发展；没有今天乡村的加快发展，就没有明天城市的可持续发展。要强化"一盘棋"的工作格局，彻底改变过去对农业农村工作"说起来重要、干起来次要、忙起来不要"的思维模式和路径依赖，真正把农业农村发展和城市发展摆到各级党委政府工作同等重要的位置，做到一起谋划、一起部署、一起考核。要坚持"两手抓"的工作方法，既要着力改革城乡分割的思想观念和制度设计，突破制约城乡要素平等交换和公共资源均衡配置的体制机制障碍，推动要素配置、资源条件、公共服务、基础设施向农业农村倾斜，加快补齐农业农村发展短板；又要着力提升乡村品质，深度挖掘乡村传统习俗、淳朴民风、良好生态等多重价值，使乡村成为具有浓厚乡土气息、传承乡土文化的美丽家园，为城市人提供"看得见山、望得见水、记得住乡愁"的心灵归宿。

（2）处理好国家与农民的关系。"大国小农"是我国的基本国情农情，小规模家庭经营是农业的本源性制度。从历史的经验看，国家与农民的关系处理不好，就会激发社会矛盾甚至危及国家安全。农村改革之初，"交够国家的，留足集体的，剩下都是自己的"，得到了广大农民的普遍欢迎；农村税费改革后，"农民不交税、种地有补贴"，进一步激发了农民生产积极性。近年来，"多予少取放活"是我们处理国家与农民关系的基本思路，但相对于"多予少取"，"放活"的文章做得不够，一些地方政府大包大揽，农民变成"局外人"，村庄建设出钱的是政府，干活的是专业队伍，"别人热火朝天干，农民背着手看"，这实际上又回到了"干与不干一个样"的老路上，其本质原因在于没有完全做到尊重和实现农民在乡村振兴中的主体地位。实施乡村振兴，全面提升农村发展质量和农民生活质量，农民与国家的关系不再仅仅局限于农业生产领域，而是涉及农村社会生活的方方面面，如何调动和发挥农民在乡村建设中的主体力量，是一个新的重要课题。要"交够国家的"，就是落实好村庄布局规划，严守耕地和生态红线，实行按标生产和绿色生产，持续改善农村人居环境，让国家乡村振兴的部署要求落地生根。要"留足集体的"，就是在承包地流转、宅基地转让与出租以及涉及集体资产增值等方面的收益，应充分体现农村集体的所有权权能，不断壮大农村集体经济实力。事实上，实现集体经济自立和可持续发展，也是实现农村治理有效的前提和基础。要更好地"放活"，就是充分尊重农民意愿，鼓励农民积极参与乡村建设，承办或领办乡村建设事业；发挥农村"熟人社会"的特点，通过经济奖励与精神鼓励相结合，形成村庄建设人人参与和维护的良好风尚。通过村民变股民，让农民真正发挥"主人翁"作用，同时也从集体经济更大的"蛋糕"分配中获得更多收益。

（3）处理好政府与市场的关系。如何把政府这只"看得见的手"和市场这只"看不见的手"都用好，始终是全面深化改革的核心问题。党的十八届三中全会通过的《中共中央关于全面深化改革若干重大问题的决定》明确提出："经济体制改革是全面深化改革的重点，核心问题是处理好政府和市场的关系，使市场在资源配置中起决定性作用和更好发挥政府作用。"当前，乡村振兴战略正在从谋划设计转向实施落地，一大批财政、金融、用地等政策密集出台，各地推进乡村振兴的热情很高，越是这个时候，越要把握好节奏和方式，理顺政府与市场的关系。要遵循市场规律办事，不搞"一窝蜂"，既尽力而为又量力而行，既让农民收益又让企业得利。在乡村建设中引入竞争机制和第三方评价机制，通过整合资金、公开招标、明确任务清单和负面清单、加强评价考核的办法，克服财政资金大水漫灌、跑冒滴漏、"撒芝麻盐"的顽疾。要强化政府宏观调控与服务，科学制定规划，倡导绿色发展，完善标准体系，增加公共服务供给，严格市场监管，为乡村建设与发展创造良好的环境。要找准市场功能和政府行为的最佳结合点，切实把市场和政府的优势都充分发挥出来，更好地体现社会主义市场经济体制的特色和优势，努力形成市场作用和政府作用有机统一、相互协调、相互促进的格局。

（4）处理好中央与地方的关系。各地资源禀赋、经济条件、社会状况特别是农村情况千差万别，乡村振兴不可能齐步走、一刀切。实施乡村振兴战略，是我们党对全国人民做出的庄严承诺，推进乡村全面振兴，不能让一个村庄、一家农户落下。要坚持五级书记抓乡村振兴，建立中央统筹、省负总责、市县抓落实的工作机制。中央已经对全国乡村振兴的战略、规划、基本政策和举措作出了全面部署，中央各部门正在筹划出台落实一系列政策措施，各省都成立了高规格的乡村振兴推进机制，现在关键是要在推进中落实。党委和政府一把手是第一责任人，要层层落实责任，形成工作合力。特别是县委书记要把主要精力放在抓"三农"工作上，当好乡村振兴"一线总指挥"，细化制定乡村振兴任务清单和落实台账，用好督导检查这个利器，一件一件抓落实。要健康有序推进乡村振兴，从本地实际出发，科学制定适合发展阶段、满足农民需求的乡村振兴时间表和路线图，把握好乡村的差异性和发展走势分化特征，抓重点、补短板、强弱项，做到有所为有所不为。要注意把改革的力度、发展的速度和社会可承受的程度统一起来，对于看不准的事情要有历史耐心，不贪大求快，要不能超过自身承受能力负债搞建设，重点可以各有侧重，标准可以有高有低，进度可以有快有慢，关键是稳扎稳打、久久为功，让农民群众满意。

（5）处理好农业农村农民的关系。实施乡村振兴战略，根本目标是实现农业强、农村美、农民富，这对进一步处理好农业农村农民三者的关系提出了明确要求。过去抓"三农"工作，关注农业增产增效多一些，关注农民增收致富多一些，相比之下对农村建设与发展关注和推进不够，造成农村基础设施和民生领域欠账较多，农村环境和生态问题比较突出，乡村发展整体水平亟待提升。只要把发展现代农业、建设美丽乡村、培育新型职业农民三者有机统一起来，重塑新时代农业农村农民发展格局，才能把"三农"工作提升到新的境界。要统筹兼顾、全面发展。按照产业兴旺、生态宜居、乡风文明、治理有效、生活富裕的总要求，统筹推进农村经济建设、政治建设、文化建设、社会建设、生态文明建设和党的建设，加快推动农业全面升级、农村全面进步、农民全面发展。要突出重点、创新发展。既注重协同性、关联性，又强化创新性、实效性，以乡村建设带动农业农村高质量发展，真正让农业成为有奔头的产业，成为令人羡慕的行业，让农民成为有吸引力的职业，让农村成为安居乐业的美丽家园。要着眼长远，绿色发展。坚持绿水青山就是金山银山，坚定不移地走乡村绿色发展之路，推动乡村自然资本加快增值，让农业农村农民充分享受到人与自然和谐共生带来的收益，最终全面实现乡村振兴的战略目标。

（五）确保"一稳定"即稳定粮食生产

无论改革如何突进，粮食生产能力不能改弱了。粮食生产的结构可以调优，粮食产量在年度间也可以有波动，但要避免出现大起大落。国家继续鼓励发展粮食生产，今后政策会向主产区和新型规模经营主体（如家庭农场和专业合作社等）倾斜。调结构、讲效益不是要放松粮食生产，而要从单纯地追求产量转到重点提高质量效益、增强生产能力上来。增强生产能力主要依靠两条途径，一是藏粮于地，二是藏粮于技，通过提高地力和科技创新能力来保证我们的粮食安全。

第二节　农业绿色发展理念与建设

一、农业绿色发展理念的内涵

（一）对农业绿色发展理念内涵的基本理解

对于"农业绿色发展"理念统领的表述随着研究和认识的不断深入而不断完善，目前对农业绿色发展理念内涵应把握以下四点：

一是更加注重资源节约。这是农业绿色发展的基本特征。长期以来，我国农业高投入、高消耗，资源透支、过度开发。推进农业绿色发展，就是要依靠科技创新和劳动者素质提升，提高土地产出率、资源利用率、劳动生产率，实现农业节本增效、节约增收。

二是更加注重环境友好。这是农业绿色发展的内在属性。农业和环境最相融，如把稻田变成人工湿地，把菜园变成人工绿地，把果园变成人工园地等，把田园变成"生态之肺"。近年来，农业快速发展的同时，生态环境也亮起了"红灯"。推进农业绿色发展，就是要大力推广绿色生产技术，加快农业环境突出问题治理，重显农业绿色的本色。

三是更加注重生态保育。这是农业绿色发展的根本要求。山水林田湖是一个生命共同体。长期以来，我国农业生产方式粗放，农业生态系统结构失衡、功能退化。推进农业绿色发展，就是要加快推进生态农业建设，培育可持续、可循环的发展模式，将农业建设成为美丽中国的生态支撑。

四是更加注重产品质量。这是农业绿色发展的重要目标。推进农业供给侧结构性改革，要把增加绿色优质农产品供给放在突出位置。当前，农产品供给大路货多，优质的、品牌的还不多，与城乡居民消费结构快速升级的要求不相适应。推进农业绿色发展，就是要增加优质、安全、特色农产品供给，促进农产品供给由主要满足"量"的需求向更加注重"质"的需求转变。

同时，对农业绿色发展理念基本点的认识理解，必须把握七个基本点：①农产品的生产过程是安全的，资源和最终产品是安全的。②遵循可持续发展原则，协调统一全面发展农业，农业综合效益高。③充分利用现代先进科学技术、先进装备、先进设施和先进理念，统一协调发展观，促进社会经济的全面发展。④农产品数量足，充分满足人们日益增长的各种需求。⑤农业生产的各个环节均有符合人们要求的标准，改善生态环境，提高环境质量，促进社会、资源、环境的协调发展，促进人类文明健康发展。⑥大农业、泛农业概念，一种新的农业发展模式。⑦农业绿色发展理念随着时间的推移，空间的扩展，科学技术的发展，将赋予新的更加丰富的内涵。

（二）绿色农业的概念与农业绿色发展理念

所谓绿色农业，是指以生产并加工销售绿色食品为轴心的农业生产经营方式。绿色食品是遵循可持续发展的原则，按照特定方式进行生产，经专门机构认定的，允许使用绿色标志的无污染的安全、优质、营养类食品。

绿色农业是广义的"大农业"，是经济概念，其包括绿色动植物农业、白色农业、蓝色农业、黑色农业、菌类农业、设施农业、园艺农业、观光农业、环保农业、信息农业等。绿色农业的绿色产品优势必将转化为绿色产业优势和绿色经济优势。

绿色农业是以生态农业为基础，以高新技术为先导，以生产绿色产业为特征，且树立全民族绿色意识，进行农业生产，产出绿色产品，开辟国内外绿色市场。

农业绿色发展理念是一个坚持可持续发展、保护环境的理念。农业绿色发展模式可以从根本上解决高度依赖化肥、农药，不断消耗大量不可再生的能源，造成土壤流失、空气和水污染等问题。并以"绿色环境""绿色技术""绿色产品"为主体，促使过分依赖化肥、农药的化学农业向主要依赖生物内在机制的生态农业转变。

农业绿色发展模式即"采取某种使用和维护自然资源基础的方式，并实行技术变革和体制性变革，以确保当代人类及后代对农产品的需求不断得到满足。"这种可持续的发展（包括农业、林业和渔业）能维护土地、水和动植物的遗传资源，是一种环境不退化、技术上应用适当、经济上能够维持下去及社会可接受的农业生产方式，是一种生态健全、技术先进、经济合理、社会公正的理想农业发展模式。根据 20 世纪以来农业现代化建设的经验与教训，在发展中国家的传统农业向现代农业转变过程中，农业绿色发展模式还吸取了传统农业的合理成分，还给农业生产力本来面目，进而刷新了现代农业发展模式的含义，是生态化与集约化内在统一的农业增长与经济方式的最佳模式，也标志着世界现代农业发展进入了一个新阶段。

农业绿色发展模式就是利用"绿色技术"进行农业生产的一种体系。其基本内容：

一是指生物的多样性。

二是指在农业的发展过程中，保持人与环境、自然与经济的和谐统一，即注意对环境保护、资源的节约利用，把农业发展建立在自然环境良性循环的基础之上。

三是指生产无污染、无公害的各类农产品，包括各类农业观赏品等。"绿色技术"，简单地说，就是指人们能充分节约地利用自然资源，并且生产和使用对环境无害的一种技术。

农业绿色发展模式基本贯穿了生态平衡、环境保护、可持续发展的思想，并重视先进科学技术的应用。

综上所述，农业绿色发展模式是指以全面、协调、可持续发展为基本原则，以促进农产品安全（数量安全和质量安全）、生态安全、资源安全和提高农业综合效益为目标，充分运用科学先进技术、先进工业装备和先进管理理念，汲取人类农业历史文明成果，遵循循环经济的基本原理，把标准化贯穿到农业的整个产业链条中，实现生态、生产、经济三者协调统一的新型农业发展模式。

农业绿色发展理念是一个相对的、动态的概念，随着时代的发展，其内涵还将不断地丰富和发展。

二、农业绿色发展的必然趋势与紧迫性

（一）农业绿色发展的必然趋势

现代农业的发展对全球社会的持续繁荣和发展起到了至关重要的作用，发展经济学家普遍认为，现代农业为经济和社会的发展作出了四大贡献：①产品贡献，即为人类提供了充足食物。②要素贡献，即为工业化积累资本和提供剩余劳动力。③市场贡献，即为工业品提供消费市场。④外汇贡献，即为工业化和技术

引进提供外汇资本。

但是，在现代农业的发展取得成就的同时，也产生了一系列问题：

一是对石油等石化能源的过度依赖与能源供给短缺形成了尖锐矛盾。20 世纪 50～80 年代的 30 年间，世界化肥施用量增加了 8.5 倍，灌溉面积增加了 1.4 倍，大中型拖拉机增加了 3.8 倍，农业能源消耗由 1950 年的 0.38 亿吨石油当量上升到 1985 年的 2.6 亿吨石油当量。从长期来看，世界石油能源储存量、开采量和供给量有限，现代农业过度依赖石油能源投入的惯性将增加现代农业的不稳定性，从而导致世界粮食市场供求关系随石油价格的波动而波动。

二是农业生产中大量使用化肥、农药等农业化学物质投入品。化肥、农药、农膜等农业化学物质投入品，在土壤和水体中残留，造成有毒、有害物质富集，并通过物质循环进入农作物、牲畜、水生动植物体内，一部分还将延伸到食品加工环节，最终损害人体健康。过量使用化学物质，不仅污染了环境，而且污染了生物；不仅影响了农业生产本身，而且影响了人体健康。特别是过量使用化学农药，后果最为严重，出现了一系列问题。如农药抗性问题、害虫再度猖獗问题、农业生产成本增加问题和残留污染问题。

三是片面依靠农业机械、化学肥料和除草剂的投入，加上不合理的耕作，引起水土流失、土壤和生态环境恶化。片面依靠化学肥料增加农业产量，忽视有机肥的作用，使土壤中有机物减少恶化了土壤理化性状，加上不合理的耕作和过量施用除草剂，造成土壤板结，降低了土地生产能力。同时，还造成土壤过度侵蚀和水土流失以及土壤盐渍化与沙漠化，土地资源不断受到破坏。

四是生物多样性遭到破坏。现代育种手段和种植方式，破坏了生物多样性，使不可再生的种质资源大大减少，特别是基因工程手段的应用，引起了人们对转基因食品安全性的忧虑和恐慌。

随着环境污染问题和生态平衡被破坏问题的日趋严重，世界各国对全球性环境问题越来越重视，"世界只有一个地球""还我蓝天秀水"的呼声在全世界各地此起彼伏。同时，环境污染对食品安全性的威胁及对人类身体健康的危害也日渐被人们所重视，大多数国家的环境意识迅速增强，保护环境、提高食品的安全性、保障人类自身的健康已成为大事。回归大自然，消费无公害食品，已成为人们的必需。因此，生产无农药、化肥和工业"三废"污染的农产品，发展可持续农业就应运而生。1972年，在瑞典首都斯德哥尔摩联合国"人类与环境"食品会议上，成立了有机农业运动国际联盟（IFOAM）。随后，在许多国家兴起了生态农业，提倡在原料生产、加工等各个环节中，树立"食品安全"的思想，生产没有公害污染的食品，即无公害食品。由此，在全世界又一次引起了一次新的农业革命。随后，一些国家相继研究、示范和推广了无公害农业技术，同时开发生产了无公害、生态和有机食品，无公害、绿色农产品生产开始兴起。回顾20世纪以来社会和经济发展的历程，人类已经清醒地认识到，工业化的推进为人类创造了大量的物质财富，加快了人类文明的进步，但也给人类带来了诸如资源衰竭、环境污染、生态破坏等不良后果，再加上人类的刚性增长，人类必然要坚持走可持续发展的道路。在这样的宏观背景下，必然要催生一种新的农业增长方式或新的农业发展模式，"农业绿色发展"应运而生。

我国是一个传统农业大国，既有传统的精耕细作经验，也有多变的地理、气候环境条件，加上众多人口在农村，经济还不十分发达，农业绿色发展必须走中国特色社会主义道路；必须着力提高农业水利化、机械化和信息化水平，提高土地产出率、资源利用率和农业劳动生产率，提高农业效益和竞争力；必须保护好资源生态环境，提高农产品质量，搞好"一控两减三基本"，走绿色持续发展的模式。

（二）农业绿色发展的紧迫性

农业绿色发展模式作为一个新生事物，它是在一定历史背景下产生并得到发展的。农业是一个永恒的产业，它既是人类生存和发展的基础，又随着人类文明的不断进步而不断得到发展。进入 21 世纪，科技转化、资源匮乏、环境恶化、食物安全和经济发展等，都面临着新的矛盾和挑战，世界农业的发展呈现出新的形势：

1. 农业发展的首要任务是保障人类食物安全　人类生存所需要的数量问题虽然有所好转，但至今仍然没有得到充分满足，世界上仍有相当数量的人没有解决基本的温饱问题，而食物质量安全与营养健康问题更加凸显出来。

2. 农业发展需要科学技术作支撑　一方面，科学技术的日新月异，特别是生物技术、信息技术以及纳米技术等的快速进步和广泛应用，使农业发展对科学技术的依赖越来越强；另一方面，农业科学技术对农业的贡献率仍较低，农业的科技成果转化率亟待尽快提高。

3. 农业的发展需要良好的资源环境条件，现代工业文明的负效应成为农业发展的制约因素　现代工业文明正在加快对传统农业的改造，加快了农业现代化和农村发展的步伐，但随之而来的环境与资源的保护与开发问题日益受到社会的普遍关注。农业作为基础的、弱质的生命类产业，资源短缺、环境恶化对农业的发展制约明显。

4. 农业的发展需要农产品标准化　全球经济一体化和市场资源配置的基础性作用，正在使重农抑商的产品性自然经济转向农工商互利的商品型市场经济，农业作为主要的基础产业，其经济效益成为推动社会和经济发展的重要力量。农业的经济效益需要通过农产品经市场流通来实现，国际性农产品贸易甚至国内农产品贸易的顺利进行，需要确定国际间相互认可的农产品标准。

三、农业绿色发展的指导思想与任务目标

（一）指导思想

建设农业绿色发展模式应从当地生产条件和经济社会发展实际出发，坚持全面、协调、可持续的科学发展观念，以构建和谐社会、建设社会主义新农村为宗旨，以发展农村经济、增加农民收入、提高农民素质、改善生态环境为目标，按照经济、社会、生态协调统一发展的总体要求，用农业绿色发展理念进一步完善和调整农业发展思路；依托资源优势和产业优势，培植壮大龙头主导产业，突出品牌，拉长产业链条，优化农业和农村产业结构，转变农业增长方式；加强农村基础设施建设，提高农业综合生产能力。通过一定时间的建设，使该地区农业生产环境实现蓝天秀水，农业生产达到农、林、牧、渔、沼协调发展并基本实现产业化、标准化和高效化生产，农产品质量达到无害化，适应市场需求和挑战。

农业绿色发展方式也是对以前所有农业模式的总结和提高，体现了人类当前利益和长远利益的统一，体现了消费者和生产者利益的统一。农业绿色发展方式具有"开放性、持续性、高效性和标准化"四大特征。开放性，即充分利用人类文明进步特别是科技发展的一切成果，依靠科技进步、物质投入等提高农产品的生产能力，并重视农产品的品质和卫生安全，以满足人类对农产品的数量和质量的需求。持续性，即在合理使用工业投入品的前提下，注意利用植物、动物和微生物之间的生物系统中能量的自然转移，把能量转化过程中的损失降低到最低程度，重视资源的合理利用和保护，并维护良好的生态环境。高效性，指社会效益、经济效益和生态效益的高度统一。农业生产要注重合理开发资源、保护生态环境，注重保障人类食物安全，更注重发展农业

经济，特别关注推动发展中国家全面发展。标准化，即农业生产要实行标准化全程控制，而且特别强调农业生产的终端产品——农产品的标准化，通过农产品的标准化来提高产品的形象和价格，规范市场秩序，实现"优质优价"，提高农产品的国际竞争力。

不同地区通过创立不同的农业绿色发展模式来使现代农业发展达到极限，这些众多的模式可以总结为四大共同条件：即设施装备发达、生产技术先进、组织经营高效、服务体系完善。设施装备发达表现为农田基础设施好、排灌条件优越、机械化程度高、设施农业先进、农业投入品质优价低等。生产技术先进表现为有高产优质良种、先进科学的生产方法等。组织经营高效是指产前、产中、产后的经营管理水平高，供、产、销、加等各个环节连接密切，组织方式科学合理，使得整个农产品生产销售系统成本低、效率高。服务体系完善主要是指政府的支持与服务体系完备，能够帮助农业生产者和经营者克服市场机制下的不足，解决那些仅仅依靠市场机制解决不了和解决不好的事项，例如农业科研与推广、动植物重大疫病防治、市场信息提供、食品质量监控等。

（二）基本原则

——坚持以空间优化、资源节约、环境友好、生态稳定为基本路径。牢固树立节约集约循环利用的资源观，把保护生态环境放在优先位置，落实构建生态功能保障基线、环境质量安全底线、自然资源利用上线的要求，防止将农业生产与生态建设对立，把绿色发展导向贯穿农业发展全过程。

——坚持以粮食安全、绿色供给、农民增收为基本任务。突出保供给、保收入、保生态的协调统一，保障国家粮食安全，增加绿色优质农产品供给，构建绿色发展产业链价值链，提升质量效益和竞争力，变绿色为效益，促进农民增收，助力脱贫攻坚。

——坚持以制度创新、政策创新、科技创新为基本动力。全面深化改革，构建以资源管控、环境监控和产业准入负面清单为主要内容的农业绿色发展制度体系，科学适度有序的农业空间布局体系，绿色循环发展的农业产业体系，以绿色生态为导向的政策支持体系和科技创新推广体系，全面激活农业绿色发展的内生动力。

——坚持以农民主体、市场主导、政府依法监管为基本遵循。既要明确生产经营者主体责任，又要通过市场引导和政府支持，调动广大农民参与绿色发展的积极性，推动实现资源有偿使用、环境保护有责、生态功能改善激励、产品优质优价。加大政府支持和执法监管力度，形成保护有奖、违法必究的明确导向。

根据生产实践，具体操作层面还要坚持以下十个方面的原则：

（1）突出农村主导产业，实现经济社会全面发展。坚持以发展农村经济为中心，进一步解放和发展生产力，因地制宜，做强做大当地农业主导产业，一般要以粮食为基础，大力发展粮食生产，在此基础上大力发展畜牧业和农产品加工业，为绿色农业发展提供产业支撑。同时，大力加强农村基础设施建设，发展农村公共事业，提高物质文化水平，实现全面发展。

（2）坚持经济和生态环境建设同步发展。农业绿色发展，实现农业可持续发展，必须把生态环境建设放在十分重要的位置，坚决改变以牺牲环境来换取经济发展的传统发展模式，禁止有污染的企业发展。同时，结合社会主义新农村建设，大力加强植树造林、村容村貌的整顿，在农村开展农村清洁工程，改善生态环境和生产生活条件。

（3）实行分类指导、突出特色。农业绿色发展模式建设要根据当地的经济实力和资源特色，分类指导，递次推进，不搞一刀切，要倡导和支持专业村、特色村建设，鼓励"一村一品、一乡一产、数村一业"的专业化、标准化、规模化发展模式。就我国近段生产实践情况而言，农业绿色发展要从依靠科技进步入手，通过提高农业生产经营者的素质去搞好生产经营活动。要在摸清当地农业生产状况的基础上，找准限制因素和存在的关键问题，针对存在问题，科学采取相应对策与措施，认真加以解决，不能再搞"一哄而上"和"一哄而散"的被动生产局面。

（4）整合社会资源，实行重点突破。各地对每年确定的主要农业建设项目，要坚持资金、技术、人才重点倾斜，各种资源要素集中整合，捆绑使用，使项目建一个成一个，确保项目综合效益的全面实现。

（5）坚持城乡统筹，全社会共同参与。改变传统的就农业抓农业、城乡两元分割的不利做法和管理体制，制定相应政策和激励机制，引导社会力量参与绿色农业建设，发挥中心城镇作用，制定城乡统筹、城乡互动、城市带动农村发展的有效机制。鼓励企事业单位、社会名流向农业、农村投资创办企业和承担建设项目，积极引进一切资金，增加农业投入；鼓励广大农民群众出资投劳，搞好基础建设和环境整治，改善家乡面貌。

（6）树立典型，以点带面。农业绿色发展模式建设是一项长期的系统工程，涉及多学科、多行业、多部门，要求全社会广泛参与。必须统筹安排，循序渐进。要充分发挥各类农业示范区的示范作用，集中力量抓一批典型，及时展示农业绿色发展成果，总结农业绿色发展经验，组织参观、培训、调研活动，推广成功经验，普及关键技术，传播适用信息，达到以点带面。

（7）坚持"以人为本"。农村广大农民群众、专业协会、新型农民合作组织、涉农企业是农业绿色发展模式建设的主体。要坚持"以人为本"的原则，就是要以农民的全面发展为根本，发挥市场配置资源的主导作用，兼顾各方面的利益，实现农业发展与农民富裕目标同步实现，农民收入增长与农民素质同步提高，农业基础设施建设与农村公益事业同步发展，农村经济社会进步与生态环境、生存条件改善同步进行。

（8）发展建设和理论研究兼顾。农业绿色发展模式建设，关系到农业可持续发展。农业绿色发展理论和发展模式的创立，为当代农业发展提供了全新的视角和发展思路。农业绿色发展模式要在农、林、畜、渔结合及产业化、科技服务体系建设等方面搞好实践，要以示范区建设为载体，以大专院校、科研单位为依托，发挥本地干部、科技人员、群众的聪明才智，针对当地粮食、畜牧、林果生产和生态建设关键技术、服务体系和绿色农业发展模式进行必要的研究，打牢农业绿色发展模式建设的理论基础，提高科技服务和农业管理水平。

（9）加强农业生产自身环境污染治理，保护好生态环境。农业绿色发展更不能以牺牲环境为代价，在农业绿色发展的同时，要解决自身环境污染问题。多年的实践证明，在农业绿色发展过程中大力发展以沼气为核心的生态富民家园工程，是促进农业和农村经济发展的重要举措，它不但能生产洁净的能源和生态肥料，同时还是处理有机废物的有效途径，用沼气连接养殖业和种植业，能解决众多发展过程中存在的矛盾和问题，并能保护环境，实现农业可持续发展，是一条正确的发展途径

（10）有效地增加投入，改善生产条件，增强动力和后劲。农业绿色发展，离不开土地、水利设施、农业机械等生产条件的改善，要千方百计地增加对农业的投入，并尽可能减少重复投入，提高投资效果，在提高和保持农业综合生产能力上下功夫，克服掠夺性生产方式，用养结合，不断培肥地力，为绿色农业发展奠定基础。

（三）目标任务

把农业绿色发展摆在生态文明建设全局的突出位置，全面建立以绿色生态为导向的制度体系，基本形成与资源环境承载力相匹配、与生产生活生态相协调的农业发展格局，努力实现耕地数量不减少、耕地质量不降低、地下水不超采，化肥、农药使用量

零增长，秸秆、畜禽粪污、农膜全利用，实现农业可持续发展、农民生活更加富裕、乡村更加美丽宜居。

资源利用更加节约高效。到 2020 年，严守 18.65 亿亩*耕地红线，全国耕地质量平均比 2015 年提高 0.5 个等级，农田灌溉水有效利用系数提高到 0.55 以上。到 2030 年，全国耕地质量水平和农业用水效率进一步提高。

产地环境更加清洁。到 2020 年，主要农作物化肥、农药使用量实现零增长，化肥、农药利用率达到 40%；秸秆综合利用率达到 85%，养殖废弃物综合利用率达到 75%，农膜回收率达到 80%。到 2030 年，化肥、农药利用率进一步提升，农业废弃物全面实现资源化利用。

生态系统更加稳定。到 2020 年，全国森林覆盖率达到 23% 以上，湿地面积不低于 8 亿亩，基本农田林网控制率达到 95%，草原综合植被盖度达到 56%。到 2030 年，田园、草原、森林、湿地、水域生态系统进一步改善。

绿色供给能力明显提升。到 2020 年，全国粮食（谷物）综合生产能力稳定在 5.5 亿吨以上，农产品质量安全水平和品牌农产品占比明显提升，休闲农业和乡村旅游加快发展。到 2030 年，农产品供给更加优质安全，农业生态服务能力进一步提高。

通过实践，农业绿色发展目标简单归纳地讲，就是要搞好"三个确保，一个提高"：①确保农产品质量安全。农产品质量安全包括数量安全和质量安全。农业绿色发展要以科技为支撑，利用有限的资源保障农产品的大量产出，满足人类对农产品数量和质量的需求。②确保生态安全。生态平衡的最明显表现就是系统中的物种数量和种群规模相对平稳。农业绿色发展要通过优化农业环境、强调植物、动物和微生物间的能量自然转移，确保生态安全。③确保资源安全。农业的资源安全主要是水资源与耕地资

---

　　* 亩为非法定计量单位，1 亩≈667 平方米，余同。——编者注

源的安全问题。农业绿色发展要满足人类需要的一定数量和质量的农产品，就必然需要确保相应数量和质量的耕地、水资源等生产要素，因此，资源安全是农业绿色发展重要目标。④一个提高就是提高农业综合经济效益。由于农业是一个基础产业，它连接的是社会弱势群体——农民，而且农业担负着人类生存和发展的物质基础——食物的生产，因此，农业综合经济效益的提高对于国家安全、社会发展的作用十分重要。

四、农业绿色发展中农业自身措施

目前，我国的农业生产过程中农业面源污染问题比较突出，已引起国家的高度重视，国务院审议通过了《全国农业可持续发展规划》，明确提出要着力转变农业发展方式，促进农业可持续发展，走新型农业现代化道路。要把农业生产自身污染防治作为一项重要工作来抓，作为转变农业发展方式的重大举措，作为实现农业可持续发展的重要任务。到 2020 年实现化肥农药使用量零增长行动，化肥和主要农作物农药利用率均超过 40%。分别比 2013 年提高 7 个百分点和 5 个百分点，实现农作物化肥、农药使用量零增长。经过一段时间的努力，使农业生产自身污染加剧的趋势得到有效遏制，确保实现"一控两减三基本"目标。

（一）节约用水

我国水资源短缺，旱涝灾害频繁发生，水土资源分布和组合很不平衡，并且各地作物和生产条件差异很大，特别是华北平原农区缺水严重，农作物产量高，自然降水少，地表可重复利用水源缺乏，农业生产用水主要依靠抽取深层地下水来补充，但近些年地下水位下降较快、较大。一些农业大县地表水和地下水的可重复量是目前农业生产用水量的 1/2，缺水 50% 左右。下一步需要通过南水北调补源和节约用水提高水利用率的办法来解决水资源问题。目前我国农业灌溉用水的有效利用率仅为 40% 左右，一些发达国家农业灌溉用水的有效利用率可达到 70% 以上，我们节约用水的潜力还很大。到 2020 年，全国农业灌溉用水总量保持在 3 720 亿立方米左右，农田灌溉水有效利用系数达到 0.55。

确立水资源开发利用控制红线、用水效率控制红线和水功能区限制纳污红线。要严格控制入河湖排污总量，加强灌溉水质监测与管理，确保农业灌溉用水达到农田灌溉水质标准，严禁未经处理的工业和城市污水直接灌溉农田。实施"华北节水压采、西北节水增效、东北节水增粮、南方节水减排"战略，加快农业高效节水体系建设。加强节水灌溉工程建设和节水改造，推广保护性耕作、农艺节水保墒、水肥一体化、喷灌、滴灌等技术，改进耕作方式，在水资源问题严重地区，适当调整种植结构，选育耐旱新品种。推进农业水价改革、精准补贴和节水奖励试点工作，增强农民节水意识。

（二）化肥减量

分析造成我国化肥用量较大的主要因素有以下几个：①有机肥用量偏少，以大量施用化肥来补充。②化肥品种和区域性结构不尽合理，加上施用方式方法欠佳，利用率偏低，浪费污染严重。③经济效益相对较高的蔬菜和水果等作物上施用量偏大，尤其是设施蔬菜上用量更大，有的地方已经达到严重污染的地步。④绿肥种植几乎被忽视，面积较小，不能适应生态农业的发展。

同时，过量施肥带来的危害也显而易见：①经济效益受影响，在获得相同产量的情况下，多施化肥就是多投入，经济效益必然下降。②产品品质不高，特别是氮肥过量后，会增加产品中硝态氮的含量，影响产品品质。③土壤理化性状变劣，由于化肥对土壤团粒结构有破坏作用，所以过量施肥后，土壤物理性状不良，通透性变差，致使耕作几年后不得不换土。④造成环境污染，包括地下水的硝态氮含量超标及土壤中的重金属元素积累。⑤过量施肥，会对大棚菜产生肥害。化肥是作物的"粮食"，既要保证作物生产水平的提高，又要控制化肥的使用量，就必须通过增施有机肥料，调整化肥品种结构，大力推广应用测土配方施肥技术，提高化肥利用率。到 2020 年，确保测土配方施肥技术覆盖率达 90％以上，化肥利用率达到 40％以上。

（三）农药减量

分析造成我国农药用量较多的主要因素有以下几个：①由于近些年来气候的变化和耕作栽培制度的改变，农作物病虫草害呈多发、频发、重发的态势。②没有实行科学防控，重治轻防和过度依赖化学农药防治，加上用药不科学、喷药机械落后等造成用药数量大，流失浪费污染严重，利用率不高。③农药品种结构不科学，高效低毒低残留（或无毒无残留）的农药开发应用比重偏低。

农药是控制农作物病虫草害发生的一项主要措施，是农作物丰产丰收的保证，在今后的农作物病虫草害防治工作中，要努力实现"三减一提"，减少农药用量的目标。①减少施药次数。应用农业防治、生物防治、物理防治等绿色防控技术，创建有利于农作物生长、天敌保护而不利于病虫草害发生的环境条件，预防控制病虫草害发生，从而达到少用药的目的。②减少施药剂量。在关键时期用药、对症用药、用好药、适量用药，避免盲目加大施用剂量。③减少农药流失。开发应用现代植保机械，替代跑冒滴漏落后机械，减少农药流失和浪费。④提高防治效果。扶持病虫草害防治专业服务组织，大规模开展专业化统防统治，提高防治效果，减少用药。到 2020 年，农作物病虫害绿色防控覆盖率达 30％以上，农药利用率达到 40％以上。

（四）地膜回收资源化利用

我国地膜进入大面积推广已 30 多年，成效显著，当前我国地膜覆盖栽培面积达 4 亿亩以上，地膜年销量已突破 140 万吨。但是，地膜残留污染渐趋严重，据中国农业科学院监测数据显示，目前中国长期覆膜的农田每亩地膜残留量在 5～15 千克。目前对地膜污染采取的防治途径主要是增加膜厚提高回收率和开发可控全生物降解材料的地膜。到 2020 年，农膜回收率要达到 80％以上。

农膜之所以造成生态污染，主要是回收不力。现在农民普遍使用的农膜非常薄，仅 5～6 微米，使用后的残膜难回收；其次自愿回收缺乏动力，强制回收缺乏法律依据；加之机械化回收应用率极低，残膜收购网点少，残膜回收加工企业耗电量大、工艺落后等因素，造成残膜回收十分困难。增加地膜厚度是提高回收率的有效方法之一，但成本也随之增加，目前农民愿意购买的是 6 微米的地膜，政府制定的标准厚度要求是（10±0.01）微米。这就需要政府作为，进行有效的补贴。

在提高回收率的基础上，开发可控全生物降解材料的地膜，推广应用于生产。目前还存在降解进程不够稳定可控、成本过高、强度低难减薄三大问题，如能有效解决这些问题，市场前景不可估量。目前，河南省已开始对地膜回收企业制定了奖励政策。

（五）秸秆资源化利用

农作物秸秆也是重要的农业资源，用则为宝，弃则为害。农作物秸秆综合利用有利于推动循环农业发展、绿色发展，有利于培肥地力、提升耕地质量，事关转变农业发展方式、建设现代农业、保护生态环境和防治大气污染，做好秸秆综合利用工作意义重大。当前秸秆资源化利用的途径是秸秆综合利用，禁止露天焚烧。随着我国农民生活水平提高、农村能源结构改善，以及秸秆收集、整理和运输成本高等因素，秸秆综合利用的经济性差、商品化和产业化程度低。还有相当多秸秆未被利用，已经利用的也是粗放的低水平利用。从生态良性循环农业的角度出发，秸秆资源化利用应首先满足过腹还田（饲料加工）、食用菌生产、有机肥积造、机械直接还田的需要，其次再考虑秸秆能源和工业原料利用。到 2020 年，秸秆综合利用率达 85％以上。

秸秆饲料技术。其特点是依靠有益微生物来转化秸秆有机质中的营养成分，增加经济价值，达到过腹还田的效果。秸秆可通过青贮、微贮、氨化和压块等多种方式制成饲料用于养殖。青贮指青玉米秆切碎、装窖、压实、封埋，进行乳酸发酵。微贮指在秸秆中加入微生物制剂，密封发酵。氨化指秸秆中加入氨源物质密封堆制。压块指在秸秆晒干后，应用秸秆粉碎机粉碎秸秆，加入其他添加剂后拌匀，倒入颗粒饲料机料斗后，由磨板与压轮挤压加工成颗粒饲料。传统的用途是饲喂草食动物，主要是反刍动物。如何提高秸秆的消化率，补充蛋白质来源是该技术的关键。近几年来，用秸秆发酵饲料饲喂猪、禽等单胃动物，软化和改善适口性，增加采食量来看有一定效果，但关键是看所采用的菌种是否真正具有分解转化粗纤维的能力和能否提高蛋白质的含量。这需通过一定的检验方法和饲喂试验来取得可靠的证据才可进行推广。

秸秆肥料技术。包括就地还田和快速沤肥、堆肥等技术。其核心是加速有机质的分解，提高土壤肥力，以利于农业生态系统的良性循环和种植业的持续发展。把秸秆利用菌种制剂将作物秸秆快速堆沤成高效、优质的有机肥；或者经过粉碎、传输、配料、挤压造粒、烘干等工序，工厂化生产出优质的商品有机肥料。我国人多地少，复种指数高，要求秸秆和留茬必须快速分解，才有利于接茬作物的生长，这是近期秸秆利用的主要方式。

秸秆作能源和工业原料技术。包括秸秆燃气化能源工业和建筑、包装材料工业等生产技术。秸秆热解气化工程技术，是利用秸秆气化装置，将干秸秆粉碎后在经过气化设备热解、氧化和还原反应转换成一氧化碳、氢气、甲烷等可燃气体，经净化、除尘、冷却、储存加压，再通过输配系统，输送到各家各户或企业，用于炊事用能或生产用能。燃烧后无尘无烟无污染，在广大农村这种燃气更具有优势。秸秆燃烧后的草木灰还可以无偿地返还给农民作为肥料。该工程特点是生产规模大，技术与管理要求高，经济效益明显。秸秆气化供气技术比沼气的成本高，投资大，但可集中供应乡镇、农村作为生活用能源。秸秆作建材是利用秸秆中的纤维和木质作填充材料，以水泥、树脂等为基料压制成各种类型的纤维板，其外形美观，质轻并具有较好的耐压强度。把秸秆粉碎、烘干、加入黏合剂、增强剂等利用高压模压机械设备，经辗磨处理后的秸秆纤维与树脂混合物在金属模具中加压成型，可制造纤维板、包装箱、快餐盒、工艺品、装饰板材和一次成型家具等产品，既减轻了环境污染，又缓解了木材供应的压力。秸秆板材制品具有强度高、耐腐蚀、不变形、不开裂、强度高、美观大方及价格低廉等特点。

把秸秆晾干后利用机械粉碎成小段并碾碎，再和其他原料混合，以此作为基料栽培食用菌，生产食用菌，大大降低了生产成本。利用秸秆栽培食用菌也是传统技术，只要能选育和开发出新菌种，或在栽培技术上取得突破，仍将有很大的增值潜力。

（六）畜禽粪便资源化利用

随着养殖业的迅猛发展，在解决了人类肉、蛋、奶需求的同时，也带来了严重的环境污染问题。大量畜禽粪便污染物被随意排放到自然环境中，给我国生态环境带来了巨大的压力，严重污染了水体、土壤以及大气等环境，因此，对畜禽粪便进行减量化、无害化和资源化处理，防止和消除畜禽粪便污染，对于保护城乡生态环境、推动现代农业产业和发展循环经济具有十分积极的意义。到 2020 年，要确保规模畜禽养殖场（小区）配套建设废弃物处理设施比例达 75％以上。

畜禽粪便污染治理是一项综合技术，是关系着我国畜禽业发展的重要因素。要想从根本上解决畜禽粪便污染问题，需要在各有关部门转变观念、相互协调、相互配合、各司其职、认真执法的基础上，同时加强对畜禽粪便处理技术和综合利用技术的不断摸索，特别是对畜禽粪便生态还田技术、生态养殖模式等新思维进行反复探索试验，力争摸索出一条真正适合我国国情、具有中国特色的畜禽粪便污染防治的道路，争取到 2020 年规模养殖场配套建设粪污处理设施比例达到 75％以上，实现畜禽粪便生态还田和"零排放"的目标。具体途径有以下几个：

（1）沼气法。通过畜禽粪便为主要原料的厌氧消化制取沼气、治理污染的全套工程在我国已有近 30 年历史，近年来技术上又有了很大的发展。总体来说，目前我国的畜禽养殖场沼气无论是装置的种类、数量，还是技术水平，在世界上都名列前茅。用沼气法处理禽畜粪便和高浓度有机废水，是目前较好的利用办法。

（2）堆制生产有机肥。由于高温堆肥具有耗时短、异味少、有机物分解充分、较干燥、易包装、可制成有机肥等优点，目前正成为研究开发处理粪便的热点。但堆肥法也存在一些问题，如处理过程中 NH_3 损失较大，不能完全控制臭气。采用发酵仓加上微生物制剂的方法，可减少 NH_3 的损失并能缩短堆肥时间。随着人们对无公害农产品需求的不断增加和可持续发展的要求，对优质商品有机肥料的需求量也在不断扩大，用畜禽粪便生产无害化生物有机肥也具有很大市场潜力。

（3）探索生态种植养殖模式。目前，生态种植养殖模式主要有以下几种：①自然放牧与种养结合模式，如林（果）园养鸡、稻田养鸭养鱼等。②立体养殖模式，如鸡-猪-鱼、鸭（鹅）-鱼-果-草、鱼-蛙-畜-禽等。③以沼气为纽带的种养模式，如北方的"四位一体"模式。

（4）其他处理技术。①用畜禽粪便培养蛆和蚯蚓。如用牛粪养殖蚯蚓，用生石灰作缓冲剂并加水保持温度，蚯蚓生长较好，此项技术已不断成熟，在养殖业将有很好的经济效益。②用畜禽粪便养殖藻类。藻类能将畜禽粪便中的氨转化为蛋白质，而藻类可用作饲料。螺旋藻的生产培养正日益引起人们的关注。③发酵床养猪技术。发酵床由锯末、稻糠、秸秆、猪粪等按一定比例混合并加入专用发酵微生物制剂后制作而成。猪在经微生物、酶、矿物元素处理的垫料上生长，粪尿不必清理，粪尿被垫料中的微生物分解、转化为有益物质，可作为猪饲料，这样既对环境无污染，猪舍无臭味，还可减少猪饲料用量。

五、农业绿色发展制度与体系建设

在市场经济条件下，农业生产者和其他市场参与者是农业绿色发展的主体，政府职能的发挥对于加快农业绿色发展进程也起着至关重要的作用。近年来的实践证明，农业绿色发展需建立必要的制度体系与支持体系。可从以下六个方面落实制度与建立支持保证体系：

（一）优化农业主体功能与空间布局

1. 落实农业功能区制度　大力实施国家主体功能区战略，依托全国农业可持续发展规划和优势农产品区域布局规划，立足水土资源匹配性，将农业发展区域细划为优化发展区、适度发展区、保护发展区，明确区域发展重点。加快划定粮食生产功能区、重要农产品生产保护区，认定特色农产品优势区，明确区域生产功能。

2. 建立农业生产力布局制度　围绕解决空间布局上资源错配和供给错位的结构性矛盾，努力建立反映市场供求与资源稀缺程度的农业生产力布局，鼓励因地制宜、就地生产、就近供应，建立主要农产品生产布局定期监测和动态调整机制。在优化发展区更好地发挥资源优势，提升重要农产品生产能力；在适度发展区加快调整农业结构，限制资源消耗大的产业规模；在保护发展区坚持保护优先、限制开发，加大生态建设力度，实现保供给与保生态有机统一。完善粮食主产区利益补偿机制，健全粮食产销协作机制，推动粮食产销横向利益补偿。鼓励地方积极开展试验示范、农垦率先示范，提高军地农业绿色发展水平。推进国家农业可持续发展试验示范区创建，同时成为农业绿色发展的试点先行区。

3. 完善农业资源环境管控制度　强化耕地、草原、渔业水域、湿地等用途管控，严控围湖造田、滥垦滥占草原等不合理开发建设活动对资源环境的破坏。坚持最严格的耕地保护制度，全面落实永久基本农田特殊保护政策措施。以县为单位，针对农业资源与生态环境突出问题，建立农业产业准入负面清单制度，因地制宜制定禁止和限制发展产业目录，明确种植业、养殖业发展方向和开发强度，强化准入管理和底线约束，分类推进重点地区资源保护和严重污染地区治理。

4. 建立农业绿色循环低碳生产制度　在华北、西北等地下水过度利用区适度压减高耗水作物，在东北地区严格控制旱改水，选育推广节肥、节水、抗病新品种。以土地消纳粪污能力确定养殖规模，引导畜牧业生产向环境容量大的地区转移，科学合理划定禁养区，适度调减南方水网地区养殖总量。禁养区划定减少的畜禽规模养殖用地，可在适宜养殖区域按有关规定及时予以安排，并强化服务。实施动物疫病净化计划，推动动物疫病防控从有效控制到逐步净化消灭转变。推行水产健康养殖制度，合理确定湖泊、水库、滩涂、近岸海域等养殖规模和养殖密度，逐步减少河流湖库、近岸海域投饵网箱养殖，防控水产养殖污染。建立低碳、低耗、循环、高效的加工流通体系。探索区域农业循环利用机制，实施粮经饲统筹、种养加结合、农林牧渔融合循环发展。

5. 建立贫困地区农业绿色开发机制　立足贫困地区资源禀赋，坚持保护环境优先，因地制宜选择有资源优势的特色产业，推进产业精准扶贫。把贫困地区生态环境优势转化为经济优势，推行绿色生产方式，大力发展绿色、有机和地理标志优质特色农产品，支持创建区域品牌；推进一二三产业融合发展，发挥生态资源优势，发展休闲农业和乡村旅游，带动贫困农户脱贫致富。

（二）强化资源保护与节约利用制度建设

1. 建立耕地轮作休耕制度 推动用地与养地相结合，集成推广绿色生产、综合治理的技术模式，在确保国家粮食安全和农民收入稳定增长的前提下，对土壤污染严重、区域生态功能退化、可利用水资源匮乏等不宜连续耕作的农田实行轮作休耕。降低耕地利用强度，落实东北黑土地保护制度，管控西北内陆、沿海滩涂等区域开垦耕地行为。全面建立耕地质量监测和等级评价制度，明确经营者耕地保护主体责任。实施土地整治，推进高标准农田建设。

2. 建立节约高效的农业用水制度 推行农业灌溉用水总量控制和定额管理。强化农业取水许可管理，严格控制地下水利用，加大地下水超采治理力度。全面推进农业水价综合改革，按照总体不增加农民负担的原则，加快建立合理农业水价形成机制和节水激励机制，切实保护农民合理用水权益，提高农民有偿用水意识和节水积极性。突出农艺节水和工程节水措施，推广水肥一体化及喷灌、微灌、管道输水灌溉等农业节水技术，健全基层节水农业技术推广服务体系。充分利用天然降水，积极有序发展雨养农业。

3. 健全农业生物资源保护与利用体系 加强动植物种质资源保护利用，加快国家种质资源库、畜禽水产基因库和资源保护场（区、圃）规划建设，推进种质资源收集保存、鉴定和育种，全面普查农作物种质资源。加强野生动植物自然保护区建设，推进濒危野生植物资源原生境保护、移植保存和人工繁育。实施生物多样性保护重大工程，开展濒危野生动植物物种调查和专项救护，实施珍稀濒危水生生物保护行动计划和长江珍稀特有水生生物拯救工程。加强海洋渔业资源调查研究能力建设。完善外来物种风险监测评估与防控机制，建设生物天敌繁育基地和关键区域生物入侵阻隔带，扩大生物替代防治示范技术试点规模。

（三）加强产地环境保护与治理

1. 建立工业和城镇污染向农业转移防控机制　制定农田污染控制标准，建立监测体系，严格工业和城镇污染物处理和达标排放，依法禁止未经处理达标的工业和城镇污染物进入农田、养殖水域等农业区域。强化经常性执法监管制度建设。出台耕地土壤污染治理及效果评价标准，开展污染耕地分类治理。

2. 健全农业投入品减量使用制度　继续实施化肥农药使用量零增长行动，推广有机肥替代化肥、测土配方施肥，强化病虫害统防统治和全程绿色防控。完善农药风险评估技术标准体系，加快实施高剧毒农药替代计划。规范限量使用饲料添加剂，减量使用兽用抗菌药物。建立农业投入品电子追溯制度，严格农业投入品生产和使用管理，支持低消耗、低残留、低污染农业投入品生产。

3. 完善秸秆和畜禽粪污等资源化利用制度　严格依法落实秸秆禁烧制度，整县推进秸秆全量化综合利用，优先开展就地还田。推进秸秆发电并网运行和全额保障性收购，开展秸秆高值化、产业化利用，落实好沼气、秸秆等可再生能源电价政策。开展尾菜、农产品加工副产物资源化利用。以沼气和生物天然气为主要处理方向，以农用有机肥和农村能源为主要利用方向，强化畜禽粪污资源化利用，依法落实规模养殖环境评价准入制度，明确地方政府属地责任和规模养殖场主体责任。依据土地利用规划，积极保障秸秆和畜禽粪污资源化利用用地。健全病死畜禽无害化处理体系，引导病死畜禽集中处理。

4. 完善废旧地膜和包装废弃物等回收处理制度　加快出台新的地膜标准，依法强制生产、销售和使用符合标准的加厚地膜，以县为单位开展地膜使用全回收、消除土壤残留等试验试点。建立农药包装废弃物等回收和集中处理体系，落实使用者妥善收集、生产者和经营者回收处理的责任。

（四）养护修复农业生态系统

1. 构建田园生态系统　遵循生态系统整体性、生物多样性规律，合理确定种养规模，建设完善生物缓冲带、防护林网、灌溉渠系等田间基础设施，恢复田间生物群落和生态链，实现农田生态循环和稳定。优化乡村种植、养殖、居住等功能布局，拓展农业多种功能，打造种养结合、生态循环、环境优美的田园生态系统。

2. 创新草原保护制度 健全草原产权制度，规范草原经营权流转，探索建立国有草原资源有偿使用和分级行使所有权制度。落实草原生态保护补助奖励政策，严格实施草原禁牧休牧轮牧和草畜平衡制度，防止超载过牧。加强严重退化、沙化草原治理。完善草原监管制度，加强草原监理体系建设，强化草原征占用审核审批管理，落实土地用途管制制度。

3. 健全水生生态保护修复制度 科学划定江河湖海限捕、禁捕区域，健全海洋伏季休渔和长江、黄河、珠江等重点河流禁渔期制度，率先在长江流域水生生物保护区实现全面禁捕，严厉打击"绝户网"等非法捕捞行为。实施海洋渔业资源总量管理制度，完善渔船管理制度，建立幼鱼资源保护机制，开展捕捞限额试点，推进海洋牧场建设。完善水生生物增殖放流，加强水生生物资源养护。因地制宜实施河湖水系自然连通，确定河道沙石禁采区、禁采期。

4. 实行林业和湿地养护制度 建设覆盖全面、布局合理、结构优化的农田防护林和村镇绿化林带。严格实施湿地分级管理制度，严格保护国际重要湿地、国家重要湿地、国家级湿地自然保护区和国家湿地公园等重要湿地。开展退化湿地恢复和修复，严格控制开发利用和围垦强度。加快构建退耕还林还草、退耕还湿、防沙治沙，以及石漠化、水土流失综合生态治理长效机制。

（五）健全创新驱动与约束激励机制

1. 构建支撑农业绿色发展的科技创新体系 完善科研单位、高校、企业等各类创新主体协同攻关机制，开展以农业绿色生产为重点的科技联合攻关。在农业投入品减量高效利用、种业主要作物联合攻关、有害生物绿色防控、废弃物资源化利用、产地环境修复和农产品绿色加工储藏等领域尽快取得一批突破性科研成果。完善农业绿色科技创新成果评价和转化机制，探索建立农业技术环境风险评估体系，加快成熟适用绿色技术、绿色品种的示范、推广和应用。借鉴国际农业绿色发展经验，加强国际间科技和成果交流合作。

2. 完善农业生态补贴制度　建立与耕地地力提升和责任落实相挂钩的耕地地力保护补贴机制。改革完善农产品价格形成机制，深化棉花目标价格补贴，统筹玉米和大豆生产者补贴，坚持补贴向优势区倾斜，减少或退出非优势区补贴。改革渔业补贴政策，支持捕捞渔民减船转产、海洋牧场建设、增殖放流等资源养护措施。完善耕地、草原、森林、湿地、水生生物等生态补偿政策，继续支持退耕还林还草。有效利用绿色金融激励机制，探索绿色金融服务农业绿色发展的有效方式，加大绿色信贷及专业化担保支持力度，创新绿色生态农业保险产品。加大政府和社会资本合作（PPP）在农业绿色发展领域的推广应用，引导社会资本投向农业资源节约、废弃物资源化利用、动物疫病净化和生态保护修复等领域。

3. 建立绿色农业标准体系　清理、废止与农业绿色发展不适应的标准和行业规范。制定修订农兽药残留、畜禽屠宰、饲料卫生安全、冷链物流、畜禽粪污资源化利用、水产养殖尾水排放等国家标准和行业标准。强化农产品质量安全认证机构监管和认证过程管控。改革无公害农产品认证制度，加快建立统一的绿色农产品市场准入标准，提升绿色食品、有机农产品和地理标志农产品等认证的公信力和权威性。实施农业绿色品牌战略，培育具有区域优势特色和国际竞争力的农产品区域公用品牌、企业品牌和产品品牌。加强农产品质量安全全程监管，健全与市场准入相衔接的食用农产品合格证制度，依托现有资源建立国家农产品质量安全追溯管理平台，加快农产品质量安全追溯体系建设。积极参与国际标准的制定修订，推进农产品认证结果互认。

4. 完善绿色农业法律法规体系 研究制定修订体现农业绿色发展需求的法律法规，完善耕地保护、农业污染防治、农业生态保护、农业投入品管理等方面的法律制度。开展农业节约用水立法研究工作。加大执法和监督力度，依法打击破坏农业资源环境的违法行为。健全重大环境事件和污染事故责任追究制度及损害赔偿制度，提高违法成本和惩罚标准。

5. 建立农业资源环境生态监测预警体系 建立耕地、草原、渔业水域、生物资源、产地环境以及农产品生产、市场、消费信息监测体系，加强基础设施建设，统一标准方法，实时监测报告，科学分析评价，及时发布预警。定期监测农业资源环境承载能力，建立重要农业资源台账制度，构建充分体现资源稀缺和损耗程度的生产成本核算机制，研究农业生态价值统计方法。充分利用农业信息技术，构建天空地数字农业管理系统。

6. 健全农业人才培养机制 把节约利用农业资源、保护产地环境、提升生态服务功能等内容纳入农业人才培养范畴，培养一批具有绿色发展理念、掌握绿色生产技术技能的农业人才和新型职业农民。积极培育新型农业经营主体，鼓励其率先开展绿色生产。健全生态管护员制度，在生态环境脆弱地区因地制宜增加护林员、草管员等公益岗位。

（六）建立保障措施

1. 落实领导责任 地方各级党委和政府要加强组织领导，把农业绿色发展纳入领导干部任期生态文明建设责任制内容。农业部要发挥好牵头协调作用，会同有关部门按照本意见的要求，抓紧研究制定具体实施方案，明确目标任务、职责分工和具体要求，建立农业绿色发展推进机制，确保各项政策措施落到实处，重要情况要及时向党中央、国务院报告。

2. 实施农业绿色发展全民行动 在生产领域，推行畜禽粪污资源化利用、有机肥替代化肥、秸秆综合利用、农膜回收、水生生物保护，以及投入品绿色生产、加工流通绿色循环、营销包装低耗低碳等绿色生产方式。在消费领域，从国民教育、新闻宣传、科学普及、思想文化等方面入手，持续开展"光盘行动"，推动形成厉行节约、反对浪费、抵制奢侈、低碳循环等绿色生活方式。

3. 建立考核奖惩制度　依据绿色发展指标体系，完善农业绿色发展评价指标，适时开展部门联合督查。结合生态文明建设目标评价考核工作，对农业绿色发展情况进行评价和考核。建立奖惩机制，对农业绿色发展中取得显著成绩的单位和个人，按照有关规定给予表彰，对落实不力的进行问责。

第二章　种植业生产
转型升级篇

农业生产是人类利用绿色植物、动物和微生物的生命活动，进行能量转化和物质循环，来取得社会需要产品的一种活动。地球上广大的生物界和人类全部生命活动所需要的能量来源可以说都是太阳能。太阳不停顿地向周围发出巨大的辐射能，但是人类和其他动物以及微生物还不能直接转化为自身可以利用的能量，更无法将其能量贮存起来，能够直接利用太阳能并把太阳能转化为有机物化学潜能储存起来的只有绿色植物。恩格斯早在1882年就指出："植物是太阳光能的伟大吸收者，也是已经改变了形态的太阳能的伟大储存者"。绿色植物细胞内的叶绿体，能够利用光能，将简单的无机物合成为有机化合物。一部分被人类直接食用、消化，一部分被动物食用、消化后再被人类利用，一些不能被人和动物利用的有机残体和排泄物，又被微生物分解，复杂的有机物便被分解为简单的无机物，无机物又重新被绿色植物利用，形成物质循环。

由此可见，农业生产的实质是人们利用生物的生命活动所进行的能量转化和物质循环过程。如何采取措施使植物充分合理地利用环境因素（如光、热、水、二氧化碳、土地、化肥等），按照人类需求，尽可能促进这一过程高效率的实现就是农业生产的基本任务。

广义农业的概念是指人们利用生物生命过程取得产品的生产以及附属于这种生产的各部门的总称。一般包括农、林、牧、副、渔五业。农业是人类的衣食之源，生存之本。农业是国民经济的基础，"以农业为基础"是我国社会主义建设的一个长期基本方针。农业在我国社会主义建设中有着极其重要的地位，它关系到我国人民生活水平的不断提高，也关系到我国工业以至整个国民经济发展的速度。因此，把农业发展放在首位，加速农业的发展，实现农业现代化，保证持续稳定的发展，使农业生产走绿色发展道路，既是当务之急，也是长期的根本大计。

农业生产一般由植物生产（种植业）、动物生产（养殖业）和动、植物生产过程中产生的废物处理即围绕土壤培肥管理而不断培肥地力和改善生产条件三个密切联系不可分割的基本环节组成。同时，要想提高生产效益，还应搞好农业产业化经营和无公害生产，避免土地环境与农产品污染，实现生态化生产。

种植业植物生产是农业生产的第一个基本环节，也称第一个"车间"。绿色植物既是进行生产的机器又是产品，它的任务是直接利用环境资源转化固定太阳能为植物有机体内的化学潜能，把简单的无机物质合成为有机物质。植物生产包括农田、草原、果园和森林。所以在安排农作物生产时，应综合考虑当地的农业自然资源，因地制宜，根据最新农业科学技术优化资源配置，对农田、果树、林木、饲草等方面合理区划，综合开发发展。当然人类对农作物主产品——粮食需求是第一位的。种植业生产中粮食生产是主体部分，应优先发展，在保证粮食安全的前提下，才能合理安排其他种植业生产。

动物生产是农业生产的第二个基本环节，也称第二"车间"。主要是家畜、家禽和渔业生产，它的任务是进行农业生产的第二次生产，把植物生产的有机物质重新改造成为对人类具有更大价值的肉类、乳类、蛋类和皮、毛等产品，同时还可排泄粪便，为沼气生产提供原料和为植物生产提供优质的肥料。所以畜牧业与渔业的发展，不但能为人类提供优质畜产品，还能为农业再生产提供大量的肥料和能源动力。发展畜牧业与渔业有利于合理利用自然资源，除一些不宜于农耕的土地可作为牧场、渔场进行畜牧业、渔业生产外，平原适宜于农田耕作区也应尽一切努力充分利用人类不能直接利用的农副产品（如作物秸秆、树叶、果皮等）发展畜牧业，使农作物增值，并把营养物质尽量转移到农田中去，从而扩大农田物质循环，不断发展种植业。植物生产和动物生产有着相互依存、相互促进的密切关系，通过人们的合理组织，形成良性循环。

土壤培肥管理及生产条件的改善是农业生产的第三个基本环节，也称第三"车间"。"万物土中生""良田出高产"，土壤肥力为农作物增产提供物质保证，作物要高产，必须有高肥力土壤作为基础。土壤的培肥管理及生产条件的改善是植物生产的潜力积累，该环节的主要任务，一方面利用微生物，将一些有机物质分解为作物可吸收利用的形态，或形成土壤腐殖质，改良土壤结构；另一方面用物理、化学、微生物等方法制造植物生产所需的营养物质，投入到生产中促进植物生产，并采取措施改善植物生长其他环境因素，有利于植物生产。

上述三个环节是农业生产的基本生态结构，这三个环节是相互联系、相互制约、相互促进的，农业生产中只有在土壤、植物、动物之间保持高效能的能量转移和物质循环，搞好农业产业化经营，尽可能地综合利用自然资源，才能形成一个高效率的农业生产体系。各地只有根据当地的农业自然资源和劳动资源综合安排粮食、饲料、肥料、燃料等人们生活所需物质，建立农、林、牧、渔、土之间正常的能量和物质循环方式，不断地培肥地力和改善农业生产环境条件，才能保持农业生产良性循环，促进农业生产生态化持续稳定发展。

另外，农业生产有许多特殊性，只有充分认识特殊性，根据不同的特性办事，才能有利于农业生产和搞好农业生产。

1. 农业生产具有生物性 农业生产的对象是农作物、树木、微生物、牧草、家畜、家禽、鱼类等，它们都是有生命的生物。生物是活的有机体，各自有着自身的生长发育规律，对环境条件有一定的选择性和适应性，因此在进行农业生产时，一般要按照各种生物的生态习性和自然环境的特点来栽培植物和饲养动物、建立合理的生态平衡系统，做到趋利避害，发挥优势，不断地提高农业生产水平。

2. 农业生产具有区域性　农业生产一般在野外进行。由于地球与太阳的位置及运动规律、地球表面海陆分布等种种原因，造成地球各处的农业自然资源如光、热、水、土等分布的强弱和多少是不均衡的，形成农业自然资源分布的区域性差别。我国从大范围看，南方热量高、水多；北方热量低、水少；东部雨量多、土地肥沃；西北部雨量少、土地干旱，且盐碱、风沙严重。西北光照多，东南光照少。不同的生态环境，也各有其适宜的作物种类和耕作方式。所以进行农业生产要从各地的生态环境条件出发，在充分摸清当地生态环境条件的基础上，综合考虑农业生产条件，搞好农业资源的优化配置，从实际出发，科学利用全部土地和光、热、水资源，使地尽其利，物尽其用，扬长避短，趋利避害，尽可能地发挥各地的资源优势。

3. 农业生产的季节性和较长的周期性　各种农作物在长期的进化过程中，其生长发育的各个阶段都形成了对外界环境条件的特殊要求，加上不同地理位置气候条件不同，在不同地区不同农作物就自然地形成了耕种管收的时间性，使农业生产表现出较强的季节性。由于地球围绕太阳运行一周需一年时间，地球上气候变化具有年周期性，农业生产季节性也随之年周期变化，从而使生产季节有较长的周期性。也就出现了"人误地一时，地误人一年"的农谚。因此"不违农时"自古就是我国从事农业生产的一条宝贵经验，应当严格坚持。但随着生产水平的提高，人们采用地膜、温棚等措施，人为地改变一些环境条件，延长或变更了生产季节性，从事生产效益高的农业生产，也取得了较好的效果，应当在逐步试验示范的基础上，掌握必要的技术和必要的投入，不断壮大完善提高，且不可盲目扩大范围与规模，造成投资大，用工多，而效益低的不良后果。

4. 农业生产的连续性和循环性　人类对农产品的需求是长期的，而农产品却不能长久保存，农业生产需要不断地连续进行，才能不断地满足人们生活的需求，所以农业生产不能一劳永逸。农业也是子孙万代的事业，农业资源是子孙万代的产业，是要子子孙孙永续利用的。农业生产所需的自然资源如阳光、热量、空气等可以年复一年不断供应，土地资源通过合理利用与管理，在潜力范围内还可不断更新。但是在农业生产中不研究自然规律，破坏性地滥用或超潜力利用土地资源，如不合理地使用农药、化肥、激素造成环境污染和重用轻养掠夺式经营等行为，使农业资源的可更新性受到破坏，就会严重影响农业生产。因此，在进行农业生产时，必须考虑农业生产连续性特点，保证农业资源的不断更新是农业生产的一项基本原则，也是保证农业生产不断发展的基本前提。在农业生产周期性变化中，要考虑上茬作物同下茬作物紧密相连和互相影响、互相制约因素，瞻前顾后，做到从当季着手，从全年着眼，前季为后季，季季为全年，今年为明年，达到农作物全面持续增产增效，生态化生产经营。

5. 农业生产的综合性　农业生产是天、地、人、物综合作用的社会性生产，它是用社会资源进行再加工的生产，经济再生产过程与自然生产过程互相交织在一起，因此，它既受自然规律的支配，又受经济规律的制约，在生产过程中，不仅要考虑对自然资源的适应、利用、改造和保护，也要考虑社会资源如资金、人力、石油、化肥、机器、农药的投放效果，使其尽可能以较小的投入，获得较大的生产效益。从种植业内部看，粮、棉、油、麻、糖、菜、烟、果、茶等各类农作物种植的面积和取得的效益，受到环境条件和社会经济条件的影响，受着社会需要的制约，需要统筹兼顾、合理安排。从农、林、牧、副、渔大农业来看，也需要综合经营全面发展，才能满足人们生活的需求和轻工等各方面的需要。农业生产涉及面广，受到多部门多因素的影响和制约，具有较强的综合性特点，只有根据市场需求合理安排，才能提高生产效益，达到不断提高产量和增加收入的目的。

6. 农业生产的规模性 农业生产必须具备一定规模，才能充分发挥农业机械等农业生产因素的作用，才能降低生产成本，提高生产效益。较小的生产规模，不利于农业生产的专业化、社会化和商品化，不利于农业投入，会出现重复投入现象，造成投入浪费，也不利于先进农业技术的推广应用，影响了农业机械化的应用和效率。随着农业产业化进程的加快和农业机械化水平的提高，农业适度规模产业化经营问题将越来越重要。

在稳定粮食生产的基础上，种植业要根据市场的需要，及时调整和优化产业结构，通过以下几个增效方式来促进种植业生产水平和生产效益的提高。

一是间作套种增效方式。间套种植是我国农民在长期生产实践中，逐步认识和掌握的一项增产措施，也是我国农业精耕细作传统的一个重要组成部分。在农业资源许可的情况下，运用间套种植方式，充分利用空间和时间，实行集约种植，就成为提高作物单位面积产量和经济效益的根本途径。正确运用间套种植技术，既可充分利用土地、生长季节和光、热、水等资源，巧夺天时地利，又可充分发挥劳力、畜力、水、肥等社会资源作用，从而达到高效的目的。

间套种植与一般的农业技术相比，涉及的因素很多，技术上比较复杂，有其特殊之处。随着我国农业生产的发展，尤其是在建设现代化农业的过程中，应当正确地认识和运用这项技术。在实际运用过程中，要因地制宜，充分利用当地自然资源，并结合各个地区不同特点不断地进行完善，真正实现高产高效。

二是保护地设施栽培增效方式。采用地膜覆盖，日光温室、塑料大棚、拱棚等多种形式的保护地设施栽培措施，创造适宜作物生长的环境，实行提早与延后播种或延长作物生长期，进行反季节、超时令的生产，达到高产优质高效的目的。

三是食用菌增效方式。食用菌被誉为健康食品，食用菌生产的实质就是把人类不能直接利用的资源，通过栽培各种菇菌转化成为人类能直接利用的优质健康食品。是一个能有效转化农副产品的高效产业，近年来发展迅速，在一些农副产品资源丰富的地区，发展食用菌生产是实现农副产品加工增值的重要途径之一。当前，我国正在全面建设小康社会和节约型社会，做大做强食用菌产业必将起到积极的促进作用。

四是科技挖潜增效方式。发展农业，一靠政策，二靠科技，三靠投入，但最终还是要靠科技解决问题。科学技术是农业发展的最现实、最有效、最具潜力的生产力。世界农业发展的历史表明，农业科技的每一次重大突破，都带动了农业的发展。20世纪70年代的"绿色革命"，大幅度地提高了世界粮食生产水平，80年代取得重大进展的生物技术和90年代快速发展的信息技术被应用到农业上，使世界农业科技的一些重要领域取得了突破性进展。进入21世纪，知识经济与经济全球化进程明显加快、科技实力的竞争已成为世界各国综合国力竞争的核心。新形势下要加快农业的发展，实现农业大国向农业强国的历史性跨越，我们必须不失时机地大力推进农业科技进步。

五是资源进一步开发增效方式。各地对尚未开发利用或利用不够充分的农业后备资源，如荒地、窑厂或工业用废弃地以及庭院资源等，进行以增加土地利用率为目标的广度开发，如在窑场废弃地上或大庭院内建塘进行水产高效养殖等，让方寸土地生财，也是一种较好的增效方式。

第一节　粮食作物生产转型升级

粮食生产是农业生产最基本的功能，漫长的农业发展历史中主要内容也是粮食生产。"国以民为本，民以食为天"，粮食生产在农业生产中永远是第一位的，必须优先安排，确保安全。只有在粮食生产安全的前提下，才能发展其他生产，发挥农业多功能作用，人民才能有幸福感。

一、坚定不移地搞好粮食生产，保证粮食安全，以粮食安全发挥多功能增效作用

粮食生产是农业生产的基础，关系到国计民生，在我国农业取得举世瞩目成就的同时，我国也迎来了前所未有的农产品丰足时代，结束了长期经历的"饥饿时代"进入了"饱食时代"。这是现代农业科技进步的必然结果，也是我国历史上农业发展的重大转折。然而，常规粮食生产效益较低，致使粮食产区农民增加收入困难，种粮积极性受到了不同程度的影响，粮食生产依然基础脆弱，新形势下新问题的出现促使我们必须对粮食安全生产有新的思考。

（一）对粮食生产的回顾以及近年来生产情况分析

中华人民共和国成立以来粮食生产主要经历了三个历史性发展阶段。

第一阶段是从中华人民共和国成立初期至 20 世纪 80 年代初期，属数量增长性阶段。这一阶段粮食生产的主要特点是以促进国民经济的恢复性增长和解决长期困扰人民的温饱问题为主要目标。由于生产力水平和科技水平相对比较落后，粮食产品长期短缺，除一部分粮食上交国家支援国家建设或作为战略储备外，剩余部分尚不能很好地满足人们的基本生活需要，人均占有粮食在需要线［350 千克/（人·年）］以下。

第二个阶段是 20 世纪 80 年代初至 90 年代末，属品种结构调整阶段。这一阶段，随着政策的调整、落实和经济体制的改革，农业科学技术水平的提高和投入不断增加，农业生产力得到较快发展，粮食生产也得到快速增长，首先克服了粮食长期短缺的问题，使人均占有粮食在需要线以上，再由以粗粮为主过渡到以细粮为主。同时，这一阶段粮食储存也得到逐步积累。

第三个阶段是进入 21 世纪以来，属粮食供需相对过剩阶段。近年来，随着粮食生产能力的提高，过剩性积累逐步增加以及"买方"市场的逐步形成，使粮食生产效益下跌。一方面一些粮食主产区每年人均粮食产量维持在 800 千克以上，人均消费按需求线 350 千克计算［其中直接需要按 230 千克/（人·年），肉、奶、蛋转化需要按 120 千克/（人·年）计算］，占生产量的43.8%；剩余 56.2%需要找销路销售；另一方面全国粮食生产增长缓慢，加上人均粮食消费不断增长，粮食供需平衡形势不容乐观，需要抓紧构建新形势下的国家粮食安全战略。

把饭碗牢牢端在自己手上，是治国理政必须长期坚持的基本方针。综合考虑国内资源环境条件、粮食供求格局和国际贸易环境变化，实施以我为主、立足国内、确保产能、适度进口、科技支撑的国家粮食安全战略。任何时候都不能放松国内粮食生产，严守耕地保护红线，划定永久基本农田，不断提升农业综合生产能力，确保谷物基本自给、口粮绝对安全。更加积极地利用国际农产品市场和农业资源，有效调剂和补充国内粮食供给。在重视粮食数量的同时，更加注重品质和质量安全；在保障当期供给的基础上，更加注重农业可持续发展。同时，加大力度落实粮食安全责任与分工，在主销区也要确立粮食面积底线、保证一定的口粮自给率。增强全社会节粮意识，在生产流通消费全程推广节粮减损设施和技术。

（二）目前种植业生产经营中特别是粮食生产经营中存在的问题

我国农业已经发生了历史性的转折，一方面社会进入"饱食时代"，与"饥饿时代"对食品要求不同；另一方面经济体制改革也进入了一个与原来模式具有质的变化阶段，目前我国经济体制已经步入了市场经济的快车道。以上两个方面的变化就决定了农业生产经营（包括粮食生产经营）必须从追求数量型迅速转变为追求质量效益型，必须从农业经营效益的角度出发去计划生产和管理生产，单一追求数量型的过剩生产将成为农业和农业生产者的一个负担。在新的形势下农业如何进一步向生态化方向发展？粮食生产能力如何保持？农民如何切实走上富裕之路？已成为大家特别关心的问题，也是迫切需要解决的问题。初步分析在种植业生产经营中主要存在如下问题：

1. 生产者缺乏企业化经营意识和营销知识 农业之所以在解决了增产问题后却迟迟不能增收，一个很大的原因就是生产者普遍缺乏经营意识和市场营销素质，在新阶段、新形势下，农民首先是经营者，其次才是生产者，这一点在农业生产能力进入供过于求的时代尤为重要。可惜的是大多数农业生产者缺乏经营和营销素质，以致在生产上出现了很多盲目生产的现象，盲目地追求什么产品价格高就种啥，"一哄而上"，该产品稍微满足一定市场容量后，就进行无组织地低价倾销（不考虑成本的低价倾销），形成自残式竞争，最终结果是"一哄而下"，出现了什么作物产品价格高就盲目发展什么作物，发展了什么作物什么作物的产品价格就低，大多数农户得不到较高的生产效益，形成了恶性循环局面。

2. 存在着小规模生产难以应付大市场变化的问题，没有规模效益 任何现代产业都必须在竞争中生存和发展，农业生产也不例外，目前我国农业不仅存在国内市场的压力，也面临着前所未有的世界范围内的竞争，不容乐观的是我国粮食产品价格已经没有竞争的优势。一方面由于经营规模小在产品销售中很难获得规模效益，甚至还很容易出现自残式的倾销竞争，损失正常效益，使产品的效益下降；另一方面由于经营规模小，投入重复浪费现象严重，使生产成本相对增加，投入不能很好地发挥效益。

3. 科技水平落后，产品质量差，缺乏标准化管理 我国农业虽然拥有传统的精耕细作经验，但目前大多数农业生产者现代化农业科技水平偏低，加上农业科研、推广应用脱节，致使农业科技成果转化慢，转化率低，如在施肥、灌水、病虫害防治等领域还存在着较大的利用率和效率低等问题，也是造成成本高的一个重要因素。另外现有的栽培技术大多都是围绕作物高产而研究制定的，缺乏对优质和标准化配套技术的研究，以致我国的产品质量较差，达不到市场标准要求，不能适应农业发展的需要。

4. 产业化水平低，获得的附加值少 长期以来，在粮食主产区主要销售方式是买原粮，缺乏产业化深加工能力，获得粮食生产的附加值很少，使粮食生产缺乏后劲，生产能力不能很好地提高。

5. 农产品特别是粮食市场调控制度和价格形成机制需要进一步完善 主要粮食产品最低保护价政策已很难调动农民的种粮积极性，一般农产品市场不稳，价格起伏较大，"卖难"与"买贵"现象同时存在，生产的盲目性较大，订单生产较少。

（三）对提高粮食综合生产能力的看法

1. 加大政府扶持力度，提升粮食生产能力

2. 采取最严厉的措施保护耕地，并不断提高耕地质量 粮食安全的根本在耕地，关键在耕地质量。耕地是粮食生产的最基本生产资料，必须保持一定数量粮食种植面积，才能保证粮食安全。同时，还要采取综合技术措施不断培肥地力，提高耕地质量，进一步提高粮食生产能力。

3. 加速实施粮食产业化工程，克服目前多数农户"盲目与无奈"的生产局面 面对国内、国际两个市场压力，必须加速实施粮食产业化工程，尽快扭转"盲目与无奈"的被动生产局面，提高粮食生产效益，从而提升和保持粮食生产能力。

4. 依靠科技进步，提高粮食生产效益 根据目前市场行情与生产水平，要提高粮食生产效益，必须依靠科技进步，走节约成本和提高产品质量带动价格提升的途径，在节约成本的基础上，向质量要效益，向深加工要附加值，以满足人们丰富生活的需要。要深化"小麦—玉米、小麦—花生、小麦—棉花、小麦—瓜菜"种植模式和综合成套栽培技术的研究等。

5. 社会有关部门互动，夯实粮食生产基础 有关单位和部门都要把思想统一到现代农业发展上来，紧紧围绕粮食增产、农业增效、农民增收这一总体目标要求，相互配合，齐心协力夯实我国粮食生产基础。土地部门要严格落实耕地保护政策、严格控制耕地占用，确保基本农田面积稳定。水利部门要加强农田水利基本设施建设，建成更多的旱涝保收田。农业农村部门要以建设高标准粮田、打造粮食核心产区为目标改造中低产田。农机部门要推进农机化进程，提升农业装备现代化程度。

（四）完善国家粮食安全保障体系

1. 抓紧构建新形势下的国家粮食安全战略 把饭碗牢牢端在自己手上，是治国理政必须长期坚持的基本方针。综合考虑国内资源环境条件、粮食供求格局和国际贸易环境变化，实施以我为主、立足国内、确保产能、适度进口、科技支撑的国家粮食安全战略，不断提升农业综合生产能力，确保谷物基本自给、口粮绝对安全。更加积极地利用国际农产品市场和农业资源，有效调剂和补充国内粮食供给。在重视粮食数量的同时，更加注重品质和质量安全；在保障当期供给的同时，更加注重农业可持续发展。同时，增强全社会节粮意识，在生产流通消费全程推广节粮减损设施和技术。

2. 完善粮食等重要农产品价格形成机制 继续坚持市场定价原则，探索推进农产品价格形成机制与政府补贴脱钩的改革，逐步建立农产品目标价格制度，在市场价格过高时补贴低收入消费者，在市场价格低于目标价格时按差价补贴生产者，切实保证农民收益。

3. 健全农产品市场调控制度 综合运用储备吞吐、进出口调节等手段，合理确定不同农产品价格波动调控区间，保障重要农产品市场基本稳定。科学确定重要农产品储备功能和规模，强化地方尤其是主销区的储备责任，优化区域布局和品种结构。完善中央储备粮管理体制，鼓励符合条件的多元市场主体参与大宗农产品政策性收储。进一步开展国家对农业大县的直接统计调查。编制发布权威性的农产品价格指数。

4. 合理利用国际农产品市场 抓紧制定重要农产品国际贸易战略，加强进口农产品规划指导，优化进口来源地布局，建立稳定可靠的贸易关系。

5. 强化农产品质量和食品安全监管 建立最严格的覆盖全过程的食品安全监管制度，完善法律法规和标准体系，落实地方政府属地管理和生产经营主体责任。支持标准化生产、重点产品风险监测预警、食品追溯体系建设，加大批发市场质量安全检验检测费用补助力度。

总之，粮食作为人们生存的基础物资有其十分重要的特殊作用，历来受到政府的高度重视和保护。在近阶段农业生产特别是粮食生产是一个弱势产业，自身效益很低，但社会效益很大，在世界贸易组织（WTO）规则允许的范围内，政府要重点扶持粮食主产区粮食生产，加强粮食生产基地建设，以保护粮食的综合生产能力。同时，粮食生产应尽快转变经营管理机制，适应市场经济发展要求。市场经济是一个有高度组织的经济体制，不是谁想干啥就干啥，谁想怎么干就怎么干，根据市场经济的观点和发达国家的经验，实现农业生产产业化经营才是现代化农业的发展方向，要实现产业化经营，经营企业化是基本条件，生产集约化是发展动力，产品标准化是基础。必须按市场经济要求尽快试验探讨规模化企业化生产经营的新方法、新路子，不论采取什么样的形式或方式，在坚持以家庭承包经营的基础上，要使农民之间形成一个利益共同体去进行企业化规模经营，只有这样才能不断增加市场竞争力，保持可持续发展的趋势。另外，还要尽快实现产品标准化生产，因为产品标准化才是农业产业化经营和农产品进入现代市场营销的基础。农业科研和技术推广部门要尽快同生产者一道研究和推广应用与产品标准化相关的技术措施，为产业化生产经营服好务。

二、良种良法配套并创新集约化种植模式，提高种植效益

（一）根据需要培育和繁育优良专用品种，充分发挥种子内因作用

"一粒种子改变一个世界"，优良的农作物品种在农业生产中起着重要作用，是农业增产增收中最重要的基本因素，也是农业生产的内因，各种增产措施的增产作用，只能通过良种才能发挥，其增产效果也只能由良种来体现。提高农作物单位面积产量，需要选用高产品种；改善农产品品质，也需要选用优质品种；种植业结构和农业供给侧结构调整，实现集约化种植，提高复种指数，增加经济效益，更需要与之相配套的优良品种。推广应用优良品种是提高产量、改善品质的一条最经济、最有效的途径。

1. 农作物品种的概念　作物品种是指人类在一定的生态和经济条件下，根据自己的需要所创造的某种作物群体，它具有相对稳定的遗传性状，在生物学、形态学和经济性状上具有相对的一致性，在一定的地区和一定栽培条件下，在产量、品质、生育期和适应性等方面符合人类生活和生产发展的需要，并通过简单的繁殖手段保持其群体的恒定性。

首先，品种是人类劳动的产物，是由野生植物经过人工选择进化来的。

其次，品种是经济上的类别，不是植物分类学上的名称。植物分类学上一般分为界、门、纲、目、科、属、种，而在经济类别上，将种又细分为不同品种。

再者，品种的种植具有一定的地区适应性和时间性。一般一个品种的选育要通过国家有关部门审定之后，才能认（审）定为品种，而该品种只能在规定的适宜地区种植，而且随着新品种的不断认（审）定，许多过时品种都会面临被淘汰的命运。

一个优良品种通常应有以下三个基本条件：①丰产性。丰产性在一定地区和一定的栽培管理条件下，能获得高额而稳定的产量。②品质优良。农作物产品主要是作为食品来利用的，在品质方面要求较高，一个优良的作物品种，其产品应是品质优良，水分适中，味道好等。③抗逆性。一个优良品种应该具有较强的抵抗不良环境的能力。如早熟蔬菜的抗寒性要强，夏播蔬菜的抗湿热性以及对病虫害有较强的抗性。

一个优良的品种，往往有一定的地域性。就是说，一个与当地的土壤水分、气候条件、栽培技术都有密切的关系。如果条件不适宜，虽然是良种，但也达不到丰产的效果，甚至还会造成严重的减产。

2. 品种在农业生产中的作用　在农业生产中，优良农作物品种备受群众欢迎。因为它具有丰产、优质等特点，不仅能比较充分地利用有利的自然条件和栽培条件，而且可以抵抗和克服其中不利因素的影响，对提高产量、稳产高产、改进品质、扩大栽培区、改革耕作制度及合理安排复种、适应现代化农业的发展和提高经济效益等，有着十分重要的作用。具体作用如下：

（1）提高产量。中华人民共和国成立以来，我国的主要粮食作物小麦、玉米等平均单产分别增长 6～10 倍。这种增长当然与施肥水平的提高、栽培管理的改进都是有关的，但是优良品种的推广应用起了不可低估的作用，有时甚至起了决定性作用。

（2）保证稳产。农作物产量不稳定的主要因素是自然灾害和病虫害。育成多抗、广适的优良品种在增强抗逆力、抵抗病虫害方面有特殊的意义，也是其他措施无法代替的。

（3）改进品质。随着城乡商品生产的发展和人民生活水平的提高，品质育种在我国已开始提到日程上来。如小麦、玉米的蛋白质和赖氨酸含量等；花生、大豆的含油量等；这些品质指标在品种间的差别很大，通过选育新品种，可以改进作物的品质。

（4）扩大栽培区。随着人口的增多及工农业的发展，一些作物的种植面积不断扩大，而向新地区引种新作物是否成功，关键是看选用的品种是否适宜。

（5）改革耕作制度及合理安排复种。精耕细作是我国农业的传统，耕作制度多样化也是我国农业特点之一。这对品种的株型、生育期、抗逆性等都有相应的要求。

（6）适应现代高效农业的发展。现代农业的发展不断向品种提出新要求。如现代农业机械化作业已发展到各种作物的耕作、施肥、灌溉、喷药、采收、分级、加工等各方面，随着作业的要求，已逐步育成与之相适应的作物品种。

（7）提高经济效益。使用良种是投资少、见效快、收益大的最经济有效的农业措施。一些良种的培育和推广，得到的经济效益往往是全部研究经费的几十倍、几百倍，甚至更多。

3. 育种途径、方法和技术　目前，已掌握的育种新途径主要有：①杂种优势利用。玉米、水稻杂种优势利用效果最好，影响最显著。②远缘杂交。如八倍体小黑麦。③理化诱变，包括辐射育种、PEG 诱变等。④组织培养繁育优良新品种。如马铃薯、香蕉、甘薯等作物的脱毒苗，已达到工厂化生产水平，马铃薯脱毒复壮种薯，可提高产量 $30\% \sim 50\%$。⑤细胞融合。通过原生质体培养，目前已有 80 多种植物培养出了再生植株。⑥基因工程。一是抗病虫等农作物育种。如转 Bt 毒蛋白基因水稻、棉花等。二是提高作物产量，改进作物品质方面，目前也都有相关研究报道。

4. 未来作物育种工作展望　虽然作物育种工作在近一个世纪内取得了巨大的成就，但随着现代科学技术的发展，作物育种工作还将有很大的发展空间。

首先，种质资源工作有待进一步加强。种质资源是育种工作得以有效开展的前提，没有资源，就无法很好地开展育种工作，没有好的种质资源，更不能获得好的品种。

其二，要深入开展育种理论和方法的研究。常规的育种方法繁琐而辛苦，而且耗时耗力；而随着新技术的不断运用，在简化育种过程、缩短育种时间上，有着较大的优势。

其三，要加强多学科综合研究和育种单位间协作。

（二）稳定和调整粮食作物种植面积和结构

根据粮食生产功能区划定目标和目前实际情况，对粮食作物生产要种植面积和产量稳定，进一步提升综合生产能力；优质品种应用率保持在较高水平，努力节本增效；培育知名品牌和优势特色品牌，同时，其精深加工产品的水平和档次明显提高，促使经济、社会和生态效益全面提升，促进粮食产业的转型升级。

1. 主要粮食作物小麦和水稻应稳定面积，调优品种，确保粮食安全　小麦和水稻是人们生活的主粮，也是旱地和水田的主要粮食作物，要优先保证生产，满足人们生活的需要，才能考虑发展其他作物。随着人们生活水平的提高，种植优质专用品种将是今后一个时期发展方向。

（1）小麦。小麦品质特性的优劣是由品种特性、生态因素和种植技术等因素共同决定的，如果栽培技术应用不当，同一地块生产出来的优质小麦差异也较大。研究表明，影响小麦品质指标的因素较多，包括地理变化、年份、水分、温度、土壤类型、有机质、肥料使用、灌水、化学调控、播期播量、病虫害、前茬、收获期等，具体影响有以下十几个方面。

一是气候对小麦品质的影响。据研究，小麦籽粒蛋白质含量受籽粒灌浆期间降水量、温度条件以及灌溉和养分供应的影响。气候和土壤因素对小麦籽粒蛋白质含量的变化具有重要作用。在植株生长期，尤其是在籽粒灌浆期，温度和湿度对籽粒品质的形成作用颇大。这时出现高温和水分不足会促使籽粒中形成大量优质蛋白质。河南省小麦品质生态及品质区划研究课题组（1983—1993年）按气候分区，对全省各地 130 份小麦籽粒样品的蛋白质、氨基酸进行测试，结果表明，不同气候区的蛋白质的氨基酸含量有较大差别。温暖湿润区的蛋白质和氨基酸含量明显低于半湿润区和半干旱区。随湿润程度的增加，必需氨基酸占蛋白质含量的百分比呈逐渐降低的趋势，而非必需氨基酸占蛋白质含量的百分比则呈逐渐增加的趋势。此外，研究还表明，小麦籽粒蛋白质含量与冬前降水量和开花期降水量均呈负相关关系。即小麦籽粒蛋白质含量随冬前降水增加呈下降趋势。降水在 100 毫米以内时，下降幅度不大，超过 100 毫米，蛋白质含量明显下降，造成这种现象的原因分析有两个：①降水（或灌水）过多使土壤养分尤其是速效养分淋失过多，造成土壤供 N 能力下降；②冬前水分过多，会造成分蘖成穗多，后期如养分供应不足，会影响小麦籽粒品质。小麦籽粒蛋白质含量随开花前后降水量增多呈下降趋势。尽管由其影响的小麦籽粒蛋白质含量变幅较小，但仍达到极显著水平。光照对小麦籽粒蛋白质含量的影响主要是通过影响光合产物（碳水化合物）而影响小麦蛋白质含量的。小麦生育后期，光照条件好，则籽粒产量高，而蛋白质含量反而降低。

二是土壤条件对小麦品质的影响。关于土壤对小麦品质的影响国内外均有报道。苏联列宁农业科学院院士普里亚尼什尼可夫在温度相同但土壤湿度不同的情况下栽培小麦，发现土壤湿度愈高，则籽粒蛋白质含量愈低。河南省小麦品质生态及区划研究课题组对不同土壤类型小麦蛋白质含量及必需氨基酸含量、非必需氨基酸含量的比较表明，水稻土和黄棕壤土的含量较低，褐土和埁土的含量较高，必需氨基酸占蛋白质含量的百分比，以褐土最高，以埁土最低。一般地块随土壤质地由沙变黏，小麦籽粒蛋白质含量由 10.4％上升至 14.91％，但如果质地进一步变黏，蛋白质含量又有所下降。在进行优质强筋小麦生产时，要求选择沙性适中的土壤或偏黏的土壤。小麦蛋白质含量以中壤质的栗黄土最高，重壤质的沙姜黑土次之，以沙壤质潮土最低。

小麦蛋白质含量随土壤速效氮含量增加而增加。当速效氮含量在 100 毫克/千克以下时，蛋白质含量随速效氮增加的幅度较大，超过 100 毫克/千克以后，这种效应明显变小。

同样，小麦蛋白质含量随土壤有机质含量增高而增加。特别是当土壤有机质在 1.3% 以下时，这种趋势非常明显；有机质超过 1.5% 以后，蛋白质含量的增加就趋于缓慢。

总之，小麦籽粒蛋白质含量与土壤质地、土壤速效氮含量、土壤有机质呈正相关，与冬前和开花期降水量、土壤有效磷含量呈负相关。

另外，成熟前 15～25 天内的土壤温度和日最高气温也直接影响小麦籽粒蛋白质的含量。日气温在 32℃ 以下，小麦蛋白质含量与温度呈正相关，当日最高气温超过 32℃ 时，则表现出负相关关系，而土壤温度从 8℃ 增至 20℃，平均每度增加蛋白质含量达 0.4% 之多。

三是茬口对小麦品质的影响。茬口对小麦品质的影响主要是以提高或减弱肥力为基础的。蒋纪芸（1988）研究认为，良好的茬口有增进产量和改进品质的作用。其作用效果顺序是休闲＞豌豆＞油菜＞小麦，这种结果可持续两年。

四是播期对小麦品质的影响。胡新（1985）对不同播期对小麦籽粒蛋白质的影响进行了研究，结果表明，随播期的推迟，小麦籽粒粗蛋白（干基%）、出粉率、沉淀值、湿面筋、吸水率、稳定时间、赖氨酸（干基%）含量增加，对形成时间无影响。而淀粉（干基%）和弱化度则下降。说明晚播可明显改善小麦品质性状。但播期对产量的影响则呈低、高、低的趋势。因此，要做到优质、高产并重，播期以适播期的下限为宜。

五是播量对小麦品质的影响。杨永光（1989）认为，播种量从 3～10.5 千克/亩，随播量增加蛋白质含量和赖氨酸含量增加。胡新（2000）的研究结果指出，随播量增加，粗蛋白、出粉率、湿面筋、吸水率提高，但沉淀值、湿面筋、形成时间与稳定时间却呈高、低、高变化趋势。

六是营养元素对小麦品质的影响。氮素是影响小麦籽粒品质最活跃的因素。许多学者研究表明，在一定范围内，随施氮量增加，小麦籽粒蛋白质含量也增加。苏亚庆（1980）指出，在施氮素 $0 \sim 10$ 千克/亩范围内，施氮量与籽粒蛋白质含量呈正相关（$r = 0.932 \sim 0.971$）。阎润涛（1985）报道，获得籽粒蛋白质含量要比获得籽粒的高产量多需纯氮 $2 \sim 4$ 千克/亩。秦武发、李宗智（1989）综合前人的观点，把施氮水平分为"增产不增质区"（低氮阶段）、"产值同增区"（中氮阶段）和"增质减产区"（高氮阶段）。胡新（1998）等研究指出，在中高产条件下，施氮肥可同步提高小麦籽粒蛋白质、沉淀值及干、湿面筋含量；高肥水条件下，施氮可降低沉淀值。

施磷对氮代谢和籽粒蛋白质没有本质上的不利影响，但由于施磷使产量提高加快，造成籽粒中氮被稀释，从而可能降低蛋白质含量，但籽粒蛋白质产量有所提高。杨永光（1988）指出，在低氮水平下，增加磷肥，赖氨酸含量下降；中氮水平时，增加磷肥，赖氨酸含量增加。

钾素对小麦品质的影响是通过改善氮代谢而发挥作用的。土壤钾在 100 毫克/千克以内，钾含量与籽粒产量呈正相关；土壤钾在 350 毫克/千克以内，钾含量与蛋白质含量呈正相关。后期施钾对于粒重几乎没有影响，但肯定提高了籽粒蛋白质含量和沉淀值。施钾可以提高赖氨酸、亮氨酸、蛋氨酸和色氨酸含量。钾的生理作用主要是增加氨基酸向籽粒运输的速度及氨基酸转化为蛋白质的速率，前者作用更大。

其他矿质元素对小麦品质也有着不同的影响。在缺硫条件下，清蛋白和球蛋白含量降低。田惠兰（1985）认为，缺硫影响到面粉中的氨基酸成分。必需氨基酸含量降低，而精氨酸和天门冬氨酸的含量略增。镁改善了植株的营养状况，增强了再生能力，使糖代谢和氮代谢的各种酶得到了活化，从而提高了冬小麦的千粒重、籽粒容重、蛋白质含量和面筋含量。叶面喷锌增产 8%，蛋白质含量增加 4%。硼能有效地提高蛋白质含量，改善小麦蛋白质必需氨基酸的成分，对改善小麦营养价值有重要作用。李春喜（1989）根外施用微肥的结果表明，根外喷硼、锌、锰对提高小麦籽粒产量和品质都有一定作用。郑天存（1999）等研究了不同微量元素（Zn、Mn、B）配施对小麦品质的影响，结果表明，三种微量元素均提高出粉率，但降低了湿面筋含量和沉淀值。

外源激素能改变小麦的生理代谢活动，进而影响小麦的品质和产量。马玉霞（2001）等在小麦扬花后喷施"壮丰优""富硒液肥""BN丰优素""EM原露"等发现，喷施内源激素均比对照（清水）角质率高，黑胚率低。其中，100倍"富硒液肥"的处理角质率最高，为100%，黑胚率最低，为0；"BN丰优素"20克/亩次之，角质率为99.7%，黑胚率为0.3%。

七是施肥时期对小麦品质的影响。施氮时期对小麦籽粒蛋白质含量的影响比对籽粒产量的影响更大。梅楠等指出，在扬花期追氮籽粒蛋白质含量可提高1.5%～5.0%（大田）和3%～5%（盆栽）；面筋含量可增加3%～5%；沉淀值可从31.62毫升提高到57.54毫升；醇溶蛋白较谷蛋白增加较多。郭天财（1998）等指出，不同生育时期施氮对蛋白质含量的调节效应表现为等量施肥随施氮时期（返青、起身、拔节、孕穗、抽穗）推迟，蛋白质含量呈增加趋势，麦谷蛋白/醇溶液蛋白比值也有所增加。其中，以孕穗期施氮为最高，追氮期再后延，比值又下降。因此，实施"氮肥后移"施肥技术，对提高蛋白质含量，调节蛋白质组分的质量与比例，改善小麦籽粒的营养品质与加工品质具有重要意义。吕凤荣（2001）等的研究也表明，扬花期追氮并浇水籽粒角质率较高，为99.2%，药隔期、扬花期追氮并浇水，籽粒角质率最高，为99.8%。

总而言之，要想改善小麦籽粒品质，施肥一般在拔节—孕穗期为最好。

八是施氮基肥、追肥比例对小麦品质的影响。郭天财

（1998）等对施氮基追比例进行了研究。试验选用 4 个处理（全部底施、70％底施 30％追施、50％底施 50％追施、30％底施 70％追施），追肥时期在拔节期。结果表明，在保持总氮量不变的情况下，氮肥全部基施难以满足中后期小麦植株对氮素高强度的吸收、运转和分配的需要，不仅影响籽粒产量，而且还会导致醇溶蛋白和麦谷蛋白含量的降低。在不同基追比例中，清蛋白、球蛋白变化不大。醇溶蛋白以 7∶3 和 5∶5 处理较高，且与对照处理（全部底施）差异显著。麦谷蛋白含量以 3∶7 处理最高，其次是 7∶3，两处理与对照差异均达显著水平。麦谷蛋白/醇溶蛋白的比值以 3∶7 为最高。由此可见，增加后期追氮比例，可提高醇溶蛋白和麦谷蛋白的含量。一般以 7∶3 至 5∶5 基追比例较适宜。

九是灌水对小麦品质的影响。多数研究者认为，后期灌水可增加籽粒产量和蛋白质产量，但蛋白质相对含量下降。尤其值得指出的是，强筋小麦在灌浆后期不要浇麦黄水。因为此时小麦根系处于衰亡期，浇水可导致根系早衰，不仅影响籽粒品质，而且影响产量。后期不浇水籽粒黑胚率最低。为了达到高产、优质的目的，一般浇水应在拔节期到孕穗期比较合适。

十是收获期对小麦籽粒品质的影响。无论小麦籽粒产量或蛋白质含量均以籽粒蜡熟期收获较好。这时，籽粒蛋白质含量最高，干物质最重。若推迟收获期，籽粒质量减轻，蛋白质含量也下降。因此，小麦收获适期应选择在籽粒蜡熟末期为好。

十一是收获技术对小麦品质的影响。小麦脱粒收获时的撞击，易使麦粒受到机械损伤，从而造成籽粒品质下降。而要降低这种撞击作用，则一般需要籽粒在 30％以上的水分为好。因此，采用轴流式普通型康拜因联合收割机在籽粒水分 30％以上时（蜡熟末期）进行收获比较适宜。

十二是病虫害对小麦品质的影响。一般说来，病虫危害小麦后，会使籽粒皱缩，植株倒伏，降低产量、千粒重，劣化形态

（外观）品质和加工品质。河南省农业科学院小麦研究所对强筋小麦郑 9023 喷洒杀菌剂时期和次数对产量和品质的效应进行了研究。认为在小麦扬花期喷洒 1 次杀菌剂，对小麦千粒重有提高作用，对品质影响不大。在小麦抽穗期、扬花期、灌浆期喷洒 3 次杀菌剂，千粒重提高明显，一般提高 3 克左右，但蛋白质和湿面筋含量相对降低，面团稳定时间下降。

根据影响因素，种植优质强筋小麦需要选择以下栽培技术：

一是选好茬口。优质强筋小麦要求有良好的茬口。一般以油菜、黄豆茬口为好。

二是确定土质。优质强筋小麦喜欢壤质偏黏的土壤。在褐土、沙姜黑土地块适宜种植。在风沙土和沙质土区域内，最好不要盲目发展优质强筋小麦。

三是选用地块。选用土壤有机质含量在 1.0% 以上，土壤速效氮含量在 80 毫克/千克、有效磷含量在 20 毫克/千克、氧化钾含量在 100 毫克/千克以上的田块进行种植。

四是施足底肥。发展优质强筋小麦，应该遵循的施肥原则是，稳氮固磷配钾增粗补微。一般，中高肥地块，基肥与追肥比例为 7∶3，高肥地块，基肥与追肥比例为 5∶5。每亩施纯氮 12～16 千克，五氧化二磷 5 千克。具体说来，在推广秸秆还田，增加土壤有机质的基础上，应每亩底施有机肥 3 000～5 000 千克、碳酸氢铵 80 千克或尿素 30 千克、过磷酸钙 50～60 千克或磷酸二铵 20 千克、硫酸钾 12～18 千克、硫酸锌 1～1.5 千克。并实行分层施肥：氮肥钾肥锌肥掩底，磷肥撒垡头（磷肥与钾肥不能混施）。

五是选用优质强筋品种。从目前河南省中早茬高肥水地块应选用郑 366、西农 979、新麦 19、济麦 20，中肥水地块应选用藁 8901、藁 9415、藁 9405，旱薄丘陵地块可选用小偃 54；在晚茬地可选用豫麦 34、郑 9023。有条件的情况下，尽量对种子进行包衣处理。

　　六是精细播种。因播期偏晚、播量偏大时利于蛋白质积累，不利于产量形成。因此，为兼顾优质、高产，一般播期以适播期下限，播量以适播量上限为宜。具体说来，半冬性品种在 10 月 10 日左右播种，播量控制在 7.5 千克左右；半春性品种在 10 月 18 日前后播种，播量控制在 10 千克上下。在此基础上，足墒下种，力争做到一播全苗。

　　七是控制关键时期灌水。研究表明，冬前降水量多或土壤含水量较高会抑制小麦蛋白质的形成。因此，如果冬前土壤不是太旱，一般不浇越冬水。但也要视具体情况而定。如果土壤含水量太低，也应适当浇越冬水，以保证麦苗安全越冬；浇过越冬水后，在返青期和起身期一般不再浇水；拔节期至孕穗期是小麦需肥水高峰期，对提高小麦蛋白质含量具有重要作用，所以此期应配合施肥浇水一次；生育后期小麦根系处于衰亡期，生命活动减弱，浇水容易导致根系窒息而早衰，既降低产量又影响品质，降低籽粒光泽度和角质率，增多"黑胚"现象。所以，在后期最好不浇麦黄水。研究表明，一般在土壤持水量 50％以上时，后期控水基本上不影响产量，而对确保强筋小麦的品质却十分重要。

　　八是前氮后移。根据研究结果基追同施比只施基肥品质好，氮肥后移比前期施肥品质好。因此，要改过去在返青期或起身期追肥的非优举措；在拔节至孕穗期重施追肥。一般视肥力状况施尿素 10～15 千克/亩，并立即浇水。此期是小麦一生需肥水最多的时期，也是对肥水最敏感时期。此期施肥浇水，不仅可以提高产量，而且可以增加蛋白质含量。同时还可促使第一节间增粗从而提高植株的抗倒伏能力。此后，在扬花期叶面喷施氮素，以满足后期蛋白质合成的需要。

　　九是搞好化学调控。对于植株较高的优质强筋小麦品种，应注意在拔节期（3 月上中旬）喷施壮丰安，以便缩短节间，降低重心，壮秆促穗防倒伏。扬花后 5～10 天，叶面喷施 BN 丰优素和磷酸二氢钾，或者在开花期和灌浆期两次叶面喷洒尿素溶液，每次每亩用 1 千克尿素兑水 50 千克，以改善籽粒商品外观，增加产量，提高品质。

十是坚持去杂保纯。杂麦的混入会明显降低强筋小麦的加工品质，所以不论作种子还是作商品粮都一定要把好田间去杂关，确保种子的纯度达到一级种子水平（99％）以上，商品粮的纯度达到95％以上，要做到这一点，以乡镇或以县为单位进行规模化种植，建立种子和优质强筋小麦生产基地是十分必要的。

十一是及时防治病虫。拔节前（2月下旬3月初）据田间发病状况，及时喷洒禾果利或粉锈宁或井冈霉素防治纹枯病；4月中下旬用粉锈宁防治白粉病、锈病、叶枯病，用吡啉虫防治蚜虫；扬花期（4月下旬）用多菌灵防治赤霉病；灌浆期用烯唑醇或多菌灵防治黑胚病。

十二是适期收获。强筋小麦在穗子或穗下节黄熟期即可收割。收割过晚，会因断头落粒造成产量损失，对粒重粒色及内在品质也有不良影响。收割方法以带秆成捆收割、晾晒一两天后脱粒最好。但这样费时费工费力，因此这种方法已不大采用，多在蜡熟末期用联合收割机及时进行收获。收获后注意分品种单收、单打、单入仓。

（2）水稻。加大优质品种的选育力度，全面推进良种科技联合攻关，加快培育一批丰产稳产、品质优良、抗逆性好、附加值高、适宜机械作业及肥水高效利用的新品种。积极引导育种主体加强对优质专用、再生稻等品种的选育。加大优良品种的推广力度，实行每个县（市、区）优选 2～3 个主导品种，推进一乡（镇）一品、一区（高产创建示范区、现代农业示范区）一品，提高良种覆盖率。同时，重点推广水稻集中育秧、机械插秧等高效种植技术，大力推广病虫统防统治、测土配方施肥等绿色生产技术，加快推广秸秆粉碎还田、机械深松耕整等标准化作业技术，配套推广防高温热害、洪涝灾害、寒露风等避灾减灾技术。抓好周年作物配套和粮饲统筹，形成具有区域特色的早—晚双季稻、稻—麦、油—稻—再生稻等种植模式，水稻集中育秧全程机械化生产技术模式，稻渔共生、稻牧共作等稻田高效种养模式。针对不同区域生产条件和不同品种特性，实行一个品种对应一套生产技术，一个模式对应一套技术规程，提高标准化生产水平。通过优化技术模式，推进种地养地结合、种植养殖结合、农机农艺融合，全面提升水稻生产的科技支撑能力，实现"藏粮于技"。

2. 玉米作物应调减面积，优化布局，向鲜食玉米和饲料玉米等专用化方向发展 玉米作物产量高，且营养丰富，用途广泛。它不仅是食品和化工工业的原料，还是"饲料之王"，对畜牧业的发展有很大的促进作用。但玉米作物耗水费肥，消耗资源较大，目前应调减干旱及不适宜种植玉米地区的种植面积，同时还要在适宜种植玉米的地区压缩普通玉米种植面积，逐步扩大鲜食的糯玉米与水果玉米以及高油与饲料专用玉米的种植面积。优质专用玉米高产栽培技术要点如下：

（1）高油玉米高产栽培。高油玉米是指玉米籽粒含油量超过普通玉米1倍以上的玉米类型。它是人工培育的玉米类型，含油量在8%～10%，目前正在进行遗传改良的高油玉米品种，含油量可达20%。种植高油玉米应抓好以下几项关键措施。

一是适时播种。适时播种是延长生育期，实现高产的关键措施之一。华北地区一般在土壤表层5～10厘米地温稳定在10～12℃时播种为宜，东北地区则在土壤表层5～10厘米地温稳定在8～10℃时开始播种，黄淮海地区夏播玉米要搞好麦垄套种，力争早播，并达到一播全苗。

二是合理密植。高油玉米植株一般比较高大，适宜种植密度比目前竖叶型普通玉米要稀，但比平展叶型普通玉米要密，一般中等高秆品种适宜种植密度4 000～4 500株/亩，高秆品种适宜种植密度3 800～4 300株/亩。

三是水肥管理。水肥管理原则与普通玉米基本相同，施肥方法可遵循"一底二追"的原则，加强肥水管理，氮、磷、钾和微肥合理配合施用。

四是降秆防倒。高油玉米植株偏高，一般高达 2.5～2.8 米，采用防倒技术也是种植高油玉米成败的关键技术措施之一。可使用玉米矮壮素，促使株高降低 30～50 厘米，能显著地增强抗倒能力，有效地防止倒伏。

五是适时收获。在果穗苞叶发黄后 10 天左右，一般含水量在 20%～30%时，即可采收果穗。采收后最好整体果穗晾晒，直至水分降至 13%以下再行脱粒，以减少籽粒破损。

（2）甜玉米高产栽培。甜玉米是甜质型玉米的简称，因其籽粒在乳熟期含糖量高而得名。它与普通玉米的本质区别在于胚乳携带有与含糖量有关的隐性突变基因。根据所携带的控制基因，可分为不同的遗传类型，目前生产上应用的有普通甜玉米、超甜玉米、脆甜玉米和加强甜玉米 4 种遗传类型。普通甜玉米受单隐性甜-1 基因（Su1）控制，在籽粒乳熟期其含糖量可达 8%～16%，是普通玉米的 2～2.5 倍，其中蔗糖含量约占 2/3，还原糖约占 1/3；超甜玉米受单隐性基因凹陷-2（SH2）控制，在授粉后 20～25 天，籽粒含糖量可达到 20%～24%，比普通甜玉米含糖量高 1 倍，其中糖分以蔗糖为主，水溶性多糖仅占 5%；脆甜玉米受脆弱-2 基因（Bt2）控制，其甜度与超甜玉米相当；加强甜玉米是在某个特定甜质基因型的基础上又引入一些胚乳突变基因培育而成的新型甜玉米，受双隐性基因（Su1Se）控制，兼具普通甜玉米和超甜玉米的优点。甜玉米的用途和食用方法类似于蔬菜和水果的性质，蒸煮后可直接食用，所以又被称为"蔬菜玉米"和"水果玉米"。种植甜玉米应抓好以下几项关键措施：

一是隔离种植避免异种类型玉米串粉。甜玉米必须与其他玉米隔离种植，一般可采取以下三种隔离措施。①自然异障隔离。靠山头、树木、园林、村庄等自然环境屏障起到隔离作用，阻挡外来花粉传入。②空间隔离。一般在 400～500 米空间之内应无其他玉米品种种植。③时间隔离。利用调节播种期错开花期进行隔离，开花期至少错开 20 天以上。

二是应用育苗移栽技术。由于甜玉米糖分转化成淀粉的速度比普通玉米慢，种子成熟后一般淀粉含量只有 18%～20%，表现为凹陷干瘪状态，种子顶土能力弱，出苗率低，生产上常应用育苗移栽技术。采用育苗移栽不仅能提高发芽率和成苗率，从而节约种子和保证种植密度，而且还是早熟高产品种栽培的关键技术环节。育苗时间以当地终霜期前 25～30 天为宜。一般采用较松软的基质育苗（多采用由草炭、蛭石、有机肥按 6∶3∶1 的比例配制的基质）。播种深度一般不超过 0.5 厘米，每穴点播 1 粒种子，将播种的苗盘移到温度 25～28℃、相对湿度 80% 的条件下催芽，催芽前要浇透水，当出苗率达到 60%～70% 后，将苗盘移到日光温室内进行培养，苗期日光温室培养对温度要求较为严格，一般白天应控制在 21～26℃，夜间不低于 10～12℃。如果白天室内温度超过 33℃ 应注意及时放风降温防止徒长；夜间注意保温防冷害。在春季终霜期过后 5～10 厘米地温达 18～20℃ 时，进行移栽。

三是合理密植。甜玉米适宜于规模种植，一般方形种植有利于传粉和保证品质。种植密度可根据土壤肥力程度和品种本身的特性来确定，应掌握"株型紧凑早熟矮小的品种宜密，株型高大晚熟的品种宜稀，水肥条件好的地块宜稀，瘠薄地块宜密"的原则，一般种植密度在 3 300～3 500 株/亩。

四是加强田间管理。甜玉米生育期短且分蘖性强结穗率高，所以对肥水供应要求较高，种植时要重视施足底肥，适当追肥，这样才能保证穗大，并增加双穗率和保证品质。对于分蘖性强的品种，为保证主茎果穗有充足的养分、促进早熟，一般要将分蘖去除，不留痕迹，而且要进行多次。甜玉米品种多数还具有多穗性的特点，植株第一果穗作鲜食或加工，第二、第三果穗不易成穗，可在吐丝前采摘，用来制作玉米笋罐头或速冻玉米笋。为提高果穗的结实率，必要时可以进行人工辅助授粉。

拔节期管理：缓苗后，植株将拔节时可进行追肥，一般亩施尿素 7.5 千克，以利于根深秆壮。

穗期管理：在抽雄前 7 天左右应加强肥水管理，重施攻苞肥，亩施尿素 12.5 千克，以促进雌花生长和雌穗小花分化，增加穗粒数，此时还要注意采取措施控制营养生长，促进生殖生长。

结实期管理：此期由营养生长与生殖生长并重转入生殖生长，管理的关键是及时进行人工辅助授粉和防止干旱及时灌水。

五是适时采收。甜玉米优质高产适时采收是关键。采收过早，籽粒水分含量太高，水溶性和其他营养物质积累尚少，风味不佳，适口性差，产量也低；采收过晚，种皮硬化，糖分下降，籽粒脱水严重，品质下降。一般早熟品种采收期在授粉后 18～24 天，中晚熟品种采收期可适当推迟 2～3 天。

（3）糯玉米高产栽培。糯玉米是玉米属的一个亚种，起源于中国西南地区，是玉米第九条染色体上基因（wx）发生突变而形成的。籽粒呈硬粒型或半马齿型，成熟籽粒干燥后胚乳呈角质不透明、无光泽的蜡质状，因此又称蜡质玉米。根据籽粒颜色糯玉米又可分为黄粒种和白粒种两种类型。糯玉米籽粒中的淀粉完全是支链淀粉，而普通玉米的支链淀粉含量为 72%，其余 28% 为直链淀粉。糯玉米的消化率可达 85%，从营养学的角度讲，糯玉米是一种营养价值较高的玉米。其高产栽培应抓好以下几项关键措施：

一是避免异种类型玉米串粉。要求方法同甜玉米。

二是适期播种，合理密植。糯玉米春播时间应以地表温度稳定通过 12℃ 为宜，育苗移栽或地膜覆盖可适当提早 15 天左右；播种可推迟到初霜前 85～90 天。若以出售鲜穗为目的可分期播种。重视早播和晚播拉长销售期，以提高种植效益。一般糯玉米种植密度为 3 300～3 500 株/亩。

三是加强田间管理。和甜玉米一样，糯玉米生长期短，特别是授粉至收获只有 20 多天时间，要想高产优质对肥水条件要求较高，种植时要施足底肥，适时追肥，才能保证穗大粒多。对分蘖性强的品种，为保证主茎果穗有充足的养分并促进早熟，可将分蘖去除。为提高果穗的结实率，必要时可进行人工辅助授粉。

四是适时采收。糯玉米必须适时收获，才能保证其固有品质。食用青嫩果穗，一般以授粉后 25 天左右采收为宜，采收过早不黏不甜，采收过迟风味差。用于制罐头不宜过分成熟，否则籽粒变得僵硬，但也不宜过嫩，太嫩则产量降低。做整粒糯玉米罐头，应在蜡熟期采收。

（4）优质蛋白玉米高产栽培。优质蛋白玉米又称赖氨酸玉米或高营养玉米，指籽粒中蛋白质（主要是赖氨酸）含量较高的特殊玉米类型。因其营养成分高，且吸收率高，被誉为饲料之王的王中之王，种好优质蛋白玉米应抓好以下几项关键措施：

一是搞好隔离。由于目前生产上推广的优质蛋白玉米品种均是奥帕空-2 隐性突变基因控制的，与普通玉米串粉后，当代所结籽粒中赖氨酸、色氨酸就有所下降，因此，种植优质蛋白玉米的地块，特别是制种田应与普通玉米搞好隔离。

二是抓好一播全苗。一般优质蛋白玉米胚较大，含油量较多，因而呼吸作用强，对氧的需要量大，优质蛋白玉米播种时若土壤水分过多、土壤板结或播种过深，都会影响氧气的供应而不利于发芽出苗，加之优质蛋白玉米大多数籽粒松软，播种后若遇低温多湿，易导致种子霉烂而不出苗。因此，为了保证一播全苗，播种时应掌握好三点：①温度。春播以地温稳定在 12℃ 以上时，即黄淮海地区以清明节前后为宜，夏播越早越好，可采取套种。②墒情。以土壤含水量为标准，一般以黏土 21%～24%、壤土 16%～21%、沙土 13%～16% 为宜。③播种深度。以 3 厘米左右为宜，播后盖严。

三是加强田间管理。优质蛋白玉米出苗后要注意早管。具体措施应抓好四个方面：①早追肥。拔节期可亩追尿素 15 千克、硫酸钾 10 千克、硫酸锌 1.5 千克，到大喇叭口期再亩追尿素 30 千克，追肥宜结合降雨或灌溉进行。②要早中耕。春播的苗期中耕 2 次以上，夏播的苗后要及时中耕灭茬、疏松土壤、促根下扎。③早间苗。做到 3 叶间苗、5 叶定苗。④及早防治病虫害，确保幼苗健壮生长。

四是增施粒肥。由于优质蛋白玉米在灌浆时有提前终止醇溶性蛋白质积累的特点，随着醇溶性蛋白质的提前终止，茎秆运往籽粒的蔗糖也将大大减少，千粒重降低。因此，在开花初期可增施粒肥，以最大限度地满足籽粒灌浆对养分的需要，一般以亩追尿素 5～7 千克为宜。

五是降秆防倒。由于优质蛋白玉米植株高大，遇大风天气易倒伏，采用化控措施是保证高产的重要措施之一。

六是及时收获。优质蛋白玉米成熟时含水量高于普通玉米，成熟时要注意及时收获、晾晒，以防霉变。

3. 小杂粮作物向主粮化、加工多样化和特色养生、提高品质等方向发展 小杂粮作物包括两薯（甘薯和马铃薯）、四麦（荞麦、大麦、燕麦和青稞麦）、五米（高粱、谷子、糜子、薏苡和黑玉米）、九豆（豌豆、菜豆、扁豆、赤豆、黑豆、蔓豆、蚕豆、绿豆和豇豆）。小杂粮作物内在品质优，富含多种营养成分，具有较好的药用保健价值和养生作用。如两薯具有和胃调中，健脾益气的功效；荞麦是糖尿病患者的保健品；绿豆是清凉解毒的食品；红小豆有补血作用等。小杂粮作物食用风味独特，粮菜兼用，老少皆宜，能满足不同人群的需求。同时，还有抗逆性强、适应性广、自身生产成本低等优点，有着不可替代的作用。

甘薯和马铃薯向主粮化和加工多样化方向发展，改善人们膳食结构，提升人民生活水平。甘薯和马铃薯同是高蛋白、低脂肪、富淀粉的粮食作物，也是重要的蔬菜和原料作物，更是高产稳产粮食作物，具有适应性广、抗逆性强、耐旱、耐瘠、病虫害较少的特点，并且营养价值较高，具有特殊的保健作用，属"准完全食品",对改善人们膳食结构,调剂人民生活有重要作用。同时,作为工业原料、饲料原料和食品加工原料,加工用途广泛,对发展工业和促进农业良性循环具有重要作用,应主粮化发展。其他小杂粮作物向特色养生提高品质等方向发展。

甘薯和马铃薯由于是无性繁殖,病毒病易积累影响产量,种薯脱毒、储藏、脱毒种苗繁育等环节技术水平要求较高;种植环节机械化水平较低;产品加工环节技术落后原始,规模较小;加上各环节整体社会化服务滞后等原因,目前影响了该两种作物作为优势产业发展。

(1) 甘薯。据联合国粮农组织(FAO)统计,世界上共有50多个国家栽培甘薯,主要分布在亚洲、非洲、拉丁美洲和欧洲的发展中国家。目前日本、美国、韩国等发达国家甘薯面积一直呈下降趋势,我国每年种植面积在9 000万亩左右,年产量约1.2亿吨,占世界总产量的85.9%,并且近年来随着甘薯产业基地的建设,其栽培面积呈加倍上升趋势。但我国任何种植区把甘薯作为优势特色产业来发展都不具有地域优势,也没有技术垄断优势,加上直接食用和饲料需求增产幅度不大,各类优质淀粉、粉丝、粉皮的原料发展空间也不大,用来加工其他食品的前景也不容乐观。所以,都存在种植业结构的雷同性和发展的盲目性。

甘薯产业大规模发展的主要动力在工业深度加工方面:一方面可用甘薯加工生产某些氨基酸和有机酸,如谷氨酸钠和食品酸味剂、柠檬酸等;还可生产可降解生物塑料等。另一方面随着石油供给形势的日益严峻,生物质能源的开发利用受到世界各国的高度重视,而甘薯是生产乙醇汽油的理想原料。所以,发展甘薯产业:一是要统筹兼顾,协调发展。即根据甘薯的各种用途、生产现状、产品特点和国内外需求,立足全国市场,着眼世界市场统筹兼顾,协调、协商发展,正确处理好规模和效益间的关系,保障甘薯产业持续、稳定、健康、协调发展。二是要加强生产基地建设,进行标准化生产。即要精选品种,推行标准化、模式化、机械化栽培技术。三是要搞好鲜食储藏和食品多样化加工。四是要做好工业化深加工。甘薯栽培技术要点如下：

一是选用脱毒良种，壮秧扦插。目前甘薯栽培品种很多，可根据栽培季节和栽培目的进行选择。但甘薯在长期的营养繁殖过程中，极易感染积累病毒、细菌和类病毒，导致产量和品质急剧下降。病毒还会随着薯块或薯苗在甘薯体内不断增殖积累，病害逐年加重，对生产造成严重危害。利用茎尖分生组织培养脱毒甘薯秧苗已经成为防病治病、提高产量和品质的首选方法。经过脱毒的甘薯一般萌芽好，比一般甘薯出苗早 1～2 天，脱毒薯苗栽后成活快，封垄早，营养生长旺盛，结薯早，膨大快，薯块整齐而集中，商品薯率高，一般可增产 30%左右。

春薯育苗可选择火炕或日光温室育苗。夏薯可采用阳畦育苗。一般选用长 23 厘米，有 5～7 个大叶，百株鲜重 0.8～1 千克的壮秧进行扦插。壮秧成活率高，发育快，根原基大，长出的根粗壮，容易形成块根，结薯后，薯块膨大快，产量高，比弱秧苗增产 20%左右。一般春薯每亩大田按 40～50 千克种秧备苗；夏薯每亩按 30～40 千克种秧备苗，才能保证苗量。

二是坚持起垄栽培。甘薯起垄栽培，不但能加厚和疏松耕作层，而且容易排水，吸热散热快，昼夜温差大，有利于块根的形成和膨大。尤其夏甘薯在肥力高的低洼田块、多雨年份起垄栽培，增产效果更为显著。一般 66 厘米垄距栽一行甘薯，120 厘米垄距的栽两行甘薯。

三是适时早栽，合理密植。在适宜的条件下，栽秧越早，生长期越长，结薯早，结薯多，块根膨大时间长，产量高，品质好，所以应根据情况适时早栽。麦套春薯在 4 月扦插；夏薯在 5 月下旬足墒扦插。采用秧苗平直浅插的方法较好，能够满足甘薯根部好气喜温的要求，因而结薯多，产量高。合理密植是提高产量的中心环节。一般单一种植亩密度在 4 000 株左右，行距 60～66 厘米，株距 25～27 厘米。与其他作物套种，根据情况而定。

栽好甘薯的标准是：一次栽齐，全部成活。栽插时间的早晚，对产量的影响很大，因为甘薯无明显的成熟期，在田间生长时间越长，产量越高。据试验，栽插期在 4 月 28 日至 5 月 10 日间对产量影响不大；5 月 10 日至 16 日，每晚栽一天，平均每亩减产 21.3 千克，5 月 16 日至 22 日，每晚栽一天，平均每亩减产 32.6 千克。夏薯晚栽，减产幅度更大，一般在 6 月底以后就不宜栽甘薯了；遇到特殊情况也应在 7 月 15 日前结束栽植。

四是合理施肥，及时浇水，中耕除草。甘薯生长期长、产量高、需肥量大，对氮、磷、钾三要素的吸收趋势是前中期吸收迅速，后期缓慢，一般中等生产水平每生产 1 000 千克鲜薯约需吸收氮素 4～5 千克、五氧化二磷 3～4 千克、氧化钾 7～8 千克；高产水平下，每生产 1 000 千克鲜薯约需吸收氮素 5 千克、五氧化二磷 5 千克、氧化钾 10 千克。但当土壤中水解氮含量达到 70 毫克/千克以上时，就会引起植株旺长，薯块产量反而会下降；有效磷含量在 30 毫克/千克以上、速效钾含量在 150 毫克/千克以上时，施磷钾的效果也会显著降低，在施肥时应注意。生产上施肥可掌握如下原则：高肥力地块要控制氮肥施用量或不施氮肥，栽插成活后可少量追施催苗肥，磷、钾、微肥因缺补施，提倡叶面喷肥。一般田块可亩施氮素 8～10 千克、五氧化二磷 5 千克、氧化钾 6～8 千克；磷、钾肥底施或穴施，氮肥在团棵期追施。另外，中后期还应叶面喷施多元素复合微肥 2～3 次。

甘薯是耐旱作物，但绝不是不需要水，为了保证一次栽插成活，必须在墒足时栽插，如果墒情不足要浇窝水，根据情况要浇好缓苗水、团棵水、甩蔓水和回秧水，特别是处暑前后注意及时浇水，防止茎叶早衰。

在甘薯封垄前，一般要中耕除草 2～3 次，通过中耕保持表土疏松无杂草。杂草对甘薯生长危害很大，它不但与甘薯争夺水分和养分，也影响田间通风透光，而且还是一些病虫寄主和繁殖的场所。中耕除草应掌握锄小、锄净的原则，在多雨季节应把锄掉的杂草收集起来带到田外，以免二次成活再危害。

五是搞好秧蔓管理。甘薯生长期间，科学进行薯蔓管理，防止徒长，是提高甘薯产量的一项有效措施。一般春薯栽后 60～110 天，夏薯栽后 40～70 天，正处于高温多雨季节，土壤中肥料分解快，水分供应充足，有利于茎叶生长，高产田块容易形成徒长，这一阶段协调好地上和地下部生长的关系，力促块根继续膨大是田间管理的重点。应克服翻蔓的不良习惯，坚持提蔓不翻秧，若茎叶有徒长趋势，可采取掐尖、抠毛根、剪老叶等措施，也可用矮壮素等化学调节剂进行化学调控。

六是适时收获。甘薯的块根是无性营养体，没有明显的成熟标准和收获期，但是收获的早晚，对块根的产量、留种、储藏、加工利用等都有密切关系。适宜的收获期一般在 15℃ 左右，块根停止膨大，在地温降到 12℃ 以前收获完毕，晾晒储藏。

七是窖藏技术要点。入窖前要先将薯块进行药剂处理，可用 50％ 多菌灵 300 倍液、70％ 甲基硫菌灵 500 倍液进行浸种处理，这样能杀死薯块表面及浅层伤口内的病菌，起到防病保鲜作用。

入窖后保持适宜温度，薯块在储藏期间的适宜温度为 10～14℃，低于 9℃ 则易受冷害，高于 15℃ 则呼吸作用旺盛，致使薯块减重、发芽。根据薯块的特点和天气变化，对薯窖的管理分为三个阶段：

一是前期。薯块入窖初期以通风、降温、散湿为主。因为刚入窖时外界气温高，薯块呼吸强度大，放出大量的水汽、二氧化碳和热量致使窖内温度高、湿度大。这就给薯块发芽、感染病害创造了条件，尤其是带病的薯块由于病菌侵染蔓延，造成薯块大量腐烂，俗称"烧窖"。如果温度适宜，薯块只会发芽不会腐烂。薯块入窖 30 天内（尤其 20 天内）要经常注意窖内温、湿度的变化，加以调剂。入窖 5～7 天前为了促使伤口愈合，窖温保持在 15～18℃，注意不要使窖温上升到 20℃ 以上，入窖 5～7 天后窖温应控制在不超过 15℃，最好是 12～14℃，相对湿度保持在

85%～90%。

二是中期。指薯块入窖后 30 天至来年立春前后，以保温防寒为主。这个阶段气温低，薯块呼吸强度弱，放热量小，是薯块最容易受冷害的时期。注意当窖温下降到 12～13℃时，即开始保温。如封土、封闭门窗与通气口，在薯堆上盖干草（兼防冷凝水浸湿薯块，以防受湿害），如严冬窖温降低到 9～10℃，视窖温应适当加热。

三是后期。指立春至出窖前。此期气温逐渐回升，但天气变化无常，时有寒流，由于薯块长期储藏，呼吸作用微弱，抵抗力大大削弱，经不起窖温过大的变化，受不了低温的侵袭。所以应随时注意天气变化，及时调整门窗与通气口，要保持窖内温度在 12～14℃，相对湿度不低于 85%～90%。

（2）马铃薯。我国是马铃薯生产大国，但还远远算不上马铃薯生产强国。我国现有马铃薯主产区多为耕地较为贫瘠、农业生产条件较差的山区或干旱、半干旱区，生产规模小而分散，生产方式粗放，基本采用手工操作方式，机械化水平低，种植和收获劳动强度大，效率低。落后的生产方式导致马铃薯生产成本偏高，比较优势发挥不充分。同时，优质高效的栽培技术和病虫害防治技术推广不便或成本较高，造成单产水平较低，远低于发达国家水平。在马铃薯储藏方面，主要以农户分散储藏为主，设施简陋、储藏量小、损耗大，不利于马铃薯长期、大量的有效市场供应，也增加了马铃薯的生产成本。同时，脱毒种薯生产滞后，供应不足。并且各种专用型品种，尤其加工品种奇缺，用于加工薯片、薯条和全粉品种较少，专用薯供应比例低，不能满足产业发展需要。另外，我国马铃薯种薯生产基本处于一种自发无序状态，种薯培育、生产、销售和技术管理缺乏组织性和规范性，需要建立安全有序的质量管理监测制度和统一的种薯质量分级标准。根据全国市场供应情况，目前中原地区早春设施栽培生产效益较好。

（3）谷子。谷子抗旱性强，耐瘠，适应性广，生育期短，是很好的防灾备荒作物。在其米粒中脂肪含量较高，并含有多种维生素，所含营养易于被消化吸收。谷子浑身是宝，谷草是大牲畜的良好饲草，谷糠是畜禽的良好饲料。随着亚临界萃取技术的普及，谷糠油也是一种良好的食用油。谷子栽培当前需要解决精量播种与化学除草和机械化收获以及防鸟害等技术问题，才能有较好的发展。夏谷子栽培要点如下：

一是坚持轮作倒茬种植制度。农谚道："重茬谷，守着哭"。谷子不能重茬，重茬易导致病虫害严重发生。谷子根系发达，吸肥能力强，连作会使其根系密集的土层缺乏所需养分，导致营养不良，使产量下降。

二是选用早熟良种，确保播种质量，充分利用生长季节。夏谷子生长期短，增产潜力大，在保证霜前能成熟的前提下，选用丰产性好，抗逆性强的早熟良种。夏谷播种季节，温度高，蒸发量大，播种要注意提前造墒抗旱，不误农时。在播种时要严格掌握播种质量，保证一播全苗。首先在播种前进行种子处理，变温浸种，将种子放入 55～57℃的温水中，浸泡 10 分钟后，再在凉水中冲洗 3 分钟捞出晾干备用，这样可防治谷子线虫病，并能漂出秕粒。也可采取药剂拌种的方式处理种子，这样既可防治谷子线虫病也可防治地下害虫。其二要控制播种量，一般选用经过处理的种子亩播量 0.5～0.6 千克，为保证播种均匀，可掺入 0.5 千克煮熟的死谷种混合播种，这样不仅苗匀、苗壮，间苗还省工。播种后要严密覆土镇压。

三是抓早管，增施肥，促高产。夏谷生育期短，生长发育快，因此一切管理都必须从"早"字上着手。要及早中耕保墒，促根蹲苗，结合中耕早间苗，一般苗高 4～5 厘米时间苗，亩留苗 5 万株左右。在 6 月底 7 月初，拔节期可每亩追施尿素 15 千克左右，有条件的可追施速效农家肥。到孕穗期看苗情，如需要可追施一些氮肥。在齐穗后，注意进行叶面喷肥，可提高粒重。

一般亩喷施磷酸二氢钾 $100 \sim 150$ 克。注意拔节、孕穗、抽穗、灌浆期结合降水情况，科学运筹肥水。夏谷生长在高温高湿条件下，植株地上部分生长较快，根系发育弱，容易发生倒伏，应结合中耕进行培土防倒伏。

四是适时收获。适时收获是保证谷子丰收的重要环节，收割过早，粒重低使产量下降；收获过晚，容易落粒造成损失。如果收获季节阴雨连绵，还可能发生霉子、穗发芽、返青等现象，以致丰产不能丰收。谷子收获的适宜时期是颖壳变黄、谷穗断青、籽粒变硬时。谷子有后熟作用，收割后不必立即切穗脱粒，可在场上堆积几天，再行切穗脱粒，这样可增加粒重。

（4）绿豆栽培技术要点。绿豆属豆科豇豆属作物，原产于亚洲东南部，在中国已有 2 000 多年的栽培历史。绿豆适应性广，抗逆性强，耐旱、耐瘠、耐荫蔽，生育期较短，适播期较长，并有固氮养地能力，是禾谷类作物棉花、薯类等间作套种的适宜作物和良好前茬。其主产品用途广泛，营养丰富，深加工食品在国际市场上备受青睐；副产物秧蔓和角壳又是良好的饲料，所以说，绿豆在农业种植结构调整和高产、优质、高效生态农业循环中具有十分重要的作用。绿豆栽培要点如下：

一是选用良种。绿豆对环境条件的要求较为严格，不同地区要求有相适应的品种才能获得高产。另外，单作和间作也应根据情况选择不同的品种。所以种植绿豆一般要选用当地的高产、抗病品种。

二是整地与施肥。绿豆对前茬要求不严，但忌连作。绿豆出苗对土壤疏松度要求比较严格，表层土壤过实将影响出苗，生产上一定要克服粗放的种植方法，为保证苗齐苗壮，播种前应整好地，使土壤平整疏松，春播绿豆可在年前进行早秋深耕，耕深 $15 \sim 25$ 厘米；夏播绿豆应在前茬作物收获后及时清茬整地耕作。耕作时可施足基肥，可亩施沼渣和沼液 2 000 $\sim$ 3 000 千克，在施足有机肥的基础上，春播绿豆在播种时、夏播绿豆在整地时可适量配施化肥作基肥，一般可亩施磷酸二铵 10 千克左右。绿豆生育期短，在施足底肥的前提下，一般可不追施肥料，但要应用叶面喷肥技术进行补施，生产成本低、效果好。根据绿豆生长情况，全生育期可喷肥 2～3 次，一般第一次喷肥在现蕾期，第二次喷肥在荚果期，第三次喷肥在第一批荚果采摘后，喷肥可亩用 1∶1 的腐熟沼液 40～50 千克，或 1 千克尿素加 0.2 千克磷酸二氢钾兑水 40～50 千克。在晴天上午 10 时前或下午 3 时后进行。

三是播种。由于绿豆的生育期因品种各异，生育期长短不一，加上地理位置和种植方式不同（间、混、套种等），播种期应根据情况而定。春播一般应掌握地温稳定通过 12℃以后，夏播抢时，秋播根据当地初霜期前推该品种生育期天数以上播种。

应掌握早熟品种和直立型品种应密植，半蔓生品种应稀植，分枝多的蔓生品种应更稀一些的种植原则。播量要因地制宜，一般条播为每亩 1.5～2 千克，撒播为每亩 4～4.5 千克，间作套种应根据绿豆实际种植面积而定。一般行距 40～50 厘米，株距 10～20 厘米，早熟品种每亩留苗 8 000～15 000 株，半蔓生型品种每亩 7 000～12 000 株，晚熟蔓生品种每亩 6 000～10 000 株。播深 3～4 厘米为宜。

四是科学管理。①镇压。对播种时墒情较差，坷垃较多，土壤沙性较大的地块，要及时镇压，以增加表层水分，促进种子早出苗、出全苗、根系生长良好。②间苗定苗。为使幼苗分布均匀，个体发育良好，应在第一复叶展开后间苗，在第二复叶展开后定苗。按规定的宽度要求去弱苗、病苗、小苗、杂苗，留壮苗、大苗，实行单株留苗。③灌水排涝。绿豆耐旱主要表现在苗期，三叶期以后需水量逐渐增加，现蕾期为绿豆需水临界期，花荚期达到需水高峰期。在有条件的地区可在开花前浇一水，以促单株荚数；结荚期再浇一水，以促籽粒饱满。绿豆不耐涝，怕水淹，如苗期水分过多，会使根病复发，引起烂根死苗或发生徒长导致后期倒伏。后期遇涝，根系生长不良，出现早衰，花荚脱落，产量下降，地表积水 2～3 天会导致植株死亡。④中耕除草。绿豆多在温暖、多雨的夏季播种，生长初期易生杂草，播后遇雨易造成地面板结，影响幼苗生长。一般在开花封垄前应中耕 2～3 次，即第一片复叶展开后结合间苗进行第一次浅中耕，第二片复叶展开后开始定苗，进行第二次中耕，到分枝期结合培土进行第三次中耕。⑤适当培土。绿豆根系不发达，且枝叶茂盛，尤其是到了花荚期，荚果都集中在植株顶部，头重脚轻，易发生倒伏，影响产量和品质，可在三叶期或封垄前在行间开沟培土，不仅可以护根防倒，还便于排水防涝。

五是收获与储藏。收获：绿豆有分期开花、成熟和第一批荚果采摘后继续开花的习性，一些农家品种又有炸荚落粒的现象，应适时收摘。一般植株上有 60%～70% 的荚成熟后开始采摘，以后每隔 6～8 天收摘一次效果最好。储藏：收下的绿豆应及时晾晒、脱粒、清选。绿豆蟓是绿豆主要仓库害虫，必须熏蒸后再入库。

第二节　经济作物生产转型升级

在保证粮食生产安全的前提下，才能合理规划经济作物生产。经济作物亦称"工业原料作物""技术作物"，一般指为工业，特别是指为轻工业提供原料的作物。我国纳入人工栽培的经济作物种类繁多，包括纤维作物（如棉、麻等）、油料作物（如芝麻、花生等）、糖料作物（如甘蔗、甜菜等）、三料（饮料、香料、调料）作物、药用作物、染料作物、观赏作物、水果和其他经济作物等。经济作物通常具有地域性强、经济价值高、技术要求高、商品率高等特点，对自然条件要求较严格，宜于集中进行专门化生产。经济作物生产的集约化和商品化程度较高，综合利用的潜力很大，要求投入较高的人力、物力和财力。因此，必须注意解决好经济作物和粮食作物争地、争劳力、争资金的矛盾，以及收购政策、价格政策、奖售政策、生产机械化程度提高等问题，促进经济作物的发展。本书只讨论大宗经济作物棉花、油菜与花生以及瓜菜作物生产转型升级问题。

一、棉花

棉花是关系国计民生的战略物资，国防建设、人民生活都需要棉花。棉花也是一种可大规模种植的经济作物，对棉农家庭致富起着重要作用。我国现在年产原棉 600 万吨，产量占全球的29％，是第一大原棉生产国。但我国也是第一大原棉消费国、第一大棉纺织进出口国，每年棉花产需缺口达 300 万吨，每年需要大量进口美棉、澳棉。棉花生产转型升级的重点需要围绕生产高端品质棉做文章，从优良品种选育入手，到模式化栽培、生产全程机械化特别是采摘机械化技术配套，再到纺织及精深加工研发形成品牌，都要有自主核心技术。棉花栽培技术要点如下：

（一）根据播期选择品种

棉花种植方式不同，要求播期也不同，要根据播期选用合适品种。中原地区一般 4 月 20 日前后直播的要选用春棉品种，在4 月底 5 月初直播的要选用半春性品种，在 5 月中下旬播种的要选择夏棉品种。

（二）合理密植，一播全苗

根据品种、地力和种植方式来确定密度。一般单一种植春棉品种，每亩密度掌握在 3 500 株左右，行距 1 米，株距 19 厘米；半春性品种一般每亩密度掌握在 4 500 株左右，行距 1 米，株距15 厘米；夏棉品种，在肥水条件好的地块，亩密度掌握在 6 500株左右；一般地力的地块掌握在 7 500 株左右；干旱瘠薄的低产地块，掌握在 8 000～10 000 株。

一播全苗是增产丰收的基础，生产上为了达到一播全苗，首先要选用质量较高的种子。其次播种前必须要进行必要的种子处理，如选种、晒种，以提高发芽率和发芽势；为防止棉花苗期病害，还要进行药剂拌种。其三要注意播种质量，足墒足量播种。一般播种深度掌握在 4 厘米左右。另外，春棉应注意施足底肥，一般亩施有机肥 3 000 千克以上，磷酸二铵 20 千克左右。

（三）加强田间管理

1. 苗期管理　苗期管理的目标是壮苗早发。春棉要及时中耕保墒，增温，在两片真叶出现时，及时间苗定苗。遇旱酌情浇小水。夏棉重点抓好"三早""两及时"，即早浇水、早施肥、早间定苗，及时中耕灭茬和防治虫害。特别是麦收后的一水一肥，是夏棉苗期管理的关键，是夏棉早发的基础。一般在 2 片真叶时亩施 5 千克尿素，施肥后浇水。苗期注意防治棉蚜、棉蓟马、盲椿象和红蜘蛛，注意保棉尖不受虫害。

2. 蕾期管理　蕾期管理的目标是发棵稳长。蕾期是营养生长和生殖生长并进的时期，但以营养生长为主，促控要结合。在现蕾后应稳施巧施蕾肥，一般亩施尿素 5～7 千克，根据墒情苗情巧浇蕾水，加强中耕培土，及时防虫治病。

3. 花铃期管理　花铃期管理目标是前期防疯长，后期防早衰，争三桃，夺高产。管理的关键时期，生产上以肥水管理为主，结合整枝中耕防治虫害。花铃期是需肥量最大的时期，应注意重施花铃肥，一般在盛花期每亩追施 15 千克的尿素，并结合墒情浇水。一般在 8 月 10 日以后不再追施肥料，否则易贪青晚熟，或发生二次生长，可采用叶面喷肥以补充养分。也可根据情况喷施一些单质或复合型微肥。另外，还应坚持浇后或雨后中耕培土。

适时打顶是棉花优质高产不可缺少的一项配套技术。首先可以打破主茎顶端生长优势，使养分集中供应蕾、花、铃，抑制营养生长，促进生殖生长；其次可以减少后期无效花蕾，充分利用生长季节，增加铃重，增加衣分，促早熟；其三可控制株高，改善高密度情况下植株个体之间争夺生存空间的矛盾，改善通风透光条件，减少蕾铃脱落。一般掌握"时到不等枝，枝够不等时"

的原则。一般年份适宜时期在 7 月 20 日前后，春棉可推迟到 7 月底。另外，还应根据情况在密度大的田块进行剪空枝和打边心工作。

4. 吐絮期的管理　吐絮期的管理目标是促早熟，防早衰，充分利用吐絮到下霜前的有利时机防止烂桃，促大桃，夺高产。

5. 杂交棉的特点与栽培管理技术　借鉴玉米选育自交系配制杂交种的理论，经过多代自交纯合，选育出具有超鸡脚叶和无腺体两个遗传标记性状的棉花自交系，利用该自交系作父本与一个表现性状较好的普通抗虫棉品种作母本杂交选育出的杂交一代应用于生产，不但较好地利用了杂交优势，而且还具有较高的抗病抗虫性和适应性。其杂交一代应用于生产，利用自交系生育进度快、现蕾多、开花多及叶枝发达的特点，可以塑造杂交种大棵早熟株型；利用杂交种的鸡脚叶对充分发挥个体杂种优势进行形态调整，有效控制了营养生长优势，充分发挥了生殖生长的优势，较好地解决了杂交种营养生长过旺、易造成郁蔽、影响结铃和吐絮等问题，结铃性提高。并且鸡脚型叶片通风透光好，植株中部与近地面处的光照强度比常规棉增加 50% 以上，因此烂铃和僵瓣花少，也易施药治虫。

根据杂交棉品种特性，在栽培管理上应采取以下管理技术：

（1）实行宽行稀植。由于杂交棉株型较大，宜采取宽行稀植的栽培方式，也适宜间套种植栽培，适宜行距 130～160 厘米，株距 25～30 厘米，亩种植密度 1 500～1 800 株。

（2）育苗移栽。由于杂交棉种子代价较高，在栽培上一般采用营养钵育苗移栽方式，一般麦套栽培于 4 月 10 日前后育苗，5 月 10 前后移栽。麦后移栽的可在 4 月底 5 月初育苗，小麦收割后及时移栽。与其他作物套种的，根据移栽时间，提前 30～35 天育苗。

（3）施肥浇水。在移栽前亩施有机肥 3 立方米以上、磷肥 50 千克、钾肥 20 千克；6 月底结合培土稳施蕾肥，一般亩施尿素 10~15 千克，高产地块还可施饼肥 20~30 千克；7 月上旬，初花期重施花铃肥，一般亩施三元复合肥 30 千克；8 月以后，采取叶面喷肥 2~3 次。由于杂交棉株型大，单株结铃多，应重视中后期施肥。

（4）简化整枝。杂交棉品种营养枝成铃多，是其结铃性强和产量高的重要组成部分，只要肥水条件充足，赘芽也能成铃，所以一般不用整枝打杈。为了塑造理想的株型和群体结构，也可在现蕾后打去弱营养枝，每株保留 2~3 个强营养枝。每个营养枝长出 3~5 个果枝时打顶，主茎长出 18~20 个果枝时（7 月下旬）打去主茎顶心。

（5）及时防治病虫害。前期注意防治红蜘蛛和蚜虫。后期注意防治 3、4 代棉铃虫。

6. 机采棉栽培技术及相关农艺要求 棉花机采是棉花生产发展的方向，要围绕机采配套品种和栽培措施。

（1）品种选择。选择适合机采、早熟、株型紧凑、适宜密植、结铃性强、铃壳开裂性好、吐絮快而集中、始果节高度≥20 厘米、含絮性好、抗虫、抗病、抗倒伏、对脱叶剂敏感、优质高产等。要求种子经过精选、包衣、饱满、发芽率高。

（2）土地管理。为最大限度地实现植棉机械化，应选排灌方便的有设施灌溉的土地，集中连片种植，便于管理和机械采收。要求土地平整，墒度均匀，表土细碎，无残膜残茬。

（3）播种方式。机采棉对农艺要求十分严格，必须通过合理的机具选择和有效的化控措施达到机采棉的条件。其中，确定行距 64~67 厘米，株距 10~12 厘米，亩株数在 6 500~8 000 株，棉株高度控制在 1 米左右。采用精良穴播机，基本实现了一穴一粒、不定苗、毛管铺设根据土质采用"一管一行"或"一管两行"模式。或采用育苗移栽。

（4）平衡施肥。采用微机推荐平衡施肥，全层施肥。确保植株生长稳健，不衰不旺，早熟、优质、高产。

（5）滴水施肥。采用全程滴灌，滴水出苗，出苗水 10～20 立方米/亩，推迟头水，头水增量不带肥，促根下扎，每水滴水量不宜过大，避免田间湿度过大影响机械采收以及棉铃发霉。滴水施肥过程中要做好滴灌系统运行状况的检查工作，检查是否滴水流畅和滴水均匀，提高滴灌施肥质量，防止棉花受灾减产。

（6）防病治虫。健康土壤，防烂根和枯黄萎病，在对棉蓟马、盲蝽、蚜虫、棉叶螨和棉铃虫等害虫的防治上，坚持达标防治、点片控制和保护利用天敌的原则，将害虫控制于点片发生阶段。

（7）脱叶剂的喷施。按照絮到不等时、时到不等絮的原则，均匀喷施脱叶剂，田间吐絮率达到 30%～40%，棉花上部棉桃铃期 45 天以上，喷后日均气温连续 5～7 天 16℃以上，每亩采用根据商品量推荐量使用脱叶剂，并配施专用助剂，为了加速棉铃成熟，必须混施乙烯利 40～100 毫升，采用高地隙吊杆扇形喷头机械喷施。适度推广飞机喷施脱叶剂技术。

（8）适时采收。一般在脱叶后 20 天以后，田间脱叶率≥90%、吐絮率≥95%时进行机械采收。根据采棉机的性能，保证工作效率和安全，采净率控制在 95%以上，损失率在 5%以下。机采后的棉田要及时组织人工清地，减少浪费，彻底拾净机采遗留的棉花。

二、油菜与花生

油菜与花生是主要的油料作物，也是食用油的主要原料。我国油菜种植面积和总产量超过世界总产量的 1/4，面积稳定在 10 500 万～12 000 万亩。该作物适应性强，用途广，经济价值高，发展潜力大。菜籽油是良好的食用油，饼粕可作肥料、精饲料和食用蛋白质的来源。油菜还是一种开荒作物，它对提高土壤肥力、增加下茬作物的产量有很大作用。所以说油菜作物在生态农业发展中具有重要作用。全世界约有 100 个国家种植花生，目前我国花生种植面积仅次于印度居第二位，年种植面积 7 000 万亩左右；但总产量最高，年产量在 1 600 万吨左右，占世界花生总产量的 40%以上，花生是我国主要油料作物、经济作物和特色出口作物，在国家油脂安全和农产品国际贸易中占有举足轻重的地位。另外，花生仁加工用途广泛，蔓是良好的牲畜饲料。花生自身有一定的固氮能力，投资少，效益高，是目前能大面积种植的单位面积农业生产效益较好的作物之一。目前我国油料品种结构调整的重点是"两油为主，多油并举，重点发展油菜与花生"。在长江流域稳定油菜与花生面积；在黄淮海地区统筹粮棉油菜饲生产，适当扩大花生、大豆、饲草面积，在东北农牧交错区因地制宜扩大玉米花生（或大豆）轮作面积。同时选择一批生产基础好、产业优势突出、辐射带动能力强的县（市、区），积极示范推广花生高油酸品种和小果花生优势品种，加快新技术推广，开展规模化种植，提高生产全程机械化水平。在黄淮海地区北部推广油菜—地膜花生//玉米（或芝麻）种植模式，有利于油菜与花生发展。

（一）种植模式

此模式需早秋茬，油菜 9 月初育苗，10 月下旬移栽，或 9 月中上旬直接播种，一般 40～50 厘米一带 1 行，等行距种植，甘蓝型品种株距 8～11 厘米，每亩种植密度 1.3 万～1.8 万株，白菜型品种可密些，亩密度可达 2 万株；也可实行宽窄行定植，宽行 60～70 厘米，窄行 30 厘米，株距不变。5 月中旬油菜收获后及时耕地播种地膜花生，一般 85 厘米一带，采用高畦栽培，畦面宽 55 厘米，沟宽 30 厘米，每个畦面上播 2 行花生，小行距 30～35 厘米，穴距 15～17 厘米，亩密度 9 000～10 000 穴，每穴 2 粒。花生播种后每隔 4 个种植带播 1 行玉米，穴距 40 厘米，亩密度 500 株；或在花生播种后每隔 3 个种植带播种 1 行芝麻，株距 15 厘米，亩密度 1 700 株（图 2-1）。

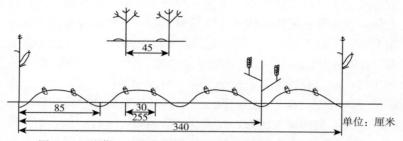

图 2-1 油菜—地膜花生//玉米（或芝麻）—年三熟种植模式

表 2-1 油菜—地膜花生//玉米（或芝麻）—年三熟茬口安排

月份	1	2	3	4	5	6	7	8	9	10	11	12
油菜					□				○			
花生					○				□			
玉米（或芝麻）					○		□					

（二）主要栽培技术

1. 油菜 选用双低早熟优良品种。适时播种或育苗移栽，冬前培育壮苗越冬，防止冻害或"糠心"早抽薹，越冬初期培土壅根，早春及早中耕、施肥，加强田间管理，并注意防治蚜虫，花期注意喷施硼肥和其他叶面肥，适时收获，一般亩产 150～200 千克。

2. 花生 选用中晚熟、大果高产型优良品种，在油菜收获后，抢时整地播种，采用机械化播种效果更好，集起垄、施肥、播种、喷除草剂、覆膜于一体，既省工省时又能提高播种质量，使苗整齐一致，生育期间注意防旱排涝，适当进行根际追肥和叶面喷肥，中后期注意控制徒长和防治病虫鼠害，按照地膜花生高产栽培技术进行管理，一般亩产 450～500 千克。

3. 玉米 选用稀植大穗品种，在花生收获后种植，以个体大穗夺丰收，按照玉米高产栽培技术管理，可亩产玉米 500 千克以上。

4. 芝麻 在花生播种后，沟内足墒播种，播种后注意保墒，并及时间苗定苗和中种耕除草培土，生育期间，适当追肥浇水，按时打顶，及时收获。按照芝麻高产栽培技术管理，可亩产30～40千克。

（三）油菜高产栽培要点

1. 油菜产量构成因子分析 油菜产量由单位面积上的角果数、角果粒数和粒重三个因子构成，一般单位面积角果数变化最大，多在50%左右；角果粒数变化次之，在10%左右；粒重变化最小，多在5%左右。因此，单位面积角果数的变化是左右产量的主要因素。大量调查数据表明，一般亩产150千克油菜籽的产量结构是：中晚熟品种每亩角果数为300万～350万个，每角粒数为17～19粒，千粒重3克左右，亩产1千克籽粒需2万～2.2万个角果。在中低产田，应主攻角果数；在高产和更高水平田块，则应主攻果粒数和粒重。

2. 合理轮作，精细整地 根据油菜常异花授粉的特点，它本身不宜连作，也不宜与十字花科作物轮作，否则会加重病虫害，必须实行2～3年的轮作倒茬，才能保证优质高产。

油菜根系发达，主根长，入土深，分布广，要求土层深厚，疏松肥沃，通气良好。耕翻时间越早越好，措施和同期播种作物大致一样，通过精细整地，使土壤细碎平实，利于油菜种子出苗和幼苗发育；使油菜根系充分向纵深发展，扩大根系对土壤养分的吸收范围，促进植株发育；同时还有利于蓄水保墒，减轻病虫草害。

3. 科学施肥

（1）油菜的需肥规律。油菜吸肥力强，但养分还田多，所吸收的80%以上养分以落叶、落花、残茬和饼粕形式还田。优质油菜在营养生理上又具有对氮、钾需要量大，对磷、硼反应敏感的特点。油菜苗期到蕾薹期是需肥重要时期；蕾薹期到始花期是需肥最高时期；终花以后吸收肥料较少。据测定，每生产 100 千克籽粒需从土壤中吸收纯氮 9～11 千克、磷 3～3.9 千克、钾 8.5～10.1 千克，其氮磷钾比例约为 1：0.35：0.95。

（2）施肥技术。油菜是需肥较多、耐肥较强的作物。油菜施肥要以"有机与无机相结合，基肥与追肥相结合"为原则，要重施基肥，一般有机肥与磷钾肥全部底施，氮肥基肥比例占 60%～70%，追肥占 30%～40%。底肥可亩施有机肥 2 000 千克，碳酸氢铵 20～25 千克，过磷酸钙 25 千克，氯化钾 10～15 千克。生产上要促进冬前发棵稳长，蕾花期追好蕾花肥，巧施花果肥。油菜对硼肥比较敏感，必须施用硼肥，土壤有效硼在 0.5 毫克/千克以上的适硼区，可亩底施 0.75 千克硼砂；含硼 0.2 毫克/千克以下的严重缺硼区，可每亩底施 1 千克硼砂。此外每亩用 0.05～0.1 千克硼砂或 0.05～0.07 千克硼酸，兑入少量水溶化后，再加入 50～60 千克水，在中后期喷洒 2～3 次增产效果明显。

4. 适期早播，培育壮苗

（1）适播期的确定。冬油菜适期早播，可利用冬前生长期促苗长根、发叶，根茎增粗，积累较多的营养物质，实现壮苗越冬，春季早发稳长，稳产增收。播种晚，冬前生长时间短，叶片少，根量小，所积累干物质少，抗逆性差，越冬死苗严重，春后枝叶数量少，角果及角粒数少。但播种过早，根茎糠老，抗逆性差，也不利于高产。油菜的适播期应在 5 厘米地温稳定在 15～20℃时，一般比当地小麦适播期提前 15～20 天。黄淮区直播在 9 月下旬，育苗移栽在 9 月上旬。

（2）合理密植。油菜直播一般采用耧播，也有采用开沟溜籽和开穴点播。直播量一般每亩 0.4～0.5 千克。常采用宽窄行种植，宽行 60～70 厘米，窄行 30 厘米，播深 2～3 厘米为宜。出苗后及时疏疙瘩苗，1～3 叶间苗 1～2 次，4～5 叶定苗，每亩留苗 1.1 万～1.5 万株。

育苗移栽是油菜高产的一项基本措施，也是延长上茬作物收获期的一项措施。一般在 10 月中下旬移栽。经 7 天左右的缓苗期，缓苗后冬前再长 20～30 天，长出 4～5 片叶，营养体面积可达到移栽前的状态。

苗床与大田面积一般为 1∶5，苗床每亩留苗 8 万～10 万株。移栽壮苗标准为：苗龄 40～50 天，绿叶 7～8 片，苗高 26～30 厘米，根颈粗 0.5 厘米以上；长势健壮，根系发达，紧凑蹲实，无病虫，无高脚。移栽时做到"三要""三边"和"四栽四不栽"，即行要栽植，根要栽稳，棵要栽正；边起苗，边移栽，边浇定植水；大小苗分栽不混栽，栽新苗不栽隔夜苗，栽直根苗不栽钩根苗，栽紧根苗不栽吊根苗（根不悬空，土要压实）。

5. 灌溉与排水 油菜是需水较多的作物。据测定，油菜全生育期需水量一般在 300～500 毫升，折合每亩田块需水 200～300 立方米，多于玉米、甘蔗等作物。油菜种植季节在秋冬春季，一般降雨偏少，土壤干旱，不利于油菜高产。因此，要浇好底墒水，灵活灌苗水，适时灌冬水，灌好蕾薹水，稳浇开花水，补灌角果水。特别是薹期和花期是需水最多的时期，应注意灌水。南方春雨多的地区应清沟排水，降低水位，防止渍害。

6. 田间管理

（1）秋冬管理。主攻目标：壮而不旺，安全越冬，为来年春季早发奠定基础。

（2）春季管理。当气温回升到 3℃ 以上时，及时中耕管理，到抽薹期再中耕一次，同时少培土。返青期后加强肥水管理，后期加强叶面喷肥。同时及时防治病虫害。

7. 适时收获 油菜为无限花序，角果成熟不一致，应及时收获，以全株和全田 70%～80% 角果呈淡黄色时收获为宜。有"八成黄，十成收；十成黄，两成丢"的说法。

（四）春花生地膜覆盖栽培技术要点

花生地膜覆盖栽培技术 1979 年由日本引入我国，它是一项技术性较强和有一定生产条件的综合性技术措施，也是人工改善农田生态环境的综合性措施，适用于亩产 400 千克以上的高产田块栽培。同时地膜花生结荚集中，饱果率高，质量好。

1. 播前准备

（1）整地起埂。选择地势平坦、土层深厚、保水保肥的中等以上肥力地块，且 2～3 年没有种植花生的沙壤土地块进行地膜覆盖种植，一般要求土层深 50 厘米以上，活土层 20 厘米以上，土壤有机质含量 1.0% 以上，全氮含量高于 0.04%，有效磷 15 毫克/千克以上，速效钾不低于 90 毫克/千克。整地前亩施优质有机肥 4 000 千克以上，标准氮肥 20～25 千克，饼肥 40～50 千克，深耕 20 厘米左右，把肥翻入底下，另亩施过磷酸钙 40～50 千克，撒于垡头，耙入土壤中，如冬耕只施有机肥和饼肥，在早春再浅耕，耕时施磷肥和氮素化肥并及时耙糖保墒，达到土壤细碎，地面平整，无根茬。播种前 5～6 天起埂作畦，畦的方向与风向平行，一般以南北向为好，既光照充分，又能减轻春季风力对覆盖薄膜的掀刮，提高覆盖质量。起埂规格一般为：埂距 90 厘米，埂高 12 厘米，沟宽 30 厘米，埂面 60 厘米。

（2）选用优良品种。选用高产优良品种，是覆膜栽培夺取高产的重要条件之一。覆膜栽培春花生可选用适应性广、抗逆性强、增产潜力大、株型直立、分枝中等、开花结果比较集中、荚果发育速度快、饱果率及出仁率较高的品种。播前带壳晒种 2～3 天，晒后剥壳，分级粒选，剔除秕粒、病虫粒、破损粒、霉变粒，选用籽粒饱满的一级种仁作种。要求种子发芽势强，发芽率大于 95%，种子纯度达到 97%。播前用种子质量 0.3% 的 50% 多菌灵可湿性粉剂拌种，消毒灭菌。具体方法是：先将种子用清水湿润，按比例兑入药粉搅拌，使药粉均匀附着于种子表面。

（3）选好地膜。选好地膜是花生地膜覆盖栽培的中心环节，地膜质量的好坏又是决定栽培成败的关键。地膜过薄，强度弱，不受风沙吹刮；过厚，果针又难以穿透，且薄膜也不易紧贴在畦面上，更起不到增温、保墒、疏松土壤、抑制杂草的作用。一般

可选用以下几种类型的地膜：①膜宽 80～90 厘米，膜厚 0.012～
0.015 毫米的高压聚乙烯透明膜。②膜宽 80～90 厘米，膜厚
0.006 毫米的聚乙烯低压膜。③膜宽 80～90 厘米，膜厚 0.008
毫米的线型膜。

2. 适时播种覆膜　播种覆膜是地膜覆盖栽培花生夺取全苗、
壮苗、保证群体增产的关键。掌握适宜的播期，提高播种质量，
可以充分而有效地利用前期热量资源，增加积温，促进早发，争
取更长生育期，增加更多干物质的积累，是发挥薄膜覆盖栽培增
产作用的又一个重要环节。

（1）适宜播期的确定。春播地膜花生适宜播期的确定要考虑
三个因素：一是当地终霜期；二是覆膜栽培从播种到出苗的天
数；三是花生种子发芽需要的最低温度。实践证明，播期过早，
地温低，发芽迟缓，易遭致烂芽缺苗；播种过晚，又降低了覆膜
增温作用，不能更好地发挥地膜覆盖栽培的经济效益。一般年份
4 月 10～20 日是中原地区地膜覆盖花生的适播期。但在不同年
份、不同地区可根据地温变化灵活掌握。一般在露地土壤 5 厘米
深地温稳定在 13℃以上（膜内 5 厘米地温稳定在 15℃以上）时
播种。

（2）播种与覆膜。花生播种后随即盖膜是地膜花生应用比较
普通的一种方式。也有播种前 5～6 天盖膜的，待地温升高后，
用打孔器打孔播种。不论哪种播种方法，播种时都要按品种种植
要求播种，一般中熟大果型品种每亩 8 000～10 000 穴，早熟中
果型品种每亩 9 000～11 000 穴。每埂种两行花生，宽窄行种植，
播种行外侧到埂边缘不少于 15 厘米，小行距 30 厘米，大行距
60 厘米，穴距 16.5～18.5 厘米，注意掌握等穴距挖穴，穴深
3 厘米，每穴播两粒，深浅一致，种仁平放，播后覆土镇压。一
般亩用一级种 12～14 千克。

地膜花生覆膜后不易进行中耕除草，因此，播种后对不喷除
草剂的地膜覆盖田，在覆膜前应先喷施除草剂，再覆膜。据试

验，拉索除草剂灭草效果好，亩用量 0.2 千克，兑水 75～80 千克稀释后均匀喷洒埂面，注意每亩用量超过 0.3 千克时，对花生根瘤菌有抑制作用。若用氟乐灵，每亩用量以不超过 0.1 千克为宜。使用除草剂要特别注意施用方法和用量，以免因用量过多而造成死苗减产。

花生地膜覆盖应使用无孔透明薄膜，以采用打孔、点水、下种、盖土四道工序连续作业的播种法比较适宜，要求膜孔孔眼大小及深浅一致（孔眼 4.2 厘米，深度 3.5 厘米），均匀等距二粒点种，5～10 厘米土壤绝对含水量不能低于 15%。盖膜时要轻放，伸平拉紧，使地膜紧贴地面尽量无皱纹，四周封平压牢，每隔 3～5 米横压一条防风带。先覆膜后播种，播后膜孔周围要用土压严实。

3. 田间管理　花生地膜覆盖栽培的实质，就在于创造一个良好生长环境条件，满足花生高产发育的需要。只有在良好的田间管理措施配合下，才能最大限度地发挥土、肥、水、种、密等各项技术措施的增产作用。所以，播种覆膜后就要及时进行管理工作。

（1）查田护膜。播种盖膜以后，要有专人查田护膜，发现刮风揭膜或膜破损透风，及时用土盖严压牢，确保增温保墒效果。

（2）破膜放苗。先播种后盖膜的，花生幼苗出土后及时在早晨或傍晚用小刀将幼苗顶端地膜划破，使幼苗露出膜外，防止烧苗。先盖膜后播种的，花生播种 6～7 天以后，幼苗顶土快要出苗时，将膜孔上的土轻轻向四周扒开，助苗出土，防止窝苗。

（3）清棵、补种。将幼苗根际浮土扒开，使子叶露出膜外，同时注意用土将膜孔压严。发现缺苗的地方，要及时催芽（也可事先准备少量芽苗），点水补栽，确保全苗。

（4）中耕除草。降雨和浇水后，要及时顺沟浅锄、破除板结，防止杂草滋生。膜内发现杂草时，用土压在杂草顶端地膜上面，3～5 天后，杂草即窒息枯死。草苗大时用铁丝做成钩状，伸进膜孔内，将杂草除掉。

（5）防旱排涝。当 10～20 厘米土壤绝对含水量低于 10%时，要小水灌沟，严禁大水漫灌。6 月上旬到 7 月下旬正值地膜花生营养生长和生殖生长旺盛阶段，需水较多，应注意此期防旱灌水。同时，7～8 月雨水较多时，注意清好田间沟渠，做好排水除涝工作，防止田间积水，造成烂果。

（6）适当根际追肥和叶面喷肥。地膜覆盖容易造成前期生长势弱。中期发育迟缓，后期脱肥早衰现象，应根据苗情适当采取根际打孔追肥，即在始花期后用扎眼器或木棍，在靠近植株 5 厘米处扎眼 5～6 厘米深施肥，每亩施入硫酸铵 15～20 千克或尿素10 千克左右和硫酸钙 30～35 千克，追后用土压严，注意肥料不要掉落在叶片上，防止烧叶，土壤湿润时追施固体肥料，干旱时可追施液体肥料（即按肥与水比 1∶1 溶解）。7 月中旬到 8 月上旬，花生进入饱果期，叶面喷洒 0.3% 的磷酸二氢钾或 2%～3%的过磷酸钙澄清液 1～2 次。如果植株生长瘦弱，每亩还可喷洒75 千克 1% 的尿素溶液。另外，还应注意喷洒复合型微肥。

（7）合理应用生长调节剂控制徒长。花生要高产必须增施肥料和增加种植密度，在高产栽培条件下，如遇高温多雨季节，茎叶极易徒长，形成主茎长、侧枝短而细弱，田间郁闭而倒伏造成减产。所以在高水肥条件下应注意合理应用植物生长调节剂来控制徒长，可避免营养浪费，使养分尽可能地多向果实中转移，从而提高产量，该措施也是花生高产的关键措施之一。防止花生徒长较好的植物生长调节剂是"花生矮丰"（即硝钠·萘乙酸加矮壮素），喷施时间相当重要，据试验，适宜的喷施时间是盛花期，因为，此期茎蔓生长比较旺盛，荚果发育也有一定基础，喷施后能起到控上促下的作用。一般在始花后 30～35 天，可亩用"花生矮丰"50 克兑水 25～40 千克，喷施于顶叶，以控制田间过早郁蔽，促进光合产物转化速率，提高结荚率和饱果率。注意植物调节剂在使用时要严格掌握浓度，干旱年份可适当降低使用浓度，一次高浓度使用不如分次低浓度使用，在晴朗天气时施用效果较好。

4. 收获与回收残膜　地膜花生成熟期一般比不覆膜花生可提早 7～10 天。成熟后花生果柄老化，荚果易脱落。又由于此时地温较高，膜内土壤中病菌、水气可通过果柄入侵荚果，造成霉烂落果，影响产量与品质。因此，正确掌握适时收获，是田间管理工作最后一个重要环节。一般在 8 月下旬和 9 月上旬，当花生植株上部片和茎秆变黄，下部叶片逐渐脱落，大多数荚果网纹清晰，果仁饱满，呈该品种固有光泽，即可收获。收获后及时晾晒，待种子含水量低于 10% 时，即可入库储藏。

（五）麦套夏花生栽培技术要点

麦垄套种花生，可以充分利用生长季节，提高复种指数，达到粮油双丰收。近些年来，随着生产条件的改善，生产技术水平的提高和人均耕地的减少，麦套种植方式在花生主要产区发展很快，已成为花生主要种植方式，如何提高其产量，应根据麦套花生的特点，抓好以下几项栽培措施：

1. 精选良种　根据麦垄套种的特点，麦垄套种种植应选用早中熟直立型品种，并精选饱满一致的籽粒做种，使之生长势强，为一播全苗打好基础。

2. 适时套播，合理密植　适时套播、合理密植可充分利用地力、肥力、光能资源，协调个体群体发育，达到高产。一般夏播品种每亩穴数以 9 000～10 000 穴为宜。单一种植花生以 40 厘米等行距、17～18 厘米穴距，每穴 2 粒。一般麦垄套种时间应在麦收前 15 天左右，麦套花生播种后正是小麦需水较多的时期，此时田间对水分的竞争比较激烈，应注意保证足墒，也可采取先播后浇的方法，争取足墒全苗。

3. 及早中耕，根除草荒　花生属半子叶出土的作物，及早中耕能促进个体发育，促第一、二侧枝早发育，提高饱果率。特别是麦套花生，麦收后土壤散墒较快，易形成板结，若不及早中耕，蔓直立上长，影响第一、第二对侧枝发育，所以麦收后应随即突击中耕灭茬、松土保墒、清棵除草。花生后期发生草荒对产量影响较大，且不易清除，所以要注意在前期根除杂草。严重的地块可选用适当的除草剂进行化学防治。可在杂草三叶前亩用10.8％的高效盖草能 25～35 毫升兑水 50 千克喷洒。

4. 增施肥料，配方施肥，应用叶面喷肥　增施肥料是麦套花生增产的基础。施肥原则是在适当补充氮肥的基础上重施磷肥、钙肥及微肥，在中后期还应视情况喷施生长调节剂。一般地块在始花期每亩施用 10～15 千克尿素和 40～50 千克过磷酸钙，高产地块还应增施 10～20 千克硫酸钙。在此基础上，中后期还应叶面喷施微肥和生长调节剂，以防叶片发黄、过早脱落和后期疯长。施用植物生长调节剂可参照春地膜花生栽培技术要点。

5. 合理灌水和培土　根据土壤墒情和花生需水规律，在开花到结荚期注意灌水。麦垄套种花生多为平畦种植，所以在初花期结合追肥中耕适当进行培土起小垄，增产效果较好，但要注意不要埋压花生生长点。

6. 适时收获，安全储藏　气温降到 12℃以下，在植株呈现出衰老现象，顶端停止生长，上部叶片变黄，中下部叶片脱落，地下多数荚果成熟，具有本品种特征时，即可收获。随收随晒，使含水量在 10％以下，储藏在干燥通风处，以防霉变。

（六）麦茬夏花生地膜覆盖栽培技术要点

过去地膜覆盖栽培技术只在春花生生产上应用，人们习惯上认为夏花生生育期处在高温季节，覆盖栽培作用不大。通过研究，夏花生覆膜栽培增产效果也十分显著。证明夏花生覆膜栽培不仅具有温度效应，更重要的是综合调节了生育环境，因此一些地方迅速推广应用，并总结出一套完善的栽培技术，现介绍如下：

1. 选择良种，搞好"三拌"　选用早熟大中果良种，是挖掘地膜夏花生高产潜力的前提。播种前每百千克种子用 25％多菌灵 500 克拌种，有条件的地方可再加上钼酸铵以满足花生对钼肥的需要，根瘤菌拌种可增加花生根瘤菌数。"三剂拌种"有利于花生达到全苗壮苗，防病防虫，打好高产基础。

2. 选好地膜，增产节本 目前生产上一般选用厚度 0.004～0.006 毫米超薄膜，亩用量约 2.5 千克，成本在 20 元左右。据不同地膜种类试验结果，光解膜在促进夏花生生长、改善经济性状等方面优于超薄膜，但由于其光解程度受厂家生产时的温湿度影响较大，性能稳定性差，因而还有待提高产品质量。

3. 配方施肥，一次施足 根据地力情况和花生需肥规律进行配方施肥，一次施足肥料是覆膜夏花生高产的基础。根据试验结果，一般每亩可施有机肥 2 000 千克、过磷酸钙 30 千克、尿素 15～20 千克、氯化钾 10 千克、钙肥 30 千克，施于结果层。麦垄套种夏花生可于春季巧施底肥，有利于小麦、花生双高产。

4. 适期早播，适时覆膜 覆膜夏花生要在"早"字上争季节，麦垄套种夏花生，于 5 月中旬播种。套种时用竹竿做成 A 形分行器，以减轻田间操作对小麦的损伤。在小麦收获后迅速追肥，在灭茬后每亩用 72% 的都尔 100 毫升，兑水 75 千克均匀喷洒，再覆盖地膜，采取边盖膜边打孔破膜，以防高温灼苗。夏直播花生于 6 月 10 日以前播种，一般采用两种播种方法：一是先覆膜后播种，灭茬后整地起垄，一垄双行，垄距 80 厘米，喷施除草剂，先覆盖地膜，再按穴距大小打孔，浇水播种，播后膜孔上放一小堆 5 厘米高的细土，否则易落干缺苗；二是先播种后覆膜，播后再喷除草剂，花生齐苗后再边盖膜边打孔破膜。第二种方法可以解决在高温少雨季节，因播前覆膜和边种边覆膜引起的烧苗或落干问题，因此在干旱、半干旱地区更有推广价值。据试验，一般条件下，夏花生以播后 4～8 天盖膜效果最好。两种覆盖方式各有优缺点，但都比不覆膜（对照）增产，增产效果在20% 以上。

5. 合理密植 适宜密度是覆膜夏花生的高产关键。一般夏播花生选用早熟品种，根据品种特性种植密度宜密，一般高肥力田块亩种植 9 000 穴左右，较低肥力田块亩种植 10 000～11 000 穴。垄上窄行距 40 厘米、穴距 15～20 厘米，每穴播种 2～3 粒。

6. 及时化控，防止徒长，防倒防衰　　花生开花后 25～30 天，植株封行过早，株高超过 40 厘米，有徒长趋势时，应叶面喷洒植物生长调节剂防止徒长。一般在始花后 30～35 天，可亩用"花生矮丰"50 克兑水 25～40 千克，喷施于顶叶，以控制田间过早郁蔽，促进光合产物转化速率，提高结荚率和饱果率。

7. 中后期叶面喷肥及防治病虫害　　由于覆膜花生肥料一次底施，不进行追肥，后期易发生脱肥早衰现象，中后期根据田间苗情，应注意喷施 1%～1.5% 的尿素溶液防止缺氮，喷施 0.3% 的磷酸二氢钾溶液或 2%～3% 的过磷酸钙澄清液防止缺磷，喷施复合微肥溶液防止微量元素缺乏。另外，应适时回收残膜。

三、瓜菜作物

（一）瓜菜产业的作用与意义

瓜菜产业是我国仅次于粮食业的大产业，瓜菜生产在我国农业生产中占有重要的地位，它是现代农业的重要组成部分，也是劳动密集型产业。瓜菜产业的不断发展，对保障市场供给、增加农民收入、扩大劳动就业、拓展出口贸易等方面具有显著的积极作用；是实现农民增收、农业增效、农村富裕的重要途径。

传统的瓜菜生产同其他农作物生产一样，受外界气候和季节的严格限制。由于多种瓜菜质地柔嫩、含水量大，不耐储藏，加上人们鲜食的习惯，所以，食用时间受到生产供应的制约，这种制约在冬天寒冷季节的表现更为突出。随着我国经济的迅速发展，人民生活水平的不断提高，城市规模的不断扩大，特别是城市人口的迅速增加，对日常生活必需品——蔬菜的质和量也提出了更高的要求，品种趋于多样化，要求能做到四季供应，淡季不淡。瓜菜是人民生活中不可缺少的副食品，人们要求周年不断供应新鲜、多样的瓜菜产品，仅靠露地栽培是很难达到目的的，虽然冬季露地能生产一些耐寒蔬菜，但种类单调，且若遇冬季寒潮或夏秋暴雨、连绵阴雨等灾害性天气，则早春育苗和秋冬蔬菜生产都可能会受到较大的损失，影响蔬菜的供应。所以借助一定的设施进行瓜菜生产，可促进早熟、丰产和延长供应期，满足消费者一年四季吃上新鲜蔬菜的要求。

设施瓜菜也称为反季节瓜菜、保护地瓜菜，是在不适宜瓜菜生长发育的寒冷或炎热的季节，播种改良品种或利用专门的保温防寒或降温防热设备，人为地创造适宜瓜菜生长发育的小气候条件进行生产。常见的设施栽培类型主要有风障、阳畦、地膜覆盖、塑料小棚、塑料中棚、塑料大棚、日光温室等。其中，温棚瓜菜生产就是其中的一种，它是随着社会发展和技术进步由初级到高级、由简单到复杂逐渐发展起来的，形成了现有的各种各样的温室和大棚，并且达到了温、光、水、肥、气等各种生态因子全部都能调节的现代温室的程度。

设施瓜菜产业是种植业的一个重要增效方式。一是利用温室和大棚栽培可以于秋、冬、春季提早育苗，提早定植，提早上市，供应新鲜的蔬菜产品，丰富人们的餐桌，使人们有更多的选择；瓜菜的淡季得到逐步克服，对丰富人民的生活起到了积极的作用。二是温棚瓜菜的开发，能加速瓜菜生产的发展步伐，使瓜菜品种日益增多，高产高效，种菜的经济效益成倍增长。三是利用反季节栽培可以增加菜农的收入，解决农民就业。高投入和高产出的生产方式，带动了其他产业的快速发展。四是能够减少蔬菜的运输费用，节约大量的资金。五是提高土地的利用率和产出率，这在我国耕地日益减少的情况下尤为重要。六是设施农业是现代化农业发展的标志。

总之，采用地膜覆盖、日光温室、塑料大棚、拱棚等多种形式的保护地设施栽培措施，创造适宜作物生长的环境，实行提前与延后栽培，进行反季节、超时令的生产，达到高产优质高效的目的。同时，设施农业在增加农民收入，提高人民生活水平，丰富城乡居民菜篮子方面发挥了积极的作用。

（二）当前瓜菜产业存在的问题

1. 产业化水平不高，生产能力弱 瓜菜生产有总体规模，但生产单位普遍较小，总体生产能力不强。看全国生产规模不小，但有实力的生产大户或大的生产企业很少，示范带动作用弱，形不成较强的生产能力。一些瓜菜主产区主要以农户分散种植为主，基地小而散，骨干龙头企业少，无精深加工产品，没有真正形成自己的规模优势，没有特色主导产品，生产标准化、经营规模化、营销品牌化整体水平偏低。

2. 整体生产品种多乱杂，很难形成品牌产品或"一村一品"优势 据了解，目前瓜菜种子企业随意定商品名称，生产品种多乱杂，各宣传各自的好，突出不了特色，很难形成品牌产品或"一村一品"优势。

3. 集约化育苗服务滞后，生产用苗存在质量"瓶颈" 一般瓜菜作物苗期时间长，育成高质量苗管理技术较复杂，生产中只有应用高质量的苗才是搞好生产的基础。目前在一些地方生产用苗多是种植户自育或从远距离外地购买，苗的质量普遍偏差，质量无保证，影响了生产效益和整体产业水平的提升。

4. 基础建设标准低，产品很少有包装，难以适应市场需求 在一些地方大棚和温室基础建设主要还是传统模式上的建设标准，建设标准低且不规范，多数由竹竿、水泥柱等组成，少数还有竹木结构的大棚。生产中哪里损坏了就修补哪里，只要能用就坚持用，很多年没有变化，温室、大棚建设科技含量不高，保温性、抗逆性较差，容易受风、雨、冰、雪、冻等灾害影响；产品储运设施条件落后，蔬菜采后处理不及时，难以解决保鲜和损耗大的问题。蔬菜生产销售基本处于粗放状态，直接影响了瓜菜产业发展后劲。

5. 生产观念落后，生产技术老化，不按生产标准生产 受传统粗放农业生产观念和习惯的影响，瓜菜种植模式老化或创新不够。再加上菜农多以 50 岁以上人群为主，文化素质相对不高，对新品种、新技术、新模式的接受能力较差，目前生产上还存在大水大肥、重药重肥等生产管理理念，水肥一体化技术、生物病虫害防治技术等先进标准化生产技术还没有普及，生产的产品外观和内在品质参差不齐，也很少有自己的包装，不能很好地适应市场需求。同时，大多数菜农对市场行情缺少分析能力，缺乏宏观了解，生产上还存在盲目跟风，还会出现"菜贱伤农"的现象，导致丰产不丰收。

6. 市场建设滞后，销售环节存在无序竞争，市场行情不稳，影响产业化形成　一些瓜菜主产区产品销售主要靠地头市场或经纪人代收点收购，规模都较小，没有形成自己的卖方市场，只能听收购商的，旺季时常出现销售难的问题，没有形成行业统领和行业自律，哄抬价格和压级压价时有发生，造成市场行情不稳，无序竞争，菜农利益难以保障，影响了该产业做大做强和产业化的形成。

（三）供给侧改革背景下设施瓜菜产业发展的主要路径与政策导向

1. 设施瓜菜产业持续发展的主要贡献

（1）保证了瓜菜产品的周年供应。在 20 世纪 80 年代实现了早春和晚秋蔬菜供应基本好转的基础上，90 年代破解了冬春和夏秋两个淡季的供需矛盾。目前我国年设施蔬菜（不含瓜果）产量已达到 2.62 亿吨左右，占蔬菜总产量的 30.5%；设施蔬菜人均占有量约为 182.1 千克，有效保证了淡季供应。同时设施果树和花卉虽然规模相对较小，但品种丰富多彩，也起到了改善市场供应、丰富人民生活的积极作用。

（2）缩小了瓜菜产品价格波动幅度。以蔬菜为例：全国 36 个蔬菜产品月均价格波动幅度由 20 世纪 80 年代初的 10 倍以上收窄到 2013 年的 0.53 倍，2015—2016 年冬春尽管遭遇了 2 次超强寒潮袭击，蔬菜月均价的波动幅度也不足 1 倍。

（3）促进了城乡就业农民增收。目前全国 6 606.1 万亩设施园艺至少可吸纳 3 300 多万人就业，并可带动相关产业发展创造 3 000 多万个就业岗位。2016 年，全国设施园艺产业净产值为 8 900 多亿元，使全国乡村人口人均增收 1 500 元，重点设施园艺产区对乡村人均纯收入的贡献额在 3 000 元以上。

（4）推动了设施园艺节能减排。我国独创的日光温室高效节能栽培，已在冬春日照百分率≥50％的地区迅速推广应用，与传统加温温室相比，日光温室亩均节约标准煤 25 吨，目前全国日光温室面积已达 1 300 余万亩，可节约标准煤 3.2 亿多吨，等于少排放 8.5 亿多吨二氧化碳、276 多万吨二氧化硫、240 余万吨氮氧化物。与现代化温室相比，其节能减排贡献额还要加大 3～5 倍，此项温室节能技术，已引起国际有识之士的高度关注和浓厚兴趣。

（5）开辟了非耕地高效利用途径。全国约有荒漠化土地 60 亿亩，工矿区废弃地 6 000 万亩，海涂 3 000 多万亩，宜农后备土地 6.6 亿多亩，开发非耕地设施瓜菜产业大有可为。如甘肃省河西走廊、宁夏腾格里沙漠、新疆戈壁滩、海南沿海滩涂等地，在国家非耕地开发项目的支持下，已经成功进行了大面积设施瓜菜产业的开发。

（6）助推了休闲农业和乡村旅游。设施瓜菜产业的持续高速发展，不仅大大改善了瓜菜产品的周年供应，而且促进了休闲农业和乡村旅游的快速发展，满足了城镇居民走出闹市、体验农艺、康乐休闲的客观需要。

2. 推进供给侧改革背景下设施瓜菜产业仍有较好的发展前景　据《中国农业统计资料》，2015 年，全国蔬菜（含西瓜、甜瓜）播种面积 3.7 亿亩，产量 88 421.6 万吨，总产值 17 991.9 亿元，其中设施蔬菜播种面积、产量、产值占比分别为 23.4％、33.6％和 63.1％。同时，设施水果、设施花卉的效益还好于设施蔬菜。另据农业部蔬菜生产信息体系监测数据，2016 年蔬菜播种面积 34 696.9 万亩，总产量 8.25 亿吨，同比分别增长 0.6％和 0.3％。其中设施蔬菜的播种面积 7 459.6 万亩、产量 2.52 亿吨，同比分别减 5.7％和 5.0％。据上述监测数据和国家西瓜、甜瓜产业体系估算，2016 年，瓜菜人均占有量 664.2 千克，其中设施蔬菜人均占有量 182 千克，而且品种丰富，应有尽有。

3. 设施瓜菜产业供给侧改革面临的主要问题

（1）温棚设施抗灾生产性能与保障供给不适应。目前本土温室制造业落后，国产温室结构性能差；进口智能温室能耗高，国内能源价高用不起；简易设施为主，老旧、劣质设施比重大（＞70％），园区排灌基础设施差、不配套。

（2）冷害、雾霾、暴风、雨雪、洪涝等气象灾害频发，几乎年年发生。

（3）低温、高湿、病害及过度施药与质量安全相悖。温棚生产夜间温度偏低，湿度过大，低于露点温度的时间过长，低温、高湿、病害易发多发重发。治病过度依赖化学农药，盲目用药、随意加大剂量和施药频率，很难严格执行安全间隔期采收制度。

（4）大众蔬菜多，信得过的品牌少，大众化消费蔬菜产品多，高品质品种及绿色高品质生产商和品牌少，诚信品牌建设严重滞后，优质优价营销缺少信誉载体，优质优价难。

（5）农艺流程不规范，生产管理随意性大。

（6）组织化程度低，生产主体以散户为主（80％～90％）。

（7）传统生产难以为继，劳动力结构劣化且价格持续上涨，机械化智能化技术不支，国产农用传感器的精准可靠性尚难支撑智能化蔬菜产业发展。

4. 供给侧改革背景下设施园艺产业发展的主要路径

（1）坚持用优质优价反向统筹推动绿色高优蔬菜产业链形成。树立全产业链反向统筹发展理念和优质优价经营理念，打破先种后卖的传统大众化蔬菜产业发展路径，开辟先卖后种、订单生产、定制农资服务和一站式科技服务的绿色高优瓜菜产业的优质优价发展路径。

（2）坚决落实与优质优价相匹配的绿色高品质生产技术指标体系和保障措施。

（3）坚持用超低能耗智能温室引领园艺设施改造升级。超低能耗智能温室的技术指标：能耗指标比现行智能温室降低 70%以上，温室环境智能调控并可实现生产管理机械化智能化，优先使用无污染物排放的清洁能源，全天候保证蔬菜根区温度处于适宜范围，推动全国瓜菜设施结构性能优化和标准化，全面示范推广现代高保温覆盖材料和建筑材料，全面示范推广高透光高散射和自洁防尘及功能与寿命同步的超长寿覆盖材料。

（4）坚持以农艺物理生物为主的绿色防控确保蔬菜安全。严格按照绿色环境标准遴选园地并加强园地生态环境保护，综合应用健康栽培农艺，综合应用物理防治技术，积极采用生物防治技术，合理使用化学防治技术。

（5）坚持按规模化专业化标准化特质化做强设施瓜菜产业。通过企业化合作化实现规模化组织化经营，通过专业化标准化生产确保产业绿色发展，通过打造地域特质产品塑造知名区域品牌，实行种苗统一育供、农资统一采购、病虫统一防治、采后统一标准分级、产品统一品牌营销、日常生产管理分包到人的统分结合的现代经营管理模式。

5. 供给侧改革背景下设施瓜菜产业发展的政策导向　吸引龙头企业和科研机构建设运营产业园，发展设施农业、精准农业、精深加工、现代营销，带动新型农业经营主体和农户专业化、标准化、集约化生产，推动农业全环节升级、全链条增值。支持地方重点开展设施农业土壤改良，增加土壤有机质。加快研发适宜丘陵山区、设施农业、畜禽水产养殖的农机装备，提升农机核心零部件自主研发能力。

《全国种植业结构调整规划（2016—2020 年)》提出：发展南菜北运基地和北方设施蔬菜，统筹蔬菜优势产区和大中城市"菜园子"生产，巩固提升北方设施蔬菜生产，稳定蔬菜种植面积。到 2020 年，蔬菜面积稳定在 3.2 亿亩左右，其中设施蔬菜达到 6 300 万亩。

（四）发展温棚瓜菜生产的建议

1. 深刻认识发展设施农业的重要意义 设施农业技术密集、集约化和商品化程度高。发展设施农业，可有效提高土地产出率、资源利用率和劳动生产率，提高农业素质、效益和竞争力，既是当前农业农村经济发展新阶段的客观要求，也是克服资源和市场制约、应对国际竞争的现实选择，对于保障农产品有效供给、促进农业发展、农民增收，增强农业综合生产能力具有十分重要的意义。

（1）发展设施农业是转变农业发展方式、建设现代农业的重要内容。发展现代农业的过程，就是不断转变农业发展方式、促进农业水利化、机械化、信息化，实现农业生产又好又快发展的过程。设施农业通过工程技术、生物技术和信息技术的综合应用，按照动植物生长的要求控制最佳生产环境，具有高产、优质、高效、安全、周年生产的特点，实现了集约化、商品化、产业化，具有现代农业的典型特征，是技术高度密集的高科技现代农业产业。发展设施农业可以加快传统农业向现代化农业转变。

（2）发展设施农业是调整农业结构、实现农民持续增收的有效途径。设施农业充分利用自然环境和生物潜能，在大幅提高单产的情况下保证质量和供应的稳定性，具有较高的市场竞争力和抵御市场风险的能力，是种植业和养殖业中效益最高的产业，也是当前广大农民增收的主要渠道之一。设施农业产业不仅是城镇居民的"菜篮子"，也是农民的"钱袋子"。促进设施农业发展，有利于优化农业产业结构、促进农民持续增收。

（3）发展设施农业是建设资源节约型、环境友好型农业的重要手段。资源短缺和生产环境恶化是我国农业发展必须克服的问题，发展设施农业可减少耕地使用面积，降低水资源、化学药剂的使用量和单位产出的能源消耗量，显著提高农业生产资料的使用效率。设施农业技术与装备的综合利用，可以保证生产过程的循环化和生态化，实现农业生产的环境友好和资源节约，促进生态文明建设。

（4）发展设施农业是增加农产品有效供给、保障食物安全的有力措施。优质园艺产品和畜禽产品的供应与消费，是衡量城乡居民生活质量水平的重要标志，也是农业基础地位和战略意义的具体体现。设施农业可以通过调控生产环境，提高农产品产量和质量，保证农产品的鲜活度和周年持续供应。发展设施农业有利于保障食物安全，不断改善民生，促进社会和谐稳定。

2. 明确发展设施农业的指导思想和目标任务 我国设施农业产业经过引进、消化、吸收和自我创新，形成了内容较为完整、具备相当规模的主体产业群，已经进入全面提升的发展阶段。发展设施农业是科学发展观在农业农村工作中的具体运用和落实，也是我国农业机械化由初级发展阶段进入中级发展阶段的新要求。扩大设施农业发展规模、改善设施农业基础条件、提高设施农业生产效益和产品市场竞争能力，是当前和今后一段时间的发展方向。

（1）指导思想。以设施园艺和设施养殖技术创新为重点，加大政策扶持力度，创新发展机制。通过优化设施结构，完善配套技术，强化生产标准，提高设施装备，充分挖掘设施农业生产潜能，实现速度、质量、结构和效益的协调发展，提升设施农业发展水平，进一步强化农业基础地位，促进农业稳定发展和农民持续增收。

（2）目标任务。当前和今后一个时期，要多渠道增加设施农业投入，不断加强设施农业基础设施、机械装备和生产条件的相互适应与配套；加快科技创新和科技成果普及推广，推进生物技术、工程技术和信息技术在设施农业中的集成应用；努力拓展设施农业生产领域，深入挖掘设施农业的生产潜能；切实提高设施农业管理水平，大力提升设施农业发展的规模、质量和生产效益。努力实现我国设施农业生产种类丰富齐全、生产手段加强改善、生产过程标准规范、生产产品均衡供应的总体目标，探索出一条具有中国特色的高产、优质、高效、生态、安全的设施农业发展道路。

3. 坚持发展设施农业的基本原则　我国人口众多，土地、淡水和能源等资源严重短缺，发展设施农业要从我国国情出发，着力优化结构、提高效益、降低消耗、保护环境。

（1）坚持优化布局、发挥优势。要发挥区域品种和产业优势，着力优化区域布局。选择基础条件较好的区域，统筹育种、栽培、装备、管理等多方面的力量，发挥本地资源优势，充分挖掘设施农业生产潜能，促进设施农业快速发展。

（2）坚持因地制宜、注重实效。要根据地区气候、资源、生产方式、种养殖传统等特点，有重点地选择设施农业的发展方向。同时坚持效益优先，着力提高种养殖综合生产能力以及经济、社会和生态效益。

（3）坚持改革创新、建立机制。始终以实现设施农业又好又快发展为目标，通过技术创新、管理创新和机制创新来解决发展中的问题，并将行之有效的创新成果加快推广应用，促进技术提升，努力探索建立促进发展的长效机制。

（4）坚持市场引导、政府扶持。坚持市场引导与政府扶持相结合，要以解决农民就业、促进农民增收为核心，着力提高农民科学生产素质，提高种养殖科技含量，提高产品竞争力，提高生产过程的机械化、自动化和生态化水平。

4. 落实完善促进设施农业发展的政策措施　在我国发展设施农业，要按照加强农业基础地位，走中国特色农业现代化道路，建立以工促农、以城带乡长效机制，形成城乡经济社会发展一体化新格局的要求，认真落实中央一系列强农惠农政策措施，促进设施农业又好又快发展。

（1）落实扶持政策。要认真落实中央一系列强农惠农政策，扶持鼓励设施农业发展。将重点设施农业装备纳入购机补贴范围，加大对农民和农民合作组织发展设施农业的扶持力度。要与有关部门协调，加大对设施农业财政、税费、信贷和保险政策的支持，同时，加大基础设施建设投入，对灾区受毁设施的恢复重建给予扶持，不断提高农民发展设施农业和抵御自然灾害的能力。

（2）积极推动科技创新。加大科技创新投入力度，支持设施农业共性关键技术装备研发。加强宽领域、深层次的协作，积极探索设施农业科技创新体系建设。加快科技成果转化应用，提高产业的整体技术水平，实现产业不断升级。

（3）完善标准体系建设。加强设施农业标准建设，建立和完善设施农业标准化技术体系。重点加强设施农业建设、生产和运行管理标准的制修订工作，切实提高我国设施农业的标准化水平。

（4）努力做好技术培训。要整合资源，争取支持，加强设施农业技术培训，提高从业人员素质，把发展设施农业转到依靠科技进步和提高劳动者素质的轨道上来。

5. 切实加强对设施农业发展工作的组织领导 发展设施农业是发展现代农业、推进社会主义新农村建设的重要内容，是全面建设小康社会的必然要求。各地要切实加强组织领导，增强责任感和使命感，采取有效措施，加快推进设施农业的发展。

（1）把发展设施农业摆到重要位置。各地要把发展设施农业摆上重要工作日程，建立合理的运行机制和严格的责任制度，加强技术指导和调查研究，不断解决设施农业发展中的各种矛盾和问题，推动设施农业工作有序有效开展。

（2）科学制定发展规划。各地要结合本地区实际，科学制定设施农业发展规划，明确指导思想、目标任务、工作重点、具体措施和保障机制。要注重规划的科学性和可行性，把制定规划与争取各方支持有机结合起来。

（3）依法促进设施农业发展。要深入贯彻实施农业法、畜牧法、农业机械化促进法和科技进步法等法律法规，加大普法力度，提高生产经营者的法律意识，营造良好环境氛围，落实支持设施农业发展的各项措施，依法促进设施农业发展。

（4）加强多部门协调配合。设施农业的发展需要多部门加强配合、形成合力。坚持农机与农艺结合，在加强设施装备建设的同时，大力推广农艺技术和健康养殖技术。各级农业、农机、畜牧和农垦部门要密切配合、通力合作，发挥各自优势和作用，共同促进设施农业持续健康发展。

第三节　食用菌生产转型升级

一、食用菌的概念与种类

食用菌是一个通俗的名词，狭义的概念指可以食用的大型真菌。如平菇、蘑菇、羊肚菌、木耳、金针菇、香菇、草菇、银耳等；广义的概念泛指可以食用的大型真菌和各种小型真菌。如酵母菌，甚至可以包括细菌的乳酸菌等。据统计，目前全世界有可食用的蕈菌 2 000 种，我国已知的可食用的蕈菌达 720 种；大多为野生，仅有 86 种在实验室进行了栽培，在 40 种有经济意义的品种中，约有 26 种进行了商品生产，其中，10 种食用菌产量占总产量的 99% 左右。

二、食用菌的栽培价值

（一）食用菌的营养价值

食用菌作为蔬菜，味道鲜美，营养丰富，是餐桌上的佳肴，历来被誉为席上珍品。因为食用菌是高蛋白质、无淀粉、低糖、低脂肪、低热量的优质食品。其蛋白质含量按干重计通常在13%～35%，如1千克干蘑菇所含蛋白质相当于2千克瘦肉、3千克鸡蛋或12千克牛奶的蛋白质含量；按湿重计是一般蔬菜、水果的3～12倍。如鲜蘑菇含蛋白质为1.5%～3.5%，是大白菜的3倍、萝卜的6倍、苹果的17倍。并含有20多种氨基酸，其中8种氨基酸为人体和动物体不能合成，必须从食物中获得。此外，食用菌还含有丰富的维生素、无机盐、抗生素及一些微量元素，同时，铅、镉、铜和锌的含量都大大低于有关食品安全规定的界限。总之，从营养角度讲，食用菌集中了食品的一切良好特性。有科学家预言："食用菌将成为21世纪人类食物的重要来源"。

（二）食用菌的药用价值

食用菌不但营养价值高，在食用菌的组织中含有大量的药用成分，这些物质能促进、调控人体新陈代谢，有特殊的医疗保健作用。据研究，许多食用菌具有抗肿瘤、治疗高血压、冠心病、血清胆固醇高、白细胞减少、慢性肝炎、肾炎、慢性气管炎、支气管哮喘、鼻炎、胃病、神经衰弱、头昏失眠及解毒止咳、杀菌、杀虫等功能。如近年来我国研制的"猴头菌片""密环片""香菇多糖片""健肝片"以及多种健身饮料等，都是利用食用菌或其菌丝体中提取出来的物质作为主要原料生产的。

（三）食用菌栽培的经济效益

栽培食用菌的原料一般是工业、农业的废弃物，原料来源广，价格便宜，投资小，见效快，生产周期一般草菇21天、银耳40天、平菇和金针菇70～90天、蘑菇和香菇270天左右。投入产出比一般在1：3.6左右。随着新品种、新技术和机械化的不断应用，投入产出比将会越来越高。同时，栽培食用菌一般不会大量占用耕地，其下脚料又是农业生产中良好的有机肥料，对促进生态农业的发展具有极其重要的作用。

三、食用菌的栽培现状及前景

（一）栽培现状

20 世纪初达格尔发明了双孢蘑菇纯菌种制作技术，开创了纯菌种人工接种栽培食用菌的新阶段，到 20 世纪 30 年代相继用纯菌种接种栽培香菇、金针菇成功，促进了野生食用菌驯化利用的研究。我国在 20 世纪 50～60 年代对野生菌的驯化栽培才出现了新进展，到 70～80 年代有近 10 个种类的食用菌进入了商品性生产。进入 21 世纪，对食用菌的研究与生产已跨入了蓬勃发展的新时代，食用菌生产已成为一项世界性的产业，食用菌学科也已形成了一门独立的新兴学科。同时，我国食用菌产业迅猛发展，呈现了异军突起遍及城乡的好势头。2013 年统计，中国已是世界上最大的食用菌生产国和消费国，产量占世界总产量的 70％以上。不仅产量居世界各国之首，而且品种多，出口量大，在国际市场上占有重要位置。全国食用菌生产出现了"南菇北移，东菇西移"新趋势。

（二）发展前景

随着社会的发展和人民生活水平的不断提高，作为"保健食品"的食用菌正走进越来越多的普通家庭，食用菌不但有较大的国际市场，国内消费也具有巨大的开发潜力，并且随着科学技术的发展，不但生产领域扩展较快，食用菌的深加工领域也在迅速扩展，目前，以食用菌为原料已能生产饮料、调味品、医药、美容品等。总之，食用菌作为一个新兴产业，不论是从当前的国际市场看，还是从社会发展的趋势看，都具有广阔、诱人的市场发展前景。随着贸易全球化的发展，我国劳动力与生产原料充足价廉，生产成本较低，食用菌这个劳动密集型产业生产的产品，在国际市场上具有较强的竞争力，所以，在现阶段食用菌产业将处于走俏趋势，在一些地方越来越受到各级政府和广大农民的重视，已成为"菜篮子工程""创汇农业"和"农村脱贫致富奔小康"的首选项目。

四、当前食用菌产业存在的问题与对策

1. 产业发展迅猛，总体上实力不强　整个产业发展较快，但总体实力不强，突出表现在新型农业经营主体不强、创新能力不强、竞争能力不强。

2. 生产散乱小，盲目无序性大　多数地方仍以小农户生产为主，规模小、结构松散，盲目无序性乱生产。

3. 技术落后，产品质量低　菌种生产、基料处理、生产管理技术较原始落后，产品质量偏低，生产效益没有保障。

4. 加工创新能力低，产品精深加工少　食用菌精深加工总体水平还较低，在加工领域还存在一些问题和不足。首先是认识不足，仍以发展生产为主，缺乏加工政策和宣传引导，导致全国现有食用菌加工业产值与食用菌产值之比较低。二是初级加工产品比重过大，精深加工产品少，产品特色与优势不明显，且创新能力不足，产品单一，多以干制、罐头为主，缺乏具有市场竞争力的功能性食用菌复合产品。三是加工产品趋向同质化，加剧了产品市场竞争，发展缓慢。四是市场开发不足，产品宣传不够，影响了销售能力。

食用菌被誉为"健康食品"，是一个能有效转化农副产品的高效产业，近年来发展迅速，在一些农副产品资源丰富的地区，发展食用菌生产是实现农副产品加工增值的重要途径之一。食用菌生产的实质就是把人类不能直接利用的资源，通过栽培各种菇菌转化成为人类能直接利用的优质健康食品。我国作为一个农业大国和食用菌生产大国，如何做大做强食用菌产业？如何充分利用好丰富的工农业下脚料资源优势，把食用菌产业培养成一个既能为国创汇、又能真正帮助农民脱贫致富奔小康的产业？需要各级政府、主管部门和业界同仁的共同努力。食用菌产业作为农业

重要组成部分，具有良好的发展前景和市场潜力。随着社会的发展和科技的进步，必将赋予它更加丰富的内涵。食用菌产业同时又是一个产业链条联结比较紧密的产业，它和大农业、加工业、餐饮业等息息相关。要想做大做强食用菌产业，实现健康发展的目标，必须坚持作好以下各项工作。

1. 拉长食用菌产业链条，为生产提供技术支持　通过实施重大科技专项和食用菌三大生物工程（即食用菌的新、特、优良品种选育工程，食用菌产品精深加工工程和绿色有机健康生产工程），并紧紧围绕"优质食用菌生产与加工基地"建设，组织实施"食用菌精深加工技术研究与示范"等重大科技成果专项，通过研究示范提出食用菌优势产品区域布局规划，为优化调整食用菌区域布局提供科学依据，为加强大宗优良品种选育，为优化调整品种结构提供保障，推进优质食用菌品种区域化布局，做到规模化栽培、标准化生产和产业化经营，加快发展优质食用菌品种，提高产品的竞争力，加强精深加工技术研究，拉长产业链条；加强技术集成，在主产区推广一批优良品种和先进实用技术，全面提高重点基地县的生产技术水平；加快大宗品种生产优质化，特色品种生产多样化，促进菇农增收。

2. 加强科技成果的转化应用与推广，提高科技对食用菌产业的贡献率　各级政府、主管部门要管好用好食用菌科技成果转化专项资金，加强食用菌科技成果的熟化与转化，加大实用技术的组装集成与配套。强化一线科技力量，重点支持食用菌新产品、新技术、新工艺的应用与推广，促进科技成果转化为现实生产力。

加强食用菌科技研究院所试验基地、技术培训基地、科技园区、示范乡镇的建设工作，构筑高水平科技成果转化示范平台，使其成为连接科研生产与市场的纽带。大力推动形成多元化科研成果转化新机制，充分发挥农村科技中介服务组织在发展食用菌产业化经营中的积极作用，促进成果转化与推广应用。

3. 坚持"六个必须"，着力推进"四个转变"，狠抓"五个关键环节"

六个必须：食用菌产业的发展必须始终坚持把促进农民增收作为工作的出发点和落脚点；必须树立科学的发展观，坚持发展与保护并重，在强化保护的基础上加快发展；必须强化质量效益意识，坚持速度与质量效益的协调统一；必须坚持实施出口带动战略，拓宽食用菌产业的发展空间；必须加快科技进步，坚持技术推广和新技术的研发相结合；必须注重食用菌产业的法制化建设，坚持服务与监管相结合。

四个转变：转变发展理念，用工业化理念指导食用菌产业；转变增长方式，坚持数量与质量并重，更加注重提高质量和效益；转变生产方式、大力发展标准化生产、规模化经营；转变经营机制，走产业化经营之路。

五个关键环节：强化科学管理、严格生产工序、避免因病虫危害造成重大损失、保护菇农增收；继续推进战略性结构调整，提高产品质量和效益，促进农民增收；进一步加快食用菌产业化进程，培养壮大龙头企业，带动增收；积极实施出口带动战略，拓宽产品销售渠道、扩大菇农增收空间；加快科技进步，强化技术推广，提高菇农的增收本领。

4. 围绕一个中心突出一个重点，坚持一条路子，狠抓六项工作

具体就是以菇农增收为中心。菇农增收的稳定性，决定着食用菌产业的兴衰。加强行业管理和产品质量监控，进一步提高产品质量和效益，坚定不移地走标准化、规模化和产业化的发展路子，加快食用菌产业的生产方式、增长方式和经营方式的转变，力争实现由食用菌生产大国向强国的跨越。着力在四个方面实现新突破，取得新成效。强化管理、严格要求、避免毁灭性灾害和农残事件发生，确保食用菌产业健康发展和人民群众的身体健康；加快食用菌产品优势区域开发，形成我国具有较强竞争优势的产业新格局；加强支撑体系建设，增强食用菌的社会化服务

功能；强化科技推广，不断提高行业科技水平；强化市场体系建设、努力搞活食用菌产品流通。

五、解析食用菌产业转型升级的对策

（一）加大领导力度，制定食用菌产业规划

食用菌可作为粮食替代品，能够提高机体免疫能力，有益于人类健康。食用菌产业以龙头企业为牵引，拉动广大菇农致富，成为广大农村地区扶贫帮困的有效途径，它不与人争粮、不与粮争地、不与地争肥、不与农争时、不与其他行业争资源，在应对匮乏的耕地资源和水资源，增加农民收入、转移农村劳动力等方面具有越来越重要的作用，是现代有机农业、特色农业的典范。正是这些优势，政府部门一定要加强对食用菌产业发展的领导，把食用菌产业作为发展区域经济的一件大事来抓，健全食用菌管理和推广服务体系，提高食用菌产业的管理和服务能力。食用菌管理部门应当积极履职，做好产业发展区划和规划，深入调查研究，帮助菇农和企业解决具体问题，引导、促进食用菌产业健康快速发展。

（二）出台相关政策，推动食用菌产业升级

为做强食用菌产业，建议各级政府通过政策引导和财政支持，推动食用菌生产技术水平有一个质的提升；食用菌生产的用地、用电应纳入农业范畴，把食用菌的良种和机械列入良种、农机具补贴范围，享受用水、用电、用地、在物流环节的"绿色通道"等优惠政策；另外，在资金扶持方面，支持建设"都市型"食用菌高新技术产业群，支持食用菌专用品种选育、技术集成提升和智能控制系统升级，推动产业升级换挡。

（三）引导消费潮流，激活食用菌市场潜力

针对潜力巨大、远未开发的消费市场，引导人们食用更多的菇类产品至关重要，应加强食用菌宣传，包括反映菇类产品的低脂肪低糖、高维生素和含微量元素的特性及其保健功能（如提高

免疫力、抗肿瘤等）的科学数据、健康饮食、科学烹饪，让消费者认识食用菌的品质内涵，发掘消费潜力。利用电视、广播、报纸等现代传播媒介，定期播报相关主题的科教片，形成需求导向的全民拉动和保护的主导产业。

（四）转变发展方式，提升食用菌产业水平

加快食用菌由分散、小规模生产经营方式向工厂化、专业化、规模化、标准化发展方式转变。用工业的方式来发展食用菌产业，扶持食用菌企业、专业合作社完善基础设施，推广食用菌机械化、自动化、智能化装备在工厂化专业化生产中的应用。积极引导分散栽培经营的菇农创建食用菌专业合作社，推动食用菌专业化生产。强化标准菇棚建设，创建一批规模较大、自动化程度较高的标准化菇棚生产基地。大力发展效益型精致菇业，实现发展方式的四个转变："粗放型向精致型转变，数量型向质量型转变，脱贫型向致富型转变，原料型向高端产品型转变"，推动食用菌产业再上新水平。

目前，在平原粮食生产主产区，作物秸秆和其他生产副产物丰富，是发展食用菌的好原料，应重视食用菌的发展，在这些地方食用菌应成为实现生态农业的重要环节。本书只介绍草腐菌草菇的栽培技术。

六、草菇栽培实用技术

草菇属高温性高档食用菌。它原产于中国，大约在 200 年前，广东省韶关市郊南华寺的僧人，用稻草开始栽培草菇，故有"南华菇"之称；又因这种菇常进贡给皇帝，所以也称之为"贡菇"；随后草菇的栽培技术被华侨带到东南亚国家，又逐步传到其他国家，所以，国外常称草菇为中国蘑菇。新鲜草菇肉质细嫩，鲜美可口。如加工成草菇干，更具有浓郁的"兰花"香味，用来烧汤，其味更美。草菇除独特的风味外，其营养丰富，药用效果明显。

（一）草菇生长发育所需条件

1. 营养 草菇属于草腐菌。在草菇栽培中，富含纤维素和半纤维素的禾谷类秸秆及其他植物秸秆、棉籽壳、废棉等都可用来栽培草菇，它主要利用原料中的纤维素、半纤维素作为营养和能量来源，一般不能利用木质素。南方主要利用稻草栽培，北方多利用棉籽壳、废棉、麦秸等栽培。在草菇菌丝纯培养中，常加入葡萄糖、蔗糖、多糖等作为碳源，草菇的碳氮比约是（40～60）：1。培养料中氮源不足会影响草菇菌丝生长和产量。但稻草、麦秸中往往氮源不足，如果在培养料中添加一些含氮素较多的麸皮、鸡粪、牛粪以及尿素、氯化铵等，可促进菌丝生长，缩短出菇期，提高产菇量。添加牛马粪和人粪尿，既有利于原料发酵，又可补充部分氮素。当然在添加氮源时要适量，若浓度过高，因氨气产生多，往往会抑制菌丝生长或促使鬼伞类大量发生，甚至抑制子实体的发生。

在草菇营养中矿物盐类，如钾、镁、硫、磷、钙等也是不可缺少的。但在一般原料和水中都有，无需另外补充。草菇生长发育还需要多种维生素，但需要量很少，麸皮、米糠中含量也较丰富，在发酵过程中，某些死亡微生物中也含维生素，故不另补充。栽培实践表明，培养料中营养丰富，菌丝体生长旺盛，子实体则肥大、产量高、质最好、产菇期长；在贫乏的培养料上，则生长的菌丝稀疏无力，产量低，产菇期短。所以调制优质的培养料是至关重要的。

2. 温度 草菇原产于热带和亚热带地区，长期的自然选择和环境适应，使它具有独特的喜高温特性，故属高温型菇类。尽管北方地区进行了南菇北移，筛选出了较低温度出菇的草菇品种，但就真正适宜的温度范围而论，仍未失去高温特性。

草菇对温度的要求依不同生育期而有所不同，菌丝生长温度范围为20～40℃，适宜温度为32～35℃，低于15℃生长极缓慢，10℃则停止生长，处于休眠状态。低于5℃或高于40℃菌丝易死亡。所以草菇菌种不应放在一般的冰箱中保存，以免冻死。草菇子实体形成与生长适宜气温以 28～30℃ 为好，低于 24℃ 或高于 34℃ 均不能形成子实体，料内温度 32～38℃ 为宜，低于 28℃ 或高于 45℃ 子实体不能形成和生长。在适宜的范围内，菇蕾在偏高的温度中发育快，很易开伞，菇小而质次；在偏低的温度条件下菇大而质优，长势好，不易开伞。

　　草菇栽培一般在夏季。南方的夏季，昼夜温差很小，而且白天气温并不太高，而北方地区，昼夜温差大，白天温度往住高于南方。因此将栽培场地的温度调节到适宜范围内是至关重要的。剧烈的温差变化往往造成菇蕾萎缩烂掉。草菇栽培既要注意空气温度，又要注意控制料温。若夏季堆料偏厚或偏生，很容易由于微生物发酵而产生大量生物热，导致料温上升到 50℃ 以上，使刚刚完成的播种毁于一旦。

　　3. 湿度　水分是影响草菇生长发育的重要条件。一切营养物质只有溶于水中，才能被菌丝吸收。代谢废物也只有溶于水中，才能排出体外，而且细胞内的一切生化反应和酶解过程均在水的参与下进行。因此，培养料中含水量直接影响草菇的生长发育。菌丝生长期培养料含量以 60%～65% 为宜，子实体生长期培养料含水量以 70%～75% 为宜。空气相对湿度 85%～90%，适于菌丝和子实体生长。若空气湿度长期处于 95% 以上，菇体容易腐烂，小菇蕾萎缩死亡并引起杂菌和病虫害的发生。

　　4. 空气　草菇属好气性菌类。良好的空气环境是草菇正常发育的重要条件。氧气不足、二氧化碳积累过多，将抑制菌蕾发育，从而导致生长停止或死亡。当二氧化碳浓度超过 1% 时，草菇生长发育就产生抑制作用。因此，在草菇栽培期间需要进行通风换气，薄膜覆盖不要过严，注意定期进行通风，最好常设微量通风孔，以及时排除污浊空气，保持空气新鲜。同时培养料含水量不宜太高，草被不宜过厚，以免造成厌气状态。通风应与温度、湿度协调进行。通风量过大势必引起小菇枯萎。

5. 光线 草菇生长发育需要一定的散射光，适宜的光照度（500～1 000 勒克斯）可促进子实体的形成。直射阳光严重抑制草菇的生长。光线较强，草菇颜色深，而且发亮。光线不足，菇体发白，而且菇体松软，菌丝生长阶段不需要光线。露天栽培必须覆盖草被，搭棚须覆盖草帘之类，以防阳光直射。

6. 酸碱度（pH） 菌丝体在 pH 5～8 范围内能生长，最适pH 7.2～7.5，子实体生长的适宜 pH 6.8～7.5，在食用菌中，草菇属于喜偏碱性菇类。偏酸性的培养料对草菇菌丝和菇蕾生育均不利，高碱性对其生长也不利。生产栽培料的高碱度只是调制时的暂时现象、而菌丝实际吃料时 pH 仅有 6～8，处于一个由高到低的动态变化中，高碱度不利于防治杂菌。

（二）栽培时间的确定

草菇喜高温，又不喜大的温差，依据草菇的适宜温度要求，南方在 4～10 月、北方在 6～8 月可以进行栽培，当然采取较好的保温措施或专门的草菇房，也可适当提前和推迟乃至周年栽培。

（三）栽培方式

1. 专业菇房 专业草菇房适于周年生产，以广东、福建等地较多。菇房的位置宜坐北朝南东西向，以利于吸收阳光增温。一般菇房长 3 米、宽 2 米、高 2.5 米，不宜过大，否则难以升温保湿；每间菇房的面积以 6～10 平方米为宜，四壁用 1～2 厘米厚的泡沫塑料板嵌贴，房顶用 3 厘米厚的泡沫塑料板嵌贴，要求密封严实，板与板之间的接缝用塑料胶带封贴，然后再全面贴上1～2 层塑料薄膜。菇房两侧用铁条、木条或竹竿搭建床架 4～5层，中间留 50 厘米作人行道。房内安装 30～40 瓦日光灯一只，15～20 厘米排气扇一台，供室内光照和通风之用。

2. 空房改造 利用闲置空房、双孢菇菇房、厂房、仓库、棚舍等均可改造成草菇菇房。为了便于升温和保温，可用竹木条作支架将原房舍间隔成若干大小适宜的小型保温栽培室，一般以长 3 米、宽 2 米、高 2.5 米、6～10 平方米面积为宜。温室四周及顶部先盖两层塑料薄膜，膜外再裹以 20 厘米厚稻草作保温层，最后在稻草外再盖两层薄膜。在温室中心线开门，采用双层可移动式木门，中间夹心稻草屑保温，室内设有对流气窗和 2 只 60 瓦白炽灯泡为光源。室内用竹木搭建床架，宽 70～30 厘米，3～4 层，层距 50～60 厘米，床面用细竹做隔层。

3. 塑料大棚（含香菇塑料棚、平菇棚和蔬菜大棚）　栽培草菇较多采用，主要是投资少设备简单，利用合适的季节进行副业栽培，大棚内可设床架 2～3 层，层距 50 厘米，层宽 1 米，各列床架距离 80～100 厘米。也可选用阳畦式、畦床式、波浪式、料土相间式、袋式或脱袋栽培草菇。大棚内套小拱棚有利于保温保湿。

4. 地棚（或叫小环棚）　一般设畦宽 1 米，长 3～4 米，四周开宽 10 厘米的排水沟，两畦间距 60 厘米。畦上用竹片搭拱形棚，棚高 50～70 米，棚架上覆盖塑料薄膜，四周用土块将薄膜压住。在整个场地四周挖 30 厘米深的排水沟，地棚内的菇床可以做成阳畦式或者平台式，地棚可以设在林间，也可设在高秆作物地里。

（四）培养料的选择与配方

传统的草菇培养料是用稻草，后来发现废棉和棉籽壳、破籽棉栽培草菇最为成功。专业菇房多采用废棉、棉籽壳及其和稻草的混合物。现在经各地栽培实践，麦秸、甘蔗渣、玉米秆、玉米芯、废纸、剑麻渣等均可栽培草菇。食用菌栽培废料，仍含有丰富的营养，只要和其他原料合理配方，精心调制，也可获得较高的收成。现将一些培养料配方列述如下：

配方 1：棉籽壳 70%～80%，麦秸 20%～30%。另外加入麸皮 4%～6%，圈肥 10%，石灰 3%～5%。

配方 2：棉籽壳 100 千克，过磷酸钙 0.5 千克，尿素 0.1 千克，多菌灵 0.2 千克，敌敌畏 0.1 千克，料水比 1:（1.3～

1.5)。

配方 3：棉籽壳 83％，麸皮 10％，石灰 4％，石膏 1％，过磷酸钙 1％，磷酸二氢钾 0.5％，硫酸镁 0.4％，敌敌畏 0.1％，料水比 1∶（1.3～1.5）。

配方 4：稻草或麦草 60％，肥泥 30％，石灰 5％，麸皮 5％。

配方 5：麦秸 45％，棉籽壳 45％，麸皮 5％，石灰 5％。

配方 6：废棉 45％，麦草 35％，稻壳 10％，人尿 5％，石灰 5％。

配方 7：麦秸 100 千克，干牛粪 5 千克，棉籽壳 20 千克，草木灰 3 千克，明矾 0.5 千克，多菌灵 0.1 千克。

配方 8：麦秸（4 厘米小段）100 千克，麸皮 5 千克，尿素 0.5 千克，磷肥 1 千克，石膏 1 千克，多菌灵 0.2 千克，敌敌畏 0.1 千克。

配方 9：废棉 97％，石灰 3％。另加碳酸钙 0.3％。

配方 10：棉籽壳 100 千克，石灰 5 千克。

配方 11：麦秸 100％。另加干牛粪 5％，棉籽皮 20％，草木灰 3％，明矾 0.5％，麸皮 4％，复合肥 0.5％，石灰 3％。

配方 12：麦秸（稻草）95％，石灰 5％。另加麸皮 5％，尿素 0.3％，过磷酸钙 1％，多菌灵 0.1％～0.2％，敌敌畏 0.1％。

配方 13：棉籽壳 95％，石灰 5％。另加麸皮 5％，尿素 0.1％～0.2％，过磷酸钙 1％，多菌灵 0.1％～0.2％，敌敌畏 0.1％。

配方 14：玉米秸粉 45％，棉籽壳 45％，玉米面 4％，豆饼粉 3％，磷肥 3％。另加石灰 5％。

配方 15：稻草 100 千克，干牛粪 10 千克，麸皮 3 千克，玉米面 3 千克，过磷酸钙 3 千克，磷酸钙 1 千克，石灰 3～4 千克。

配方 16：平菇废料 70％，麦秸 30％。另加尿素 0.5％，多菌灵 0.1％，石灰 5％～8％，麸皮 5％。

配方 17：平菇废料 80％，棉籽皮 5％，麸皮 10％，麦秸

5%。另加多菌灵 0.1%，石灰 3%。

配方 18：平菇废料 100 千克，麸皮 10 千克，麦秸 10 千克，圈肥 10 千克，尿素 0.1 千克，石灰 6 千克。

配方 19：平菇废料另加生石灰 3%～5%，过磷酸钙 1%，麦麸 5%，石膏 1%～1.5%；发酵后采用地沟栽培，生物学效率稳定在 30%～35%。

配方 20：平菇废料添加鸡粪或圈肥 20%，多菌灵 0.2%，石灰 3.5%。

配方 21：金针菇废料压碎晒干，添加麦秸 5%～10%，磷肥 1% 和石灰 3%，加水拌匀后发酵 3～5 天，当料面见有白色放线菌菌丝，有香味，就可用于栽培。

（五）栽培料的处理方法

草菇栽培料的处理方法一般采用堆制发酵法。专业栽培者多采用巴氏灭菌法，以期达到消毒、灭菌、除虫和改善基质理化状态的目的。

1. 堆制发酵 所有原料使用前应阳光暴晒 3 天以上，麦秸和稻草应预先破碎、碱化浸泡 1 天，棉籽壳和废棉应先用 3% 石灰水浸泡 12～24 小时，并不时踩踏，使其吸足水分。牛粪和鸡粪应先预湿堆制腐熟，然后才能按上述不同配方进行均匀搅拌，并堆制成宽 1.5 米、堆高 1.2～1.5 米的长形料堆。料堆中央垂直预埋数根木棒，堆好后拔去便形成通气孔。最外层撒一层石灰粉后覆盖塑料薄膜。每天测温 2～3 次，当堆温升至 65℃ 并持续发酵 10 小时后，翻堆补充水分，复堆后料温又升至 65℃ 以上，再经过 10 小时进行二次翻堆。堆料期一般为 4～6 天，发酵好的麦草培养料呈金黄色，柔软，表面脱蜡，有弹性，有大量白色放线菌斑，pH 8～9，含水量 65%～70%。

2. 蒸汽灭菌法 一般按堆制发解法处理 3～5 天后，将发酵好的培养料趁热搬进菇房，按每平方米 10～15 千克干料的量铺于床面，另将覆盖料面的薄膜和营养土也搬入，密闭门窗，立即通入蒸汽进行灭菌。当温度上升至 65℃保持 8～12 小时，蒸汽可用常压小型锅炉或由几个汽油桶改造加工成的蒸汽发生器进行。

(六) 栽培料的筑床形式

栽培料的筑床形式不仅与原料性状有关，更主要的是为了增加出菇面积。

1. 龟背形 床架式栽培多采用此种，也是畦床式栽培常采用的菌床形式。一般按宽 1 米作畦，长度依场地而定；畦与畦间距 60 厘米，作为人行道又兼作浸水沟，若东西大道可设在中间（大棚）或一边（小棚），将调制好的培养料铺在畦床上 70～80 厘米，在料的两边各留宽 10～15 厘米，厚 5～10 厘米，用肥土筑成的地脚菇床。

2. 波浪形 一般在大棚内作成 1 米宽，畦与畦间距 60 厘米，作为走道和水沟，中间大道可设在中央或一侧，将料铺在畦床上，做成两个波峰，波峰间相距 25～30 厘米，峰高一般 15～20 厘米，波谷料厚 8～10 厘米，在畦的两侧各留宽 5～10 厘米、土厚 5 厘米左右的地脚菇床。也可以作成宽 40 厘米、间距 25 厘米的小畦床，每个小畦床上都将料铺成一个波峰形。大棚可设东西两条人行道，小棚可设一条东西人行道。不管大人行道，还是畦床之间的便道都应是沟状，以便灌水保湿，大人行道 70～80 厘米，便道（即两畦床之间距）为 25 厘米。

3. 料土相间式 在大棚内作成 1 米宽，畦距 60 厘米的床畦，将调制好的培养料铺在距两畦边各 10 厘米处的床架上，筑成宽 30 厘米、厚 15～20 厘米的料床，然后在两料床之间铺上一层宽 20 厘米、厚 5～10 厘米的肥土。料床距畦边的 10 厘米处也要筑成厚 5～10 厘米的地脚菇床。概括地说，在每个畦床内，有两条菌床三条地脚菇床。其好处是散热快，用料少，地脚菇多。

4. 阳畦式 在大棚内挖宽 80 厘米、深 10 厘米的坑，挖出的土向两边堆成高 10 厘米的土堆。进料前向坑四周撒石灰粉，再用敌敌畏 500 倍液喷坑四周杀虫。将调制好的培养料铺入坑内，筑成龟背形，上架小拱棚。采用先袋式发菌，然后再脱袋、覆土出菇的也应放在此阳畦内。

5. 袋栽式　采用袋栽，比较灵活，可以在平地上摆放成各种条块状，也可进行床架式栽培。塑料袋规格 25 厘米长、20 厘米宽或其他规格，将培养 3～4 天的草菇菌袋即可转入出菇。

（七）播种

1. 菌种质量　菌种质量好坏直接影响到草菇栽培的成败与产量高低。凡菌龄在 15～20 天，菌丝分布均匀，生长旺盛整齐，菌丝灰白色或黄白色，透明有光泽，有红褐色厚坦孢子，无其他杂菌、虫蟥者，就可以用于实际生产。影响草菇菌种质量的因素很多，但主要是培养条件和菌龄。一般在菌丝发满后 3～5 天，菌种的活性最强，以后则随着时间的延长，菌丝活性逐渐下降，产量也逐渐降低，所以培养好的栽培种，最好在一周内使用，若超过 20 天，产量明显下降。若超过一个月则不宜使用。草菇菌丝适高温，菌丝生长迅速，但也极易老化和自溶，所以制种和栽培时间协调好至关重要。

2. 播种　播种前，将菌种瓶（袋）打开，掏出菌种，放置于清洁的容器内，并用手撕碎成蚕豆大小的菌种块，切不可搓揉，以免损伤菌丝。另外还应注意，不同品种的草菇菌种不可混放在一个容器内，更不能混播在同一菌床上。

当料温降到 38℃时，立刻进行抢温接种，用穴播加撒播的方法播入菌种，也可采用表层混播的方法，尽量使料表面有较强的草菇菌丝优势，以利于防治杂菌的产生，并尽量做到均匀一致。菌种块不宜放在料深处，以免烧死。一般以似露料表面为好。如果采用层播，一般将菌种放在料周 10 厘米的播幅内和菌床表层，也要有意识地使料表处有较强的草菇菌丝优势，并用木板压平，使菌种和培养料结合紧密，以利定植。播种量以 10% 左右为宜。

（八）覆土、发菌及出菇管理与采收

1. 覆土 草菇覆土栽培是在原来栽培方法上新采用的覆土出菇方法，它类似于木腐菌覆土出菇的机理，但又有自己覆土选择的特点。一般可选用菜园土或大田壤土，但加入 20%～30% 的圈肥，用 pH 9 的石灰水调整湿度后再进行覆土可有利提高草菇产量。也有人采用腐熟牛粪粉作为覆土材料并取得了理想的产量。由此看来在不大于草菇营养碳氮比的情况下，任何单一或复合的，pH 8 左右，并进行过消毒、杀虫、除菌处理的覆土材料，均可用于草菇的覆土栽培。

覆土的时间：可在播种后立即进行，也可在播种后 2～3 天在菌丝恢复正常生长发育之后再进行覆土。覆土早利于防杂菌，覆土晚利于菌丝萌发和定植。但这并不绝对，因为它只是一个方面，如果培养料堆制不好，场地不卫生，即使再覆土也解决不了防杂。

覆土的厚度：一般以 0.5～1.0 厘米为宜。最厚不超过 2.0 厘米。覆土的厚薄以气温高低和覆土性质而定，一般气温低时可覆厚些，气温高时可薄一些；料中土量大的宜覆薄些，土量小的宜厚些。培养料营养差的宜覆营养土，培养料营养好的（如棉籽壳、废棉之类）宜覆火烧土或一般贫质壤土。

2. 发菌管理 草菇是速成型食用菌，从播种到出菇只有 7～10 天，从播种到采收也只有 12～15 天，草菇播种和覆土后，用木板压实压平，然后用地膜覆盖或用报纸加薄膜覆盖，保温保湿。接种后一般 3 天内不揭膜，以保温保湿，少通风为原则。但要每天检查温度，气温宜保持在 30～34℃，料温宜保持在 33～38℃，每天保持各个沟内有水，使空气相对湿度达到 75%～85%。如果料温超过 38℃，要及时喷水或通风降温。如果温度偏低，白天应掀起部分草帘增加棚温，下午 4～5 时将草帘放下，夜间还可加厚草帘，以利保温，每天大棚通风 2～3 次，每次 15～30 分钟。接种第 4 天后，用竹竿竹片将畦床上的薄膜架起，

以防料表面菌丝徒长，促菌丝伸进料内部。或者不架起地膜，每天多次掀动地膜透气也可。

　　接种后第 5～6 天，生长菌丝逐步转入生殖生长，应定时掀动地膜（增加通风换气），增加光刺激，诱导草菇原基形成，同时喷一次出菇水，喷水量每平方米 0.5～0.75 千克。这次喷水前要检查菌丝是否已吃透料，还要检查是否在料表已形成原基。如果已形成了原基千万不可再喷水。第 7～9 天，菌丝即会大量扭结，白点草籽状的草菇菇蕾便会在床面上陆续发生，这时将薄膜揭开或支撑架高，向地沟灌一次大水，但不要浸湿料块，每天向空中喷雾 2～3 次，料面上不得直接喷水，以空气保湿为主。此时棚内气温以 30～32℃ 为宜，料温以 33～35℃ 为宜，空气相对湿度宜达到 90% 左右。喷水后一定要通风，待不见水汽再关通风口，光照度 500～1 000 勒克斯为宜。

　　草菇的幼蕾期是个敏感时期，相对稳定的温度、空气湿度、通风换气和适度光线是菇蕾正常分化、生长的必要条件。如果不"相对稳定"，那就会导致幼蕾死亡和菇蕾萎缩，所以维持菌床和菇房内较稳定的温度，相对恒定的空气湿度以及新鲜的空气环境，是获得高产稳产的技术关键。另外，草菇对光也十分敏感，菇蕾形成及生长均要光线刺激。光线不足，菌丝扭结差，幼蕾分化少，菌蕾色泽浅（白色至淡褐色）会影响产量。光照适宜时，菇蕾分化多，颜色正常，菇长得结实。

　　当菇蕾长到纽扣至板栗大小时，需水量逐渐增加，再加上高温条件的料面水分大量蒸发，如不适当补水，子实体发育势必受到影响，故应及时补充水分，喷水量以每平方米 200 克左右为宜。喷头要朝上，雾点要细，以免冲伤幼菇。注意水温应与棚温一致，不可用低于气温的水，否则将伤害幼菇。

　　3. 采收　一般草籽大小的草菇菌蕾形成后，经 3～4 天后就发育成椭圆形的鸡蛋大小的草菇。此时菇体光滑饱满，包被未破裂，菌盖和菌柄未伸展，正是采收适期。如果购方需要脱皮草菇，应在包被将破未破或刚破时进行采收。草菇生长速度很快，到卵状阶段时往往一夜之间就会破膜开伞，所以草菇应早、中、晚各收一次。采收时一手按住草菇生长的部位，另一手将草菇旋扭，并轻轻摘下。切忌往上拔，以免牵动周围菌丝，影响以后出菇；如果是丛生菇，最好是等大部分都适合采收时再一齐采摘，以免因采收一个而伤及大量其他幼菇。

草菇的头潮菇，约占总产量的 60%～80%，常规栽培二潮菇后一般清床另栽下批，也可在头潮菇后及时采用二次播种法增加产量。否则二潮菇的产量远远少于第一潮菇。

4. 第一潮菇采收后管理 草菇的头潮菇采完后，应及时整理床面，追施一次营养水，普浇一次 1% 的石灰水，以便调节培养料的酸碱度及水分含量，适当通风后覆盖地膜，养菌 2～3 天，掀膜架起，又可陆续发生子实体。采取措施保证出第二潮菇是实现增产的关键。实践中第一潮菇采收后常发生杂菌及杂菇（鬼伞类），直接影响出第二潮菇。因此在第一潮菇采收后及时检查培养料湿度和 pH，根据培养料湿度及其酸碱度浇一次 pH 8～9 的石灰水，并结合喷施营养液，如喷 0.2%～0.3% 氮磷钾复合肥等，从而调节培养料的湿度使之达到 70% 左右，pH 8～9，以满足草菇菌丝恢复生长积累营养的要求，并可有效地防止杂菌的发生，然后按菌丝体阶段的要求进行管理。要注意保持适宜的料温，以利菌丝生长，经过 4～6 天后再次检查培养料的湿度与酸碱度，确定是否再浇石灰水。然后再按出菇条件管理，使其迅速出第二潮菇。

补充营养：采收第二潮菇后，如菌丝体健壮，可补充营养恢复生长促使菌丝体生长旺盛保持出菇能力继续出菇，从而增加产量。具体做法：一是喷浇煮菇水。在加工草菇时可产生大量的煮菇水，营养相当丰富，可将此水喷于料面，而达到补充营养之目的。但加食盐的煮菇水不能利用。二是可喷洒 1% 的蔗糖溶液或 1% 的蔗糖加 0.3% 的尿素再加 0.3% 钙镁磷肥。三是喷"菇壮素"亦可促进菌丝生长和增加产量。

（九）草菇产品的加工方法

草菇产品的加工直接影响草菇的产品质量及经济效益。加工应严格按商品加工标准进行，特别是外贸出口的菇品一定要按收购方的要求操作。下面介绍盐渍草菇及盐渍去皮草菇的加工方法：

1. 盐渍草菇　草菇采收时，最好用3个篮子将草菇分三个级别分别装。一个级别为直径2.5厘米以下的小草菇；一个级别为直径为2.5厘米以上的大草菇；再一个级别为不管大小开包而不开伞的草菇。草菇采收后一定要把基部的培养料及泥土用小刀去除掉。煮菇时一定要用铝锅，锅中水的量应为菇的5倍，在水中加7%的食盐效果更好。水开锅后将菇倒入锅内煮4～10分钟不等，因菇体大小、火力强弱不同，以煮熟为标准，煮熟的标准是菇体下沉，切开菇体内无白心。菇煮的时间不够，往往漂在上面，菇体内有大量气体，这种菇不易保存，而且很轻，从经济上讲也不合算。菇煮熟后应迅速冷却，彻底冷却后控去多余水分，然后一层盐一层菇用盐渍于大缸内，菇盐比例为2:1。菇在大缸内盐渍10天后可装入塑料桶内，每桶净重50千克。

2. 盐渍去皮草菇　根据出口去皮草菇的规格可将开包而不开伞的菇加工成去皮草菇。加工时可先将皮扒掉，再根据大小分为大、中、小三个规格，去皮时要注意保持菌柄和菌盖完整，菌柄和菌盖不能分离。采收过早的菇因包被内菇体太小而不能加工成去皮草菇。在以前，开包的菇常作为等外品而廉价卖掉，如今加工成去皮草菇后价格不比正品价低。

（十）草菇制种应注意的几个问题

草菇制种是保证栽培成功的关键因素之一。制种程序和其他菇类基本一样，但是草菇制种一方面在高温高湿季节，另一方面草菇菌丝生长快易衰老，因此草菇制种应注意。

1. 注意草菇制种的特点 草菇属高温型和恒温性结实，对温度尤其是低温敏感，温度低、温度多变、温差大均不利于菌丝生长。掌握 32～35℃培养菌丝最好。但温度过高，时间过长菌丝易衰老和自溶，故应掌握好培养条件和时间；适龄菌丝生长旺盛呈灰白色，无或有少量厚垣孢子。如果菌丝转为黄白色至透明，且菌丝显著减少，厚垣孢子大量形成，说明菌龄较长菌丝已老化。

2. 注意选择适销对路菌种 目前在北方推广的品种有 V_{34}、V_{23}、泰国 1 号等。V_{34} 较耐低温，V_{23} 属中温品种。

3. 注意安排好三级制种的日期 一般母种培养 5～7 天，原种和栽培种培养各 10～15 天。根据栽培时间和量确定制种时间和数量。要按生产计划进行生产，防止供不应求耽误时间或菌种积压造成菌种老化，出现杂菌污染。

4. 制作草菇原种配方 棉籽皮 87%，麸皮 5%，玉米面 5%，石灰 3%。培养料和含水量适当偏低，装料要偏松；要用罐头瓶为容器，培养室一定要通风降低湿度，光线宜弱不宜强。

5. 注意接种及存放时间 夏季制种，接种箱内温度较高，可在夜间或早上接种，菌种长满瓶后 2～4 天应进行栽培播种，不宜存放时间过长。

第四节 林果业生产转型升级

我国是一个经济林大国，经济林总面积达 5.55 亿亩，经济林树种十分丰富，仅木本粮食类经济林树种就有 100 多种，木本油料类经济林树种达 200 多种。我国核桃、油茶、板栗、枣、茶叶、苹果、柑橘、梨、桃等经济林树种的面积、产量均居世界第一。2016 年，全国各类经济林产品产量为 18 024 万吨，其中水果 15 208 万吨、干果 1 091 万吨、林产饮料产品 228 万吨、林产调料产品 73 万吨、森林食品 354 万吨、森林药材 280 万吨、木本油料 600 万吨、林产工业原料 187 万吨。经济林种植和采集产值 12 875 亿元，占林业第一产业产值的 60％。但在第二产业中，木本油料、果蔬、茶饮料等加工制造和森林药材加工制造方面的产值仅为 4 986 万元，占林业第二产业产值的 15.5％。前几年有关方面统计，全国经济林果品加工、储藏企业有 2.18 万家，其中大中型企业 1 922 家，年加工量 1 577 万吨，储藏保鲜量 1 215 万吨。预计到 2020 年，我国经济林种植面积将达到 61 500 万亩，产品年产量达到 2 亿吨，总产值将超过 1.6 万亿元。全国从事经济林种植的农业人口约为 1.8 亿人。

林果业具有多种功能，能够满足社会的多种需求，为社会创造多种福祉，加快发展现代林业，特别是适度发展林果业，是坚持以生态建设为主的林业发展战略的必然要求，也是推进生态农业建设的重要内容。

一、发展生态林果业的作用

我国山地面积占国土面积的 69％，山区县占全国总县数的 66％，还有分别占国土面积 18.1％和 4％的沙地和湿地。山区、沙区、林区和湿地区域生活着 59.5％的农村人口，是林业建设的主战场。另外，在广大的平原农业区因地制宜发展林果业也是生态农业建设的重要内容。发展生态林果业，对于改善农业生产条件、有效增加农民收入、促进农村经济社会发展、推进社会主义新农村建设，具有独特而重要的作用。

1. 发展林果业是加快生态农业生产发展的重要内容　森林具有调节气候、涵养水源、保持水土、防风固沙等功能。据实地观测，农田防护林能使粮食平均增产 15％～20％，发展生态林业有利于保障农业稳产高产，有利于增加木本粮油、果品、菌类、山野菜等各种能够替代粮食的森林食品供给，减轻基本农产品的生产压力，维护粮食安全。并且林果种类繁多，营养丰富，有较多营养食品，是丰富人们生活的重要食品。

2. 发展生态林业是实现农民生活宽裕的有效途径　发挥林果业的生态、经济和社会等多种功能，特别是大力培育和发展多种林果业产业，是促进农民增收的重要途径之一。特别是以森林或果园旅游为依托，发展"农家乐"等生态休闲农业，也是一条增收途径。在一些地方绿水青山已成为实现农村致富的金山银山。

3. 发展生态林果业是促进乡村文明、实现村容整洁的重要措施　绿化宜林荒山、构筑农田林网、开发农林果间作、增加村庄的林草覆盖、发展庭院林果业，可以实现农民生活环境与自然环境的和谐优美；倡导森林文化、弘扬生态文明，可以帮助农民形成良好的生态道德意识，实现乡村文明、村容整洁；发展高效林果业产业，可以为乡村文明、村容整洁提供物质保障。许多地方通过发展生态林果业，不仅实现了绿化美化，而且大幅度提高了农民收入和村集体收入，改善了干群关系、村民关系，从而极大地促进了农村社会的和谐稳定。

二、发展生态林果业的潜力

我国林业建设成效显著，林业产业总产值每年以两位数的速度递增，为促进农民增收和农村经济社会发展发挥了重要作用。但是，林业的多种功能还远未开发利用起来，林业的多种效益也远未充分发挥出来，还有巨大的潜力可挖。

1. 林地资源的潜力　我国林业用地是耕地的两倍多，但利用率仅为 59.77%。林地生产力也还很低，每亩森林的蓄积量为世界平均水平的 84.86%；人工林每亩的蓄积量仅为世界平均水平的 1/2。同时，还有 8 亿亩可治理的沙地和近 6 亿亩湿地。三者合计相当于我国耕地总面积的 3 倍多。在我国耕地资源有限的情况下，这些资源显得尤为珍贵，开发利用的前景十分广阔。

2. 物种资源的潜力 我国有木本植物 8 000 多种、陆生野生动物 2 400 多种、野生植物 30 000 多种，还有 1 000 多个经济价值较高的树种。一些物种一旦得到开发，便会显现出惊人的效益。我国花卉资源已开发形成了一个十分重要的朝阳产业，年产值达 430 亿元；竹产业年产值达 450 亿元；野生动植物年经营总产值已超过 1 000 亿元。特别是黄连木、绿玉树、麻疯树等种子含油率都在 50％左右，开发生物质能源潜力巨大。

3. 市场需求的潜力 从国内市场看，社会对木材、水果等林果产品的需求量呈逐年上升趋势，供给缺口也越来越大。仅木材一项，我国每年的供给缺口就达 1 亿立方米以上。从国际市场看，木材等林产品已经成为世界性的紧缺商品。国内国外两个巨大的林果产品需求市场，为我国林果业发展提供了广阔的市场空间。

4. 解决劳动力就业的潜力 林果业是一个与农民关联程度高、需要大量劳动力且技术含量较低的行业，是最适合我国农村发展的产业。我国农村大约有 1.2 亿剩余劳动力和 1/2 的剩余劳动时间。这些劳动力具有从事林果业生产的许多便利条件。

如果把我国的林地资源潜力、物种资源潜力、林果产品市场需求潜力和劳动力资源潜力紧密结合并充分发掘利用起来，不仅可以有效改善我国的生态状况，还可以创造巨大的财富，有效解决亿万农民的收入问题，为推进新农村建设和整个经济社会发展作出重要贡献。

三、当前林果业发展存在的问题

改革开放以来，我国经济林产业得到长足发展，深刻影响到人们的生产和生活。这些年来经济林产业发展的形势是，国家层面越来越重视，产业规模越来越壮大，科技作用越来越明显，市场需求越来越旺盛。但我们也要清醒地看到，快速发展中的经济林产业，存在着严重短板。经济林产品加工业大大落后于经济林种植业的发展，整个经济林产业还处在低端水平。目前，经济林产品加工业的总体状况是：

资源初级产品阶段、综合利用程度低、高附加值产品少。具体来讲，就是普遍存在技术落后，初级加工多，产品规模小，品种种类少，综合利用差；技术装备水平低，加工机械性能不高，科技投入不足，成果转化机制不顺；加工企业生产规模小，小企业居多，具有国际竞争力的大型名牌企业极少，加工产业化体系尚未形成，地区间发展不平衡。这些问题，极大阻碍了经济林产业快速高效发展。随着社会经济的发展和人民生活水平的提高，人们对经济林产品的消费需求不断变化，对产品的优质化和品种的多样化提出了更高要求，形成了经济林产品加工能力低下与人们丰富的消费需求的矛盾日益突出，解决矛盾和问题的关键就是要加快经济林加工能力的建设，加快技术水平的进步。

四、林果业转型升级的主要任务以及要处理好的几个重要关系

为了充分挖掘林果业的巨大潜力，发挥林果业在社会主义新农村建设中的独特作用，加速推进传统林果业向生态林业的转变，着力构建林果业生态体系和林果业产业体系，不断开发林果业的多种功能，满足社会的多样化需求，实现林果业转型升级又快又好发展。必须处理好以下几个重要关系。

1. 处理好兴林与富民的关系 兴林与富民是互相促进的辩证关系。只有把富民作为林业建设的目的，才能充分调动人民群众兴林的积极性；只有人民群众生活富裕了，才能为林果业发展提供物质保障和精神动力。要树立兴林为了富民、富民才能兴林的理念，并将其作为发展生态林果业的总目标和工作的根本宗旨，始终不渝地予以坚持。

2. 处理好改革与稳定的关系　改革是发展现代林果业必须迈过的一道坎。只有深化改革，才能消除林果业发展的体制机制性障碍，增强林果业发展的活力，挖掘林果业发展的潜力，发挥林果业应有的效益，从而使农村和林区群众安居乐业；只有确保农村和林区的稳定，才能进一步凝聚人心、聚集力量，为改革创造一个良好的环境，实现改革的预期目的。

3. 处理好生态与产业的关系　建立比较完备的林果业生态体系和比较发达的林果业产业体系，是生态林果业的两大任务。林果业发展的内在规律决定了：只有建立比较完备的林果业生态体系，满足了社会的生态公益和精神文化以及生活需求，才能腾出更多的空间和更大的余地，发展林果业产业；只有建立起比较发达的林果业产业体系，满足社会对林果产品的需求，才能更好地支持、保障林果业生态体系的发展。要树立生态与产业协同发展的理念，坚持林果业生态和产业两个体系建设一起抓，形成以生态促进产业，以产业扩大就业，以就业带动农民增收，以农民增收拉动林果业发展的良性循环，实现生态建设与产业发展双赢。

4. 处理好资源保护与利用的关系　发挥林果业的多种功能，首先必须保护好森林资源，同时要进行科学合理的开发利用。保护是为了利用，利用是为了更好地保护。要坚持"严格保护、积极发展、科学经营、持续利用"的原则，在严格保护的前提下，科学合理地开发利用森林资源。

5. 处理好速度和效益的关系　要努力转变林果业增长方式，牢固树立质量第一、效益第一的观念，始终把工作的着眼点放到质量、效益上，既追求较快的发展速度，又要保证较高的发展质量和效益。在确保扩大造林总量的基础上，强化科学管理，实行集约经营，保证建设效益。

五、林果业转型升级的主要措施

如何加快林果业转型升级，做强做大，努力推进新农村建设，应结合当前实际，着重采取以下几项措施。

1. 全面推进集体林权制度改革　结合各地实际，应尽快在全国农村推进以"明晰产权、放活经营、减轻税费、规范流转、综合配套"为主要内容的集体林权制度改革，逐步建立起"产权归属清晰、经营主体落实、责任划分明确、利益保障严格、流转顺畅规范、监督服务到位"的现代林业产权制度，真正使广大林农务林有山、有责、有利。

2. 加强林果业科技创新和推广　尽快建立对农村林果业发展具有强大支撑作用的林果业科技创新体系。要加大科技培训和推广力度，以林业站和林果业科研院所为主体，以远程林农教育培训网络为辅助，开展科技下乡等多形式的技术培训。发挥林果业科技带头人和科技示范户的作用，促进科研院所的科技成果进村入户，切实提高林、果农的生产经营水平和效益。

3. 继续推进林果业重点工程建设　在稳定投资的基础上，通过充实和完善，使之与新农村建设更加紧密地结合起来。要完善退耕还林工程的有关后续产业政策，巩固退耕还林成果，确保退耕农户继续得到实惠；努力将风沙源治理工程扩展到土地沙化和石漠化严重的其他省区，并大力发展沙区林果产业，使更多的农村群众从工程中受益；尽快启动沿海防护林体系建设工程和湿地保护工程，充分发挥其防灾减灾、涵养水源、改善农业生产条件的功能；保证重点生态工程和其他林业工程在保障国土安全的同时，成为农村群众创造物质财富的重要载体。

4. 大力发展林果业产业，充分发挥林果业在促进农民增收中的直接带动作用　要加快制定《林业产业发展政策要点》，重点支持发展有农村特色、有市场潜力、农民参与度高、农村受益面大的林果业产业。在重点集体林区要把乡镇企业等农村中小企业作为发展农村林果业产业的主要载体，培养"一县一主导产业、一乡一龙头企业"，走龙头企业带基地带农户之路，增强林业产业对农村劳动力就业的拉动效应。要在农村培育一批新兴林业产业，开展"一村一品"活动，增强农村集体的经济实力。

5. 加强村屯绿化和四旁植树　把村屯绿化和四旁植树纳入社会主义新农村建设总体规划加以推进和实施。积极鼓励和引导各地结合村庄整治规划，以公共设施周边绿化和农家庭院绿化为重点，实现学校、医院、文化站等公共设施周边园林化，农家庭院绿化特色化、效益化，公路林荫化，河渠风景化，最终形成家居环境、村庄环境、自然环境相协调的农村人居环境。

6. 着力解决"三林"问题　要把以林业、林区、林农为主要内容的"三林"问题，作为建设社会主义新农村的重要内容来抓。特别是要加强林区道路、电力、通讯、沼气等基础设施建设，解决林区教育、卫生、饮用水等群众最关心、最直接的问题。要加快林区经济结构调整，鼓励发展非公有制经济，大力发展林下种植养殖、绿色食品等特色产业，扶持龙头企业和品牌产品，促进林农和林区职工群众增收。

7. 坚持农、林、牧结合，推进种植业结构调整向纵深发展　在新一轮种植业结构调整中，不能就种植业调整种植业，而要坚持农林结合、农牧并举，大力实施林粮、林经套种，大力发展林果业，推进种植业结构调整向纵深发展。主要做到"三个结合"，一是组织推动与利益驱动相结合。二是典型引导与群众自愿相结合。三是造林绿化与结构调整相结合。把植树造林作为种植业结构调整的重头戏，调动了农民的植树造林、发展林果业的积极性，既能改善生态条件，又拓宽种植业结构调整的空间，增加农民收入。

六、发展绿色优质果品生产的几项技术措施

1. 采用优良品种和先进技术，发展绿色优质果品　果品市场的竞争，最重要的是品质竞争，生产绿色优质果品的基本要素是品种和栽培技术，有了优良品种还必须有配套的、科学的、先

进的栽培技术。

2. 种植树种多样化，满足市场多样化需求 随着人民生活水平的提高。对果品需求趋向多样化，加上国外洋水果的大量涌入，近年来大宗水果的发展滞缓，而葡萄、桃、杏、李、猕猴桃等果品都有着良好的发展，过去不为人们注意的小杂果也逐渐被人们重视，如石榴、扁桃、樱桃、无花果、木瓜、巴旦杏、枇杷、蓝莓等。我国果树种植资源十分丰富，据统计多达 300 多种，能够开展利用的潜力巨大，一些优良的地方品种即使在国际上也具有较高的竞争力，今后在生产上应引起重视。

3. 充分发挥地方品种资源优势，科学规划，适地适树 发展果树生产要组织规模化生产，形成产业，逐步推向国际市场。发挥资源优势包括两个方面的内容：一是当地的条件最适宜发展什么树种品种，也就是发展的最佳适宜区。如果其生产出的果品是最优的，成本也低，在市场上竞争力就强。这也就是我们所说的因地制宜，适地适树。二是当地虽然不是最佳适宜区，特别是一些不耐储运的果品，如桃、葡萄、李、杏、樱桃等，但在当地栽种或能满足本地市场需求，或者成熟期比最佳适宜区提前或错后，在市场上也有竞争力。同时，有条件的地方亦可考虑发展设施果树栽培，目的是使果品提前或延迟成熟，获得高效。因此，各地在发展果树生产时，应根据本地的气候特点选择种植品种，在保证果实质量的同时，要优先选择那些反季节成熟的品种作为种植对象，早、中、迟品种合理搭配，以延长鲜果期。

4. 加强流通领域建设，促进水果销售渠道的畅通 当各种优质水果种植面积达到产业化规模后，由于市场利益的驱动，营销队伍将会逐步形成。营销队伍的成功与否，很大程度上决定着果品的生产效益，政府部门应因势利导，给予资金及税收政策的扶持，以促进水果销售渠道的顺畅。同时，应鼓励和扶持那些有实力的公司广开销售渠道，将那些有地方特色的优质水果逐步推向国际市场。此外，水果储藏保鲜技术及深加工技术的不断完善，也将对水果生产起到积极作用。

5. 发展储藏加工业，提高附加值和综合利用能力　经济林产品加工是经济林产业发展壮大的关键环节和希望所在。当林果业发展到一定程度，鲜果市场达到一定的饱和度之后，就应考虑其加工问题。加工一方面可解决大量储存的鲜果，另一方面，通过加工可以达到增值的目的，同时加工也带动了加工品种的种植和繁荣。原来很多看似过剩或者低价值的东西，经过加工可大幅度提高价值。在果品的集中产地，有条件的应发展果品储藏，缓解集中上市的压力，有利于调节市场供应和增值。果品加工有利于果品的综合利用。加工业必须建立基地，与农户合作，发展加工专用品种，形成有特色的名牌产品，才能有生命力和竞争力。经济林产品加工是经济林产业发展壮大的关键环节和希望所在。

加工利用兴，则经济林产业兴；加工利用强，则经济林产业强。加工，简单地说，就是通过各种加工工艺处理，使经济林产品达到较久保存、不易变坏、随时取用的目的。在加工处理中最大限度地保存其营养成分，改进食用价值，使加工品的色、香、味俱佳，组织形态更趋完美，进一步提高产品加工制品的商品化水平。但是，这种认识只是一般意义上的经济林产品加工，是传统的、低层次的认识。从更高层次理解加工内涵，其意义是深远的。加工，就是要促使原材料吃干榨净，生产出一系列产品，包括高科技产品，实现产品原材料的全部利用和综合利用，满足人民群众日益增长的物质文化需求。有的专家把某一产品加工分了几个层次：一是加工，即传统市场加工农产品；二是粗加工，即粗提取物、混合物；三是初加工，即各种提取物（成分混合）；四是深加工，即有功能产品；五是精加工，即单一、重要但含量少的成分与产品；六是精深加工，即重要功能、可富集含量产品；七是二次及全成分高值化利用，即多目标、多产品、高值化。第七个层次正是我们追求的加工目标。我国丰富的经济林资源为产品加工业的发展提供了充足的原料。积极发展经济林产品加工业，不仅能够大幅度地提高产后附加值，形成高效林业产业，增强出口创汇能力，还能够带动相关产业的快速发展，大量吸纳农村剩余劳动力，增加就业机会，促进地方经济发展。对实现林业增效，产业增强，农民增收，促进农村经济与社会的可持续发展，丰富城乡居民物质生活，提高人民身体健康水平，都具有十分重要的战略意义。

七、设施果树栽培

设施果树栽培技术在农业生产过程中可以说是集约化的一种栽培方式，此种技术的有效应用，可以促进林果业的种植向着现代化方向迈进。林果业一定要将市场作为导向进一步发展，从而更大程度地提高农民收入。但是，林果业种植中设施果树栽培新技术还存在一些问题，要针对其存在问题认真研究加以解决。

（一）设施果树栽培优点

1. 利用设施栽培果树，可克服自然条件对果树生产的不利影响 果树自然栽培时，易受多种自然灾害危害，生产风险较大，采用设施保护栽培时，可有效地提高果树生产抵抗低温、霜冻、低温冻害、干旱、干热风、冰雹等自然危害，特别是可有效地克服花期霜冻的发生，促进果树稳产。近年来，霜冻在我国北方发生频繁，常导致果树减产或绝收，利用设施栽培果树，由于环境可人为调控，可有效地避免霜冻危害，降低生产风险。

2. 利用设施栽培，可拓展果树的种植范围 每种果树都只能在一定的条件下生长，自然条件下，越界种植，由于环境不适，多不能安全越冬或不能满足其生长结果的条件，不能实现有效生产，采用设施栽培的条件下，可将热带或亚热带的一些珍稀果树在温带种植，为温带果品市场提供珍稀的果品，丰富北方的种植品种。像南方果树莲雾等在我国北方已在设施条件下种植成功。

3. 可促进果实早熟或延迟采收，有利延长产品的供应期，提高生产效益 利用设施种植果树中的早熟品种，通过适期扣棚，可进行促成栽培，促进产品比露地提前成熟 20～30 天，可大幅度提高产品的售价，提升生产效益；利用设施种植葡萄中的红地球、黑瑞尔，红枣中的苹果枣、冬枣等晚熟品种，可延长果实的采收期，促进果实完全成熟，增加果实中的含糖量，提高果实品质，实现挂树保鲜，错季销售，提高售价，产品可延迟到元旦前后上市，果品售价可提高 4～5 倍，增效明显。

4. 果树实行设施栽培，有利减轻裂果、鸟害等危害，提高果实品质 核果类果树中的甜樱桃、油桃及红枣、葡萄中的有些品种，在露地栽培时，成熟期遇雨，裂果现象严重，会导致果实品质降低，严重影响生产效益的提高，采用设施栽培条件下，特别是配套滴灌设施后，水分的供给调控能力提高，可有效地降低裂果现象的发生，提高果实品质。

5. 有利提高土地的经营效益 设施栽培由于规模较小，产品供不应求，生产效益好，一般设施果树的种植效益通常是露地种植效益的 10～20 倍，发展设施果树，可提高土地的经营效益。

6. 发展设施果树，有利带动旅游业的发展 设施栽培由于栽培季节的提前，栽培果树的特异，可为旅游业提供景点，助力旅游业发展，通过设施果树生长期开放，可为游客提供游览观光、普及农业知识、果实采摘等系列化服务，促进旅游业的发展。

（二）设施果树栽培新技术具体应用

1. 设施果树品种选择技术 设施果树品种选择最为关键，它直接关系着设施果树栽培的成败，品种选择在设施果树栽培中特别重要，在品种选择上要坚持以下原则：①若促成栽培，应选择中熟、早熟以及极早熟的品种，以便能够提早上市；若延迟栽培，则应选择晚熟品种或容易多次结果的品种。②应选择自然休眠期短、需冷量较低、比较容易人工打破休眠的品种，以便可以进行早期或超早期保护生产。③选花芽形成快、促花容易、自花结实率高、易丰产的品种。④以鲜食为主，选个大、色艳、酸甜适口、商品性强、品质优的品种。⑤选适应性强，主要是对外界环境条件适应范围应比较广泛、能够耐得住弱光且抗病性强的品种。⑥选树体紧凑矮化、易开花、结果早的品种。除以上六个原则外，品种选择还必须以市场需求作为参考标准。

2. 设施果树的低温需冷量和破眠技术 对种植的果树进行人工破眠，就是对人工低温预冷方法进行应用，植物自然休眠需要在一定的低温条件下经过一段时间才能通过。果树自然休眠最有效的温度是 0～7.2℃，在该温度值下低温积累时数，称之为低温需冷量。品种的低温需冷量是决定扣棚时间的基本依据，是设施果树栽培中非常重要的条件，只有低温需冷量达到了一定标准，果树才能通过自然休眠，在设施栽培条件下果树才能正常生长。通常此种处理应该保持一个月的时间，以确保设施果树所需的预冷量可以提前得到满足。

3. 果树设施环境调控技术

（1）温度调控。应根据树种、品种及果树的发育物候期的温度要求，对棚内温度进行适当调控，以适应果树的健康成长。对于温度调控来讲，扣棚后棚内升温不能过急，必须要缓慢进行，使树体能够逐步适应；一般在扣棚前的 10～15 天覆盖地膜，增加地温，确保果树根部获得充足的温度，同时做好水分供给。在夜间，温度可适当保持在 7～12℃，以防止棚温逆转，导致花期和幼果冻伤。在花期，白天温度应低于 25℃，夜间要高于 5℃。

（2）湿度调控。在调整温度时，主要采用揭帘方式或是通风控制方式。在果树不同生长发育阶段，其所需温度也存在极大的差异，应根据需要合理进行调控。设施果树栽培湿度调控方式比较单一，主要是以空气湿度调节为主，在调节过程中，可按照湿度要求的高低，选择与之相对应的调节方式。例如：可以通过放风的方式，快速降低棚室内的空气湿度，同时调节降低温度。对于土壤湿度调节，基本以浇水次数或是浇水量进行控制。

（3）光的调控。根据棚内光照强弱度、时间段以及果树质量的情况来看，光照调控主要方式有两种：①覆盖材料必须具备极好的透光率，同时可以铺设反射光膜；②棚室结构的构建必须科学合理。

（4）设施果树的控长技术。

一是调节根系。限根的主要目的就是对垂直根数量以及水平根数量进行控制，以便能够促进根系水平生长，使吸收根可以快速成长。常用的限根方法有以下几种：①可以浅栽果树；②可以进行起垄处理，这两种方法可以对根系做到比较好的限制，使根系难以进行垂直生长，却可以加快吸收根的生长，同时也可以使果树矮化生长，更容易开花和结果；③可以利用容器进行限根处理，这种方法主要是通过对某种容器的利用，将果树种植在容器当中，最后在建棚之后再进行设施栽培。陶盆类型、袋式类型和箱式类型都是设施果树栽培常见的容器类型。

二是生长调节剂的应用。揭棚后，为使果树快速发芽生长，并对果枝的生长进行抑制，需要在果树上喷洒一些生长调节剂。在具体应用时，一般在果树树冠之上连续喷洒15%的多效唑溶液2～3次，还可以在树梢上用50倍的多效唑溶液涂抹。

（5）提高设施果树坐果率技术。

一是选择最为合适的时间扣棚。在设施果树栽培过程中，一定要注意扣棚时间必须适宜，必须要确保满足果树的最低需冷量。

二是人工授粉技术。相应地设置授粉果树也是设施果树栽培过程中需要注意的细节问题，常用的方法有利用鸡毛掸子在开花阶段实施滚动授粉或人工进行点粉，在种植林果业基地，可以建立储备花粉制度，把采集到的所有花粉放在－20℃的低温环境中储存，当棚内所有果树都开花的时候，开始实施人工授粉。

总之，合理利用温室及塑料大棚是设施栽培果树的重点，在果树生长时节和环境不太适宜时，要注意通过人工调节，合理提供果树生长所需要的各方面因素条件，以便能够促使果树正常发育和生长。现在，我国大部分地区都引进和应用了设施栽培果树技术，反季节水果的产量也在不断提高，越来越能够满足大众市场的需求，同时，还增加了社会经济效益。林果业种植中设施果树栽培新技术获得了突飞猛进的发展，但就目前来看，我国设施果树栽培技术还有待提高，因此必须合理科学借鉴和总结先进的栽培技术，并与时俱进，不断创新发展，形成自己特有的设施果树栽培技术，从而进一步促进林果业的长远转型升级。

（三）日光节能温室桃树促早栽培技术要点

一般中原地区露地桃栽培，果实成熟期集中在 7～10 月，进行了日光温室桃树栽培，翌年 4 月下旬至 5 月中旬上市，成熟期提前两个月左右，可填补水果供应淡季，生产经济效益较高。

1. 品种选择与栽植 日光温室桃树促早栽培应选择需冷量少、果实发育期短、耐弱光和高湿、耐剪性强、综合性状好的优良品种。油桃作为桃的一个变种，适宜于日光温室栽培，因其果实表面光滑无毛、外观艳丽，而且便于采食和食用，深受消费者欢迎。

目前生产上多采用 1 米×1 米、1.25 米×1 米的密植栽培形式，前期枝量大覆盖率高，第三年郁闭后，隔株隔行去除。

2. 温室管理

（1）扣膜时间。扣膜时间因地区、品种而异，应在通过休眠期后进行扣膜增温。华北地区一般在 12 月下旬至翌年 1 月上旬，扣膜后用压线固定好，温室顶端设置草帘。温室内温度保持在18～25℃，最低不能低于5℃。当外界气温达到20℃时即可撤膜。

（2）温度管理。每天早晨将草帘卷起，下午将草帘放下。白天当室内气温超过25℃时开始放风，放风时间长短可根据室内气温而定，一般为0.5～2小时。在1～2月如遇寒流可加盖双层草帘以稳定室内温度。

（3）树体管理。采用二主枝开心形整形技术，干高为30厘米左右，主枝角度为60°～70°，树高控制在1.5～2.0米，每个主枝留2～3个大枝组，枝组的分布应为上小下大、里大外小的锥形结构。修剪时，长结果枝截留5～7芽，中结果枝截留4～6个芽，短结果枝截留2～3芽，花束状果枝也可利用来结果。由于温室桃树受外界气候影响小，一般可以采用"以花定果"技术。长果枝留5～6朵花，中果枝留3～4朵花，短果枝留2朵花。由于温室内温度高，湿度大，新梢生长快，当新梢长至10厘米时要及时抹芽，双芽枝、三芽枝全留成单芽枝，新梢相距10～20厘米。当新梢长到30厘米时对直立的新梢进行扭梢。方法是：在新梢基部8～10厘米处半木质化的部位用两指捏紧顺时针旋转180°，直立向下超过90°即可。

（4）土壤管理。10月上中旬落叶后施入基肥，最好是优质有机肥或炕土肥，每株20千克，并结合灌越冬水。追肥一般进行两次，开花期追施尿素每株0.5～1.0千克，果实硬核期每株施入磷酸二铵0.2～0.5千克。

（5）病虫防治。温室桃的病虫害防治分两个阶段，扣膜初期由于室内湿度大，温度高往往病害发生严重，一般在萌芽前喷一次3～5波美度石硫合剂，展叶后每隔10～15天喷一次铜锌石灰200倍液或代森锌600～800倍液，重点防治桃的细菌性穿孔病。由于土壤湿度大，根部也易发生病害，可用甲基硫菌灵600～800倍液灌根，防治根癌和根腐病。在5月撤膜后正值桃蚜发生期，要及时防治。在 7～8 月雨季喷代森锌 600 倍液防治细菌性穿孔病。

（四）温室桃和葡萄间作草莓的栽培技术要点

1. 栽培模式 温室内进行桃、葡萄与草莓间作，在距温室前缘 75 厘米处，东西向栽一行葡萄苗，株距 60 厘米，葡萄在开花前将枝蔓引缚到室外小棚架上，占露地 300 平方米左右。在冬季覆盖草苫，3 月中旬前一直处于休眠状态；3 月中旬除去防寒物，已萌动，4 月中旬展叶，5 月上旬花序分离，将枝蔓引缚到室外小棚架上；5 月中旬盛花，7 月上旬果实成熟，比露地同品种早熟约 40 天。草莓在圃地育苗，一年一栽。每年 8 月下旬定植，东西向大垄，垄距 100 厘米，南北两边垄距温室前后边缘各 200 厘米，每垄栽两行（相距 20 厘米），株距 16 厘米，10 月中旬现蕾，11 月中旬初花，12 月下旬果实开始成熟，至翌年 5 月采果结束。随即拔秧，于秋季栽第二茬。桃每年 1 月上旬，将栽于编织袋内已通过休眠期萌芽的早熟桃苗（包括适量的授粉品种）移栽到草莓垄间，行距 100 厘米，株距 100 厘米，南北两边行距温室边缘 150 厘米，于 1 月上旬萌芽，1 月下旬初花，2 月上旬盛花，4 月下旬果实成熟，果实成熟后移出温室外管理；10 月落叶休眠。面积一亩的温室可栽葡萄 170 株左右，草莓 8 000 株左右，桃 500 株左右。

该模式每年可产桃 1 000～2 000 千克，产草莓 1 500～2 000 千克，产葡萄 1 000～1 500 千克。

2. 主要栽培技术要点

（1）温室的温、湿度管理。草莓结束休眠期后给温室扣膜，使温室内的气温在白天保持 20～25℃，夜间不低于 5℃。夜间温度低时盖草苫保温，当夜间最低温度低于 5℃时生火升温。室内湿度大或温度高时在上午 11 时至下午 3 时适当通风换气。夏季除去薄膜。

（2）草莓栽培管理。草莓定植前按预定的行距挖深宽各 70

厘米的栽植沟，亩施农家肥约 15 000 千克，将其与开沟土拌匀后回填沟内，然后灌水，经 3～5 天后整平土地，定植大苗。在生育期保持土壤湿润。在初花期将蜜蜂箱搬入温室内，利用蜜蜂授粉。放蜂期间不喷杀虫剂。从展叶后开始每隔 20 天左右喷一次 0.2％的尿素或磷酸二氢钾液，共喷 3～4 次。为预防灰霉病等，在生长期喷甲基硫菌灵 800 倍液 2 次，间隔 1 周左右。及时摘除基部老叶、畸形果和病虫果。果实成熟后及时采收。

（3）桃培育壮苗与管理。将苗栽于直径约 40 厘米装有营养土的编织袋内，营养土由细沙、黑土和马粪配成，三者各 1/3。夏季置露地管理，在生长期每隔 10 天左右灌一次水，并及时松土。当苗木萌发的新梢长到 10～12 厘米时摘心，促发副梢，选 3 个方位适宜的副梢作主枝，按杯状形整枝。通过多次摘心，促发分枝，使之及早成形。搞好整形修剪，冬剪时对结果枝适度短截；对直立枝，有生长空间的拉平，不然疏除。开花后，剪除花很少的果枝。采果后对结果枝适度回缩，疏去密挤的、衰弱的枝条。加强肥水管理，经常松土、除草。在花前、花后分别给每株追施磷酸二铵 0.04 千克，硫酸钾 0.03～0.04 千克，用铁钎打孔施入，然后灌水。在果实生育期每隔 15 天左右喷 0.2％的尿素加 0.2％的磷酸二氢钾混合液一次。实行人工辅助授粉及疏花疏果，在盛花期进行 2～3 次人工辅助授粉，用鸡毛掸子在授粉品种树枝上滚动几下，再往主栽品种树枝上滚动几下。现蕾后疏除过密的花蕾；生理落果后进行疏果，疏去并生果、小果、畸形果和萎缩果。及时防治病虫害，温室内病害较少，发现流胶现象时，喷 70％甲基硫菌灵 1 000 倍液。虫害有蚜虫和山楂红蜘蛛等，对其进行防治。

（4）葡萄管理。定植当年，当植株长到 50 厘米时立竹竿引到室外上架管理，采用龙干整枝，冬初落叶后将主蔓拉进温室盖草苫休眠。翌年 3 月中旬撤去枝蔓上的覆盖物。到晚霜结束后，将带花序的葡萄蔓引缚到室外小棚架上，此后的管理与露地栽培的葡萄相同。其果实成熟期比露地提早 40～50 天。

（五）温棚葡萄栽培管理技术要点

1. 适时摘心　棚栽葡萄宜采用篱架整形，并提早摘心，控制旺长。当主蔓长到 60～80 厘米时，去顶端副梢留冬芽，其余副梢均留 1 叶摘心。25 天后顶端冬芽萌发长出 6～7 叶时，留 5 叶摘心，并去除顶端副梢留冬芽，冬芽再次萌发后，可隔 20 厘米留 1 副梢，并留两叶摘心，其余抹除。

2. 合理负载　合理负荷，及时定产，可提高坐果率，还可提高品质。具体措施如下：

（1）疏穗。谢花后 10～15 天，根据坐果情况进行疏穗，生长势强的果枝留两个果穗，生长势弱的不留，生长势中等的留 1 个果穗。若是一年一栽制，每个结果枝留 1 个果穗。

（2）疏粒。落花后 15～20 天，进行选择性的疏粒。疏去过密果和单粒果。

（3）一控二喷。"一控"：即控梢旺长。对生长势强的结果梢，在花前对花序上部进行扭梢，或留 5～6 片大叶摘心，以提高坐果率。"二喷"：①喷施硼肥。花前喷施 1 次 0.2%～0.3% 的硼酸或 0.2% 的硼砂溶液，每隔 5 天喷 1 次，连喷 2～3 次。②喷施赤霉素。盛花期用 25～40 毫克/千克赤霉素溶液浸蘸花序或喷雾，可提高坐果率，并可使果实提前 15 天成熟。

（4）促进着色。具体措施如下：

一是疏梢。浆果开始着色时，摘掉新梢基部老叶，疏除无效新梢，改善通风透光条件，以促进浆果着色。

二是环割。浆果着色前，在结果母枝基部或结果枝基部进行环割，可促进浆果着色，提前 7～10 天成熟。

三是喷洒钾肥。在硬核期喷洒果友氨基酸 400～600 倍液或 0.3% 磷酸二氢钾溶液，可提早 7～10 天成熟。

（5）防治病虫。棚栽葡萄病虫害较少，主要防治幼穗轴腐病、白腐病、褐斑病等，可在萌芽前喷施 3～5 波美度石硫合剂，花前、花后用金力士 6 000 倍液与纳米欣 3 000～4 000 倍液交替使用，每 10～15 天喷施 1 次，连喷 2～4 次。6 月以后用好劳力与安民乐交替使用，或用多菌灵 500～600 倍液防治霜霉病、白粉病、黑痘病，每 10 天喷 1 次，撤除棚膜后，参照露地葡萄进行栽培管理。

第三章 畜牧水产养殖业
生产转型升级篇

　　动物生产是农业生产的第二个基本环节，也称第二"车间"。主要是家畜、家禽和渔业生产，它的任务是进行农业生产的第二次生产，把植物生产的有机物质重新改造成为对人类具有更大价值的肉类、乳类、蛋类和皮、毛等产品，同时还可排泄粪便，为沼气生产提供原料和为植物生产提供优质肥料。所以畜牧业与渔业的发展，不但能为人类提供优质畜产品，还能为农业再生产提供大量的肥料和能源动力。发展畜牧业与渔业有利于合理利用自然资源，除一些不宜于农耕的土地可作为牧场、渔场进行畜牧业、渔业生产外，平原适宜于农田耕作区也应尽一切努力充分利用人类不能直接利用的农副产品（如作物秸秆、树叶、果皮等）发展畜牧业，使农作物增值，并把营养物质尽量转移到农田中去从而扩大农田物质循环，不断发展种植业。植物生产和动物生产有着相互依存、相互促进的密切关系，通过人们的合理组织，两者均能不断促进发展，形成良性循环。

第一节　畜牧水产养殖业发展概述

　　养殖业在现代农业产业体系中的地位日益重要。根据养殖业的特点和现状，发展和壮大养殖业需要转变养殖观念，积极推行健康养殖方式，加强饲料安全管理，加大动物疫病防控力度，建立和完善动物标识及疫病可追溯体系，从源头把好养殖产品质量安全关，使养殖业发展更加适应市场需求变化。牧区要积极推广舍饲半舍饲饲养，有条件的农区要发展规模养殖和畜禽养殖小区，促进养殖业整体素质和效益的逐步提升。

一、发展指导思想

广大农业区发展畜牧养殖业要以建设标准化畜禽养殖密集区和规模养殖示范场为切入点，以畜产品精深加工为载体，以完善四大服务体系为手段，切实转变养殖方式和经营方式，实现畜牧生产规模与效益同步增长，全面提升畜牧生产水平和综合效益。

二、发展思路与工作重点

（一）转变养殖方式，实现养殖规模化

积极引导规模养殖户离开居民区进驻小区，使畜牧业实现生产方式"由院到园"、养殖方式"退村入区"、经营方式"由散到整"的转变。

（二）规范饲养管理，实现养殖标准化

一是大力推广标准化养殖技术。各地根据实际情况，要积极聘请专家，组织养殖场（小区）、举办技术讲座、开展技术指导，大力推广品种改良、保健养殖、无公害生产、秸秆青贮氨化养畜、疫病防控、养殖污染治理等养殖技术。同时实行"标准化养殖明白卡"制度，按照现代化畜牧业发展和畜禽产品无公害生产要求，把标准化养殖技术，以明白卡的形式印发给农户，努力提高养殖户标准化生产技术水平。二是对养殖小区和规模养殖场逐步实行"六统一"管理，即统一规划设计、统一用料、统一用药、统一防疫、统一品种、统一销售。三是积极创建无公害畜产品生产基地。对养殖生产实施全过程监管，加强畜产品质量检测体系建设，提高检测水平，实现从饲料生产、畜禽饲养、产品加工到畜产品销售的全程质量监控，严格控制各类有毒有害物质残留。

（三）加工带动基地，实现产业链条化

积极探索推广"加工企业＋基地＋农户""市场＋农户""协会＋农户""龙头企业＋基地＋养殖场（小区）""龙头企业＋担保公司＋银行＋养殖场（户）""反租承包"等多种畜牧产业化发展模式。延伸和完善畜牧产业链条，建设优质畜产品供应基地。逐步把畜产品加工业发展成为食品工业的主导产业，带动规模养殖业快速发展。

（四）完善四大体系，实现养殖高效化

1. 完善疫病防控体系　一要健全县级动物防疫检疫监督体系，搞好乡级防检中心站建设，加强基层动物防疫检疫力量，稳定基层防疫队伍；二要落实重大动物疫病防控"物资、资金、技术"三项储备，保障动物疫病监测、预防、控制及扑灭等工作需要。

2. 完善畜禽良种繁育推广体系　加大对畜禽良种引进、繁育和推广的支持力度，加快县畜禽良种繁育推广中心建设步伐，加强畜禽人工授精改良站点的规范化管理，使县有中心、乡有站、村有点的"塔形"畜禽良种繁育推广体系更加完善。

3. 完善饲草饲料开发利用体系　各地要大力发展饲料工业产业化经营。充分发挥秸秆资源优势，搞好可饲用农作物秸秆的开发利用，大力推广秸秆青贮、氨化等养畜技术，促进畜牧业循环经济发展。把秸秆利用率提高到 50％以上，使秸秆基本得到合理化利用。

4. 完善畜牧业市场和信息服务体系　一是培育现代化的市场流通体系。健全完善市场规则，规范交易行为，加强市场监管，建立统一开放、竞争有序、公开公平的市场流通体系。二是加快畜牧业信息化进程。建立健全畜牧业信息网络，推动与龙头企业、批发交易市场和生产基地的网络融合、资源共享。三是建立各类畜牧业经济组织。以各地畜牧业协会为主体，充分发挥各类协会和合作组织在技术培训、技术推广、信息服务、集中采购

和销售等方面的重要作用，提高农民进入市场的组织化程度。

三、转型升级需要采取的保障措施

（一）用现代理念引领现代畜牧业

现代理念就是专业化、规模化、标准化、产业化、市场化理念，有了专业化、规模化才能形成集聚效应、才能形成市场优势；有了市场要用标准来规范，有了标准化才能生产出无公害、绿色、有机食品，才能形成品牌优势，有了品牌才能进超市，占领更大的市场份额。

（二）用专业化提升技能

"术业有专攻""一招先吃遍天"。因此，要引导农民学好学精一门养殖技术，走精、专、科学养殖的路子。

（三）用标准化规范和示范带动

标准化是现代农业的出路，更是现代畜牧业发展的根本出路。规模要发展，标准要先行。首先良种选择要标准，良种本身就是生产力，就是效益，有了良种才能形成成本优势、价格优势；其次，在良料、良舍、良管等方面都要严格加以规范，使养殖业的各个生产环节都能按规程有序进行。

（四）用培养众多创业人才领跑

培养现代农民是发展现代畜牧业的基础性工作，现代畜牧业的发展要靠能人带动。而培养现代农民的创业意识、培养创业人才是关键。

（五）用龙头企业带动

用工业的理念发展现代畜牧业是一条捷径，也是延伸产业链条最为关键的一环。要继续加大内引外联和招商引资力度，争取有国内外知名企业参与当地畜牧产业化生产，推进畜牧业的跨越式发展。

（六）用组装配套技术超越

一是加大畜牧业科技推广和服务力度，采取专业技术人员包乡、包村、包大户等方式，大力推广普及实用、增产、增收技术，提高科技服务水平和质量。二是加强畜牧业科技队伍建设，特别要加大对农村技术人员和养殖户的养殖技术培训，培养更多的畜牧业科技骨干和"土专家"。三是深化科技创新和人才使用机制改革，建立健全以服务与收入、利益为纽带的分配机制，使畜牧科技资源与市场有效配置，从而激活畜牧技术人员的积极性。

（七）用无疫区建设保障

搞好无规定动物疫病示范区建设，较好地推动畜牧业的发展。要一手抓防疫设施配套建设，一手抓防疫机制创新与管理，推动畜禽疫病防治工作的科学化、规范化、法制化，以保障现代畜牧业快速推进。

四、发扬传统渔业优势，积极发展现代渔业

我国是世界上第一水产养殖大国，拥有近 70％ 养殖产量，并具有悠久的养殖历史和精湛的养殖技术，水产养殖在农业中的地位越来越突出，在许多地方已成为农民增收致富奔小康的重要途径。同时，也是发展现代农业的较好突破口，发展现代农业，渔业应走在前列。

小水体池塘养殖是我国传统人工水产养殖的重要方式，由于它养殖产量高、效益好、便于管理，且不需要很大的水资源，在没有较大自然水面的平原农区，积极发展小水体池塘养殖，充分发挥传统渔业优势，有着极其重要的意义和作用，有利于农业良性循环和可持续发展，也将成为社会主义新农村建设中的一个重要环节。

（一）充分认识小水体池塘养殖的重要意义与作用

1. 有利于发展健康养殖　池塘养殖是人工水产养殖的重要方式，由于养殖水体小，便于管理，水质易控制，有利于发展健康养殖。

2. 可以充分挖掘渔业发展资源　发展小水体池塘水产养殖，

不需要有很大的水资源，生产方便可行，可在大多数地区发展渔业，能充分挖掘渔业资源。

3. 是农业结构调整的重要内容　当前，农业和农村经济发展进入了一个新的阶段，科学的农业经济结构调整是拉动农村经济快速增长的必由之路，也是摆在面前的一项长期而艰巨的任务，多年的实践证明，渔业发展具有投资少、见效快、效益高的优势，因地制宜大力发展渔业，既能优化产业布局，又可提高经济效益，既能吸纳农村剩余劳动力，又能合理开发利用国土资源，对发展地方经济，优化经济结构，改善人们生活具有重要意义。

4. 是农民增收脱贫致富奔小康的重要途径　据调查，同面积的池塘水产养殖产值是一般种植业的 5 倍左右，效益是一般种植业的 2～3 倍。特色水产养殖效益将会更高。在许多地区，水产养殖户已成为致富奔小康的带头人。

5. 能够改善生态环境条件　渔业生产本身具有净化水质，改善生态环境条件的功能，大力发展池塘养殖水产业，增加改善生态环境条件的能力，利于农业良性循环，可持续发展。

6. 有利于提高人民群众生活水平，发展创汇农业　发展现代渔业，可为人民群众提供优质蛋白类食品，改善膳食结构，提高人体素质。同时，随着对外开放领域和范围的进一步拓宽，渔业发展将融入世界渔业经济的大循环，为我国渔业发展提供了一个更加宽阔的市场平台，水产品出口创汇优势将更加明显。

（二）池塘水产养殖的可行性

1. 市场空间分析　随着人们生活水平的提高，市场对营养保健食品——鱼类产品的需求越来越多，特别是在没有大型自然水面的平原农业区，目前鱼类产品多靠外购，水产品人均占有量很低，在该区发展水产品生产，在成本不是过高的情况下，产品销路一般不会有问题，有广阔的市场空间。

2. 养殖场地资源分析　在多数地区由于防洪排涝、村镇建设和道路建设的需要，长期形成了河流与沟渠纵横交错，坑塘遍布，取土取沙坑到处可见的现象，而且，随着国家对土砖的禁烧，大量的砖瓦窑场将被废弃，这些地方复耕发展种植业，成本高，效益低，用来发展池塘水产养殖业，投资小，效益高。所以说在大多数地区养殖场地资源是丰富的。

3. 水资源条件分析　由于地理位置的不同，水资源条件各异，在水资源丰富地区应优先搞好水产养殖业；在水资源条件相对匮乏的地区，利用背河洼地和滞洪区在雨季聚集一些地表水或利用一些地下水搞水产养殖也是可行的，养殖坑塘可进行底层防渗处理和养殖后的水灌溉农田搞好节约用水，使水产养殖与农田灌溉有机结合，也能缓解水资源问题。

4. 饲料资源分析　在广大农牧区，农牧副产物丰富，有许多副产物可以作为发展水产养殖的原料，同时，社会主义新农村建设需要集中排放和处理生活废水，实现农业零污染，处理生活废水和畜牧养殖废物的一个较好途径就是发展沼气，然后利用坑塘搞水产品生产进行消化处理。目前，多数地区高效池塘养殖大多全部用商品饲料，价位较高，成本也较大，使水产养殖高成本运作，一是有很大的风险性；二是对当地的廉价养殖饲料资源没有很好利用。在这方面也有较大潜力。例如如何利用廉价的沼渣沼液养鱼，有待进一步开发。

5. 技术条件分析　多数地区农民有养殖水产品的积极性和传统的养殖技能，但随着自然条件的变化和农业生产水平的提高，多数农民对利用池塘搞高效水产养殖技术了解不多，对池塘养殖能带来较高效益了解不够，需要加强这方面的宣传、培训和示范带动，使之迅速提高发展水产养殖的积极性和养殖技能。

（三）目前池塘水产养殖存在的问题

水产品特别是名、优、特水产品相对短缺是一个不争的现实，长期以来造成市场有需求而生产能力跟不上的原因是多方面的，其存在的主要问题有：①水资源在大多数地区相对匮乏，且没有很好利用。②对水产养殖宣传不够，养殖信息和新的养殖技术传递不畅，规范组织不力，扶持与示范带动不强，农民认识不足，造成水产养殖积极性不高，水产养殖发展跟不上形势发展需要。③大多数地区人工水产养殖技术水平较低，成本较高，运作风险较大。④一些名优特水产品深度开发不够，缺乏有效扶持和技术服务。

（四）发展现代渔业的基本思路与原则

1. 提高认识，科学发展　发展现代渔业应有一个正确的定位，在大多数地区首先还是发展现代种植业，同时，应积极创造条件，适度配合发展现代渔业。

2. 突出特色发展　小水体池塘养殖发展现代渔业应突出以名、优、特、新水产品种为主，适当配合发展一般大路水产品种。

3. 选择好发展地点　应选择一些水资源条件相对较好或有池塘、废弃砖瓦窑坑、沙坑、果园以及大庭院等地方大力发展。

4. 搞好结合共同发展　要大力发展"稻-鱼共养""莲-鱼共养""果园猪-沼-鱼生态系统"等共养模式，促进高效共同发展。

5. 搞好产业化稳步可持续发展　搞好渔业产业化是发展现代渔业必需途径，要采取专业合作组织、示范园区、无公害水产基地等多种形式，搞好规模发展，使之形成产业化，走稳步可持续发展之路。

6. 适当发展观光休闲渔业　应在一些旅游景区、城区、示范园区等地方适当发展观光、垂钓休闲渔业。

（五）发展现代渔业需要采取的措施

现代渔业作为现代农业的一个组成部分，在社会主义新农村建设中起到不可忽视的作用。所以，必须提高对发展现代渔业重要性的认识。根据目前渔业的现状和存在问题，应采取如下措施：

(1) 政策引导，加强补贴。目前，我国已进入工业反哺农业的新阶段，政府出台了一系列支农惠农政策，渔业作为农业的一个重要部分，也应有支持发展的优惠政策和补贴措施，以启动和支持现代渔业的发展。

(2) 科学规划，因地制宜，适度规模发展。

(3) 加强组织，搞好示范带动，规范水产养殖事业。

(4) 加强技术培训和技术服务工作，提高养殖水平和效益。

(5) 搞好技术创新，开发利用好当地养殖饲料资源，降低养殖成本和养殖风险。

(6) 按无公害水产品生产标准生产，确保水产品质量安全，走无公害水产品生产之路。

（六）推广"受控式集装箱循环水绿色生态养殖技术"

受控式集装箱循环水绿色生态养殖技术是将池塘养殖与集装箱耦合，从养殖池塘中抽取上层的高氧水，进入标准集装箱进行集约化养殖。针对箱养品种的特点，综合集成高效集污、尾水生态处理、质量和品种控制、绿色病害防控、专用环保型饲料、循环推水、生物净水、便捷化捕捞等关键技术，精准控制养殖环境和过程，实现受控养殖。受控式集装箱循环水绿色生态养殖技术的关键点就是箱体外的循环水系统。集装箱的养殖尾水经过自流微滤机固液分离后回到池塘，经过池塘三级生态净化和臭氧杀菌消毒后，再次回到集装箱内，实现尾水生态处理和循环利用。据了解，养殖箱体只占 15 平方米，相同产量下可节约 75%～98%的土地和 95%～98%的水资源。并且，养出的水产品病害发生率和用药量大幅度降低，鱼在箱体中始终逆水游动，肉质细嫩弹牙，没有腥味。此外，箱内"斜面集污"和箱外无动力自转干湿分离器，让养殖废物固体集污效率高达 90%以上，残饵和鱼粪还可作为肥料实现循环种养，生态效益明显。据统计，每个陆基推水养殖箱体最高产能可达 5 吨，每亩生态净水池塘可配 2.5 个陆基推水养殖箱体，每亩水体年产量可达 12.5 吨，是传统池塘养殖的 5 倍。

第二节 养猪实用技术

一、优良品种的选择

（一）我国主要地方优良品种介绍

我国地幅辽阔，由于各地自然环境、社会经济和猪种起源等状况差异悬殊，所以形成的猪种繁多，类型复杂，已列入品种志的就有 50 余个品种。根据猪的起源、生活性能、外形特点，结合各地自然生态、饲料条件等，一般将地方良种猪分为 6 个类型（华北、华南、华中、江海、西南、高原），它们的共同特点是：繁殖率高、适应性强、耐粗饲、肉质好；缺点是：体格小、生长慢、出栏率和屠宰率偏低，胴体脂肪多，瘦肉少。从全国看，地方猪的变化规律为："北大南小""北黑南花"，繁殖率以太湖猪为中心，向北、向南、向西逐渐下降。下面介绍几个著名品种。

1. 淮南猪 分布在淮河流域的主要猪种之一，中心产区在河南省固始县，光山、罗山、新县、商城等县。淮南猪被毛黑色，头直，耳腹较大且下垂，体形中等，腿臀欠丰满，多卧系。淮南猪属于脂用型，接近兼用型，其主要特点是性成熟早，繁殖力强，母猪 4～6 月龄发情配种，每胎产仔 11～18 头，9 月龄育肥体重可达 90 千克，屠宰率 69.37％，瘦肉率 44.66％。

2. 南阳黑猪 原名师岗猪，主要分布在河南省的内乡、淅川、镇平和邓州，中心产区在内乡和邓州。南阳黑猪体型中等，头短面凹，下颌宽形似木碗（"木碗头"），面部有菱形皱纹，最上两条呈八字，称"八眉"，其耳短宽稍斜且下垂，身腰长、宽平、腹大下垂、四肢细致结实，被毛全黑，该猪性情温顺，耐粗放管理，瘦肉率较高，肉质好，属兼用型猪。每胎产仔 7～11

头，成年公猪体重 135 千克，母猪 130 千克，屠宰率 71.67％，瘦肉率 47.5％，该猪的不足之处是生长慢，体型不整齐一致。

3. 太湖猪 太湖猪是长江下游太湖流域沿江沿海地区的梅山猪、枫泾猪、嘉兴黑猪、焦潭猪、礼土桥猪、沙河头猪等的统称，该猪被毛黑色或青灰色，个别猪吻部、腹下或四肢下部有白毛，体型稍大（公猪 200 千克，母猪 170 千克），头大胸宽，前胸和后躯有明显皱褶，耳特大下垂，近似三角形，四肢粗壮，卧系，凹背斜臀。

太湖猪以产仔多和肉质好而著称于世，据测定，头胎平均产仔 15.56 头，泌乳量高，性情温顺，哺育能力强，仔猪成活率达 85％～90％，最高每胎产仔 36 头，屠宰率 65％～70％，瘦肉率 45.08％。

4. 大花白猪 产于广东顺德、南海、番禺、增城、高要等县。该猪毛色为黑白花，头部、臀部及背部有 2～3 块大小不等的黑斑，其余部分均为白色。体格中等，头大小适中，额宽，有"八"字或菱形皱褶，四肢粗短，多卧系，乳头多为 7 对。母猪繁殖率高，每胎平均产仔 13.2 头。饲料利用率较高，早熟易肥，皮薄肉嫩，幼小时就开始积累脂肪，体重 6～9 千克的乳猪及 30～40 千克的中猪可作烤猪用，皮脆肉嫩，清香味美。

5. 金华猪 原产于浙江省义乌、东阳和金华等县。其毛色特征是体躯为白色，头颈和臀部为黑色，故此得名"两头乌"。体格不大（成年公猪 110 千克，母猪 97 千克），背微凹，腹圆而微下垂，臀较斜。

金华猪突出特点是皮薄、骨细、肉质好，外形美观，驰名中外的金华火腿就是用金华猪后腿腌制而成，其质佳味美。该猪繁殖力较高，母性好，成年母猪平均每胎产仔 11.92 头，条件较好可产 14.25 头。金华猪早熟易肥，屠宰率 72％以上，瘦肉率 43.36％。

6. 内江猪 原产四川省内江、资中等县，该猪全身被毛黑色，鬃毛粗长，头大嘴短，额面有较深的横皱褶，有旋毛，耳中等大小，下垂，背微凹，腹较大，臀较宽稍倾斜，四肢较粗壮，乳头 7 对左右，母猪平均每胎产仔为 10.6 头，性情温顺，较耐粗放饲养，适应性强，10 月龄育肥体重 90 千克，屠宰率 67%～70%。

内江猪与其他品种猪杂交效果好，杂交后代温顺，能采食大量的青粗饲料，生长较快，饲料利用率高，适合农家饲养。不足之处是皮厚，在北方地区易患气喘病。

（二）引入的国外优良品种介绍

19 世纪以来，我国引入国外猪种十多个，对我国猪种杂交改良影响较大的有巴克夏猪、约克夏、苏联大白猪、长白猪、杜洛克猪和汉普夏猪等，这些猪的共同特点是：体格大，生长快，屠宰率和瘦肉率高，属大型肉用兼用品种。它们一般都是体质结实，结构匀称，体躯较长，背腰平直，肌肉发达，四肢端正健壮，腿臀丰满，皮薄毛稀，耐粗饲养。缺点是：对饲养条件要求较高，有的繁殖率低，现重点介绍以下几个品种。

1. 长白猪　原名兰德瑞斯猪，产于丹麦，是世界著名的大型瘦肉型品种，公猪体重 250～300 千克，母猪体重 230～300 千克，自 1964 年起，我国相继从瑞典、日本、匈牙利、美国、法国等国家引进，主要投放在浙江、江苏、河北等省繁育，现全国各地均有饲养。长白猪全身被毛白色，头小肩轻，鼻嘴狭长，耳大前伸，身腰长，比一般猪多 1～2 对肋骨，后躯发达，腿臀丰满，整个体形呈前窄后宽的楔型。该猪繁殖力强，平均每胎产仔 11.8 头，长白猪以肥育性能突出而著称于世，6 月龄可达 90 千克，增长快，饲料利用率高，胴体膘薄，瘦肉多，屠宰率 72%～78%，瘦肉率 55% 以上。遗传性能稳定，作父本杂交效果明显，颇受欢迎。其缺点是饲料条件要求较高，抗寒性差。

2. 约克夏猪　原产于英国，有大、中、小三型，大型约克夏猪饲养遍及世界各地，属大型瘦肉型品种，成年猪体重 250～330 千克。

大约克（大白猪）全身被毛白色，头颈较长，颜面微凹，耳中等大小，向前竖起，胸宽深适度，肋骨拱张良好，背腰长，略呈拱形，腹肋紧凑，后躯发育良好，腹线平直，四肢高，乳头 6～7 头。该猪体质和适应性优于长白猪，繁殖性能良好，每胎产仔 11～13 头，初生重 1.4 千克，6 月龄体重可达 90 千克杂交作父本，杂种的增重速度和胴体瘦肉率效果显著。

3. 杜洛克猪 原产于美国，1978—1983 年，我国先后从英国、美国、日本、匈牙利等国引入，属大型瘦肉型品种，成年猪体重 300～400 千克。

杜洛克猪全身具有浓淡不一的棕红色毛，为其明显特征。体躯高大，粗壮结实，头较小，颜面微凹，耳中等大小，向前倾，耳尖稍弯曲，胸宽而深，背腰略呈拱形，四肢强健，腿臀丰满。性情温顺，较为抗寒，适应性强，母性好，育成率高，生长发育快，日增重 650～750 克，料肉比 3∶1，平均每胎产仔 9～10 头，杂交为末端父本，效果显著。

4. 汉普夏猪 原产于美国，属瘦肉型品种，成年猪体重 250～410 千克。汉普夏猪突出的特点是全身被毛除有一条白带围绕肩和前肢外，其余部分为黑色，头大小适中，颜面直，鼻端尖，耳竖起，中躯较宽，背腰粗短，体躯紧凑，肌肉发达。汉普夏猪胴体品质好，在美国猪种中，膘最薄，眼肌面积最大，胴体瘦肉率最高的品种。该猪体质结实，膘薄瘦肉多，肉质好，增重快，饲料利用率高，是较理想的杂交末端父本，杂交具有明显的瘦肉率和增重速度。

二、母猪的饲养技术

（一）对环境条件的要求

1. 温度 温度过高或过低均对猪的生长发育和生产性能不

利，生产中，不同阶段的猪需要不同的温度，空怀及孕前期，母猪适宜温度 13～19℃，最高温度 27℃，最低温度 10℃；孕后期，母猪适宜温度 16～20℃，最高温度 27℃，最低温度 10℃；哺乳期，母猪适宜温度 18～22℃，最高温度 27℃，最低温度 13℃。

2. 湿度 猪舍的相对湿度以 50％～75％ 为宜，高温高湿对猪有显著不良影响。

3. 光线 肉猪舍的光线应稍暗，以保证休息和睡眠，有利增重。

4. 有害气体 猪舍内的氨气浓度不应超过 26 毫升/升，硫化氢不超过 10 毫升/升为好。

5. 密度 在限饲条件下，育肥猪每圈饲养 10～15 头为宜；体重 30～60 千克阶段，每头猪占有猪栏面积 0.45 平方米；60～100 千克阶段占 0.8 平方米。

（二）不同季节饲养管理措施

适宜的环境温度对猪只正常生长发育、健康和繁殖能力影响较大，温度是提高饲料转化率，降低生产成本，提高养猪经济效益的重要因素之一。因此，在日常生产中采取有效的饲养管理措施，改善猪舍小气候状况，为猪只创造适宜的环境温度显得尤为重要。

1. 夏季搞好防暑工作

（1）提高日粮营养度。在高温条件下，猪采食量下降，而体内产热增加，这样体内摄入的能量明显不足，通过提高日粮能量浓度水平，特别是能量、蛋白质和维生素水平可适当缓解热应激。试验证明，给日粮中添加脂肪（包括食用油），以赖氨酸作为部分天然蛋白质代用品可减少日粮热量的降低，减少热应激时猪的热负荷，B 族维生素和维生素 C 及部分微量元素对防治热应激也有一定效果。

（2）为猪只提供充足、清凉的饮水。在高温情况下，猪只以蒸发散热为主，其饮水量大增。此外，可采取喷雾、猪体喷淋、加强通风（尤其是纵向通风）等措施，以促进猪体蒸发散热。但同时应避免舍内温度过大，以防高温加剧热应激。

（3）适当减少猪群密度。组群过大和饲养密度过高，均可加重热应激，应降低猪群密度。

（4）在气温较低时喂食。夏季在每天气温较低时（如早晨或夜间）喂食，并适当增加每天饲喂次数。

（5）采取通风降温措施。加强猪舍遮阳、通风和隔热设计，在夏季能及时通风降温。

2. 冬季搞好防寒工作

（1）适当提高日粮营养浓度，增加饲喂量。

（2）在可能的情况下，加大饲养密度，使用垫草，可减缓冷应激。

（3）冬天夜晚时间长，饲喂时间应安排提前早饲和延后晚饲或增加夜饲。

（4）减少饲养管理用水，不饮冰水，及时清除粪尿，注意猪舍防潮。

（5）加强猪舍门窗管理。防止孔洞、缝隙形成的贼风，并注意适当通风，排除舍内水汽及污浊空气。

（6）加强围护结构防寒保暖和采光设计，必要时采用有效节能的供暖设备。

（三）饲料的配比与饲养

母猪包括空怀母猪、妊娠母猪和哺乳母猪。

1. 空怀母猪的饲养　正常饲养条件下，哺乳母猪在仔猪断奶时应有7～8成膘，断奶后7～10天就能再发情配种，开始下一个繁殖周期，有些人对空怀母猪极不重视，错误地认为空怀母猪既不妊娠又不带仔，随便喂喂就可以了，其实不然，许多试验证明，对空怀母猪配种前的短期优饲，有促进发情排卵和容易受胎的良好作用，空怀母猪的饲养方法如下：

```
┌─────┐  3 天  ┌─────┐  3 天  ┌─────┐ 4～7 天 ┌─────┐
│泌乳期├──────→│断奶 ├──────→│干乳 ├───────→│发情 │
└─────┘  减料  └─────┘  减料  └─────┘  加料  └─────┘
```

仔猪断奶前几天，母猪还能分泌相当多的乳汁（特别是早期断奶的母猪），为了防止断奶后母猪得乳房炎，在断奶前后各 3 天要减少配合饲料喂量，给一些青粗饲料充饥，使母猪尽快干乳。断奶母猪干乳后，由于负担减轻，食欲旺盛，多供给营养丰富的饲料和保证充分休息，可使母猪迅速恢复体力，此时日粮的营养水平和给量要和妊娠后期相同。如能增喂动物性饲料和优质青绿饲料更好，可促进空怀母猪发情排卵，为提高受胎率和产仔数奠定物质基础。

对那些哺乳后期膘情不好，过度消瘦的母猪，由于它们泌乳期间消耗很多营养，体重减轻很多，特别是那些泌乳力高的个体减重更多。这些母猪在断奶前已经相当消瘦，奶量不多，一般不会发生乳房炎。断奶前后可酌情减料，干乳后适当多增加营养，使其尽快恢复体况，及时发情配种。

有些母猪断奶前膘性较好，这类母猪多半是哺乳期间吃食好，带仔头数少或泌乳力差，在泌乳期间体重下降少，过于肥胖的母猪贪睡，内分泌紊乱，发情不正常。对这类母猪断奶前后都要少喂配合饲料，多喂青粗饲料，加强运动，使其恢复到适度膘性，及时发情配种。

空怀母猪一般要求每千克饲料含蛋白质 13％，同时要保证维生素 A、维生素 D、维生素 E 及钙的供应。此外，空怀母猪额外供应一些青绿、多汁的饲料很有好处。

2. 妊娠母猪的饲养

（1）营养需要。母猪在妊娠期从日粮中获得的营养物质首先满足胎儿的生长发育，然后再供本身的需要，为哺乳储备部分营养物质，对于初配母猪还需要一部分营养物质供本身生长发育。如果妊娠期营养水平低或营养物质不全，不但胎儿不能很好发育，而且母猪也要受到很大影响。

妊娠母猪所需的营养物质，除供给足够的能量外，蛋白质、维生素和矿物质也很重要。在妊娠母猪的日粮中，粗蛋白质含量应占 14%～16%；钙可按日粮的 0.75%计算，钙磷比例为（1～1.5）：1；食盐可按日粮的 1%～1.5%供给；维生素 A 和维生素 D 不能缺乏。

（2）饲养方式。

①如果妊娠母猪的饲养状况不好，应按其妊娠前、中、后期三阶段，以高-低-高的营养水平进行饲养。即在妊娠初期就要加强营养，增加精料，特别是蛋白质饲料，以促进母猪迅速恢复繁殖体况。当母猪体质达到中等营养程度时，适当增加品质好的青绿多汁饲料和粗饲料，按饲养标准进行饲养，直到妊娠 80 天后，再加强营养，增加精料，以满足胎儿的生长发育需要，这就是"抓两头，顾中间"的饲养方式。

②若妊娠母猪的体况良好，可采用前粗后精的饲养方式。因妊娠初期胚胎发育慢，母猪膘情好，不需另加营养物质，按一般营养水平即可满足母体和胎儿的营养需要。到妊娠后期，再加强饲养，增加精料，以满足胎儿高速生长发育的需要。

③对于初产和繁殖力高的母猪，应采取营养水平步步提高的饲养方式。因为随着胎儿的不断发育长大，初产母猪的本身也不断生长发育，高产母猪胚胎发育需要更多的营养物质，所以其整个妊娠期的营养需要是逐步提高的，到妊娠后期达到最高水平。

（3）饲喂技术。日粮必须有一定体积，使母猪既不感到饥饿，也不因体积大而压迫胎儿，影响生长发育，最好按母猪体重的 2%～2.2%供给日粮。

对妊娠母猪日粮营养要全面，饲料多样化，适口性好。3 个月后应限制青、粗、多汁食料的喂量，切忌饲料不易多变。同时妊娠前期切不可喂过多的精料，否则会把母猪养得过肥，引起产仔数少、仔猪体重小、母猪缺奶、发生乳房炎、子宫炎和产褥热等病症。

严禁喂发霉变质、冰冻和有毒的饲料，以防流产和死胎。

提倡饲喂湿拌料和干粉料，注意供给充足饮水。

3. 哺乳母猪的饲养　哺乳母猪的饲料应按其饲养标准配合，保证适宜的营养水平。母猪刚分娩后体力消耗很大，处于高度的疲劳状态，消化机能较弱，所以，开始应给与稀料，2～3 天后饲料喂量逐渐增多；5～7 天改喂湿拌料，饲料量可达到饲养标准规定量。哺乳母猪要饲喂优质饲料，在配合日粮时原料要多样化，尽量选择营养丰富、保存良好、无毒的饲料，还要注意配合饲料的体积不能太大，适口性好，这样可增加采食量。

哺乳母猪最好日喂 3 次，有条件时可加喂一次优质青绿饲料。

（四）提高繁殖力技术

1. 影响繁殖力的因素

（1）遗传方面。品种对繁殖力有很大影响，不同的品种（或品系）之间繁殖力存在较大的差异。如我国太湖猪平均产仔数高达 15 头以上，而引进品种仅为 9～12 头。

近交会使胚胎的死亡率增高，且胎儿的初生重也较轻，一些遗传疾病也会增加；而杂交则有利于提高窝产仔数及初生重，故应有意识地控制近交，开展杂交。

（2）营养。营养的影响是多方面的，不仅要注意到质的影响，同时还要考虑到不同生理条件下，季节、个体等差异及饲料品种诸多因素的影响。

总之，作为种母猪既要满足需要，又不要过肥，要以饲养标准为参考，避免盲目配料、喂料。

2. 提高繁殖力的措施

（1）选用繁殖力强的杂交品种。

（2）在不同时期调整好营养。在空怀期、妊娠期和妊娠后期可适当采取短期优饲，对于母猪恢复体重、促进发情、排卵和提高泌乳量有益。妊娠中期可采取限制饲养。整个妊娠期过高的能量供应会使泌乳期的采食量下降，不利于乳腺发育，从而导致泌乳量下降。哺乳期适当增加营养，对维持产奶十分重要，也可避免较大的体重损失，有利于下一次发情、配种。维生素在日粮中的水平对母猪最大限度的发挥繁殖潜力极为重要。如生物素、胆碱、叶酸等，因此，在出现死胎增加或受胎率突然下降时，应首先考虑营养方面的因素，尤其是矿物质和维生素的影响。

（3）加强饲养管理。卫生防疫是保证猪只良好体况的重要环节，要经常根据需要进行传染病的科学、合理、有效的预防和接种工作（如猪瘟、细水病毒、乙型脑炎、萎缩性鼻炎、繁殖与呼吸道综合征等疫病）；周期性地进行猪舍清洗、消毒；要防止和治疗子宫炎、阴道炎和乳房炎。

加强饲养人员的责任心，培养良好的职业道德。

建立母猪个体的繁殖登记制度，及时淘汰繁殖力较低的母猪，使整个繁殖母猪保持在良好的繁殖水平上。

猪群密度及空间明显影响青年母猪的正常性周期、配种和妊娠。密度太大或空间太小，母猪配种率下降。

母猪交配后应留在原圈 3 周以上，等确诊妊娠后才能转圈，这样有利于减轻环境应激对胚胎早期死亡的影响，可以获得更多发育成活的胚胎，提高窝产仔数。

在妊娠的前 3～4 周，猪舍温度应保持在 18～22℃，严防热应激对早期胚胎存活的影响。

在母猪妊娠的第 15 天注射 200～800IU（单位）的 PMSG（孕马血清促性腺激素）可以提高胚胎的存活数目，增加产仔数。

确诊妊娠的母猪最好单独饲养。

产房设备要适宜，卫生清洁，通风良好，最好架设产床。

母猪分娩后 36～48 小时（不能太久），肌内注射 10 毫克前列腺素 F2a，可有效预防子宫炎，产后热，缩短发情间隔。

最好采取 4～5 周龄断奶。

在母猪断奶后，引入成年种公猪或用公猪的尿液、精液喷洒到母猪的鼻子上，有利于其发情，提高排卵数。

（4）搞好发情鉴定，及时配种。尽早进行妊娠诊断，未妊娠者，要尽早采取措施，促使发情，及时配种。

（5）合理淘汰种母猪。对断奶后不发情，断奶后 14 天以上未发情，经合群、运动、公猪诱情、补饲催情、药物（包括激素）处理等措施后仍不发情者应淘汰。

连续 3 个发情期配种未受胎者，子宫炎经药物处理久治不愈者，难产、子宫收缩无力、产仔困难、连续 2 胎以上需助产者，连续 2 胎产仔数 6 头以上者，产后无奶、少奶，不愿哺乳、咬食仔猪、连续 2 窝断奶仔猪数在 5 头以下者。肢蹄发生障碍，关节炎、行走、配种困难者。9 胎以上，产仔数少于 7 头者，都应淘汰。

三、仔猪的饲养技术

仔猪在胎儿时期完全依靠母体来提供各种营养物质和排泄废物，母猪（子宫）对胎儿来说是个相对稳定的生长发育环境。与之相比，仔猪生后生活条件发生了巨大变化。第一，要用肺呼吸。第二，必须用消化道来消化，吸收食物中的营养物质。第三，直接接受自然条件和人为环境的影响。养好哺乳仔猪的任务是，使仔猪成活率高，生长发育快，个体大小均匀整齐，健康活泼，断奶体重大。为以后养好断奶幼猪和商品肉猪奠定良好的基础。

（一）哺乳仔猪的特点

1. 生长发育快，新陈代谢旺盛，利用养分能力强　猪出生时体重小，不到成年体重的 1%，但出生后生长发育特别快，30 日龄时体重达出生重的 5～6 倍，2 月龄时达 10～13 倍。

仔猪生长快，是因为物质代谢旺盛，特别是蛋白质代谢和钙、磷代谢都要比成年猪高得多，20 日龄，每千克体重沉积的蛋白质相当于成年猪的 30～35 倍；每千克体重所需代谢净能为成年猪的 3 倍，仔猪对营养不全的饲料反应特别敏感。因此，供给仔猪的饲料要保证营养全价和平衡。

仔猪的饲料利用率高，瘦肉型猪全期的饲料利用率（料肉比）约为 3：1，而乳期仔猪约为 1：1。可见抓好仔猪的开食和补料，在经济上很有利。由于仔猪生长发育快，若短时间生长发育受阻，很可能影响终生，甚至形成"僵猪"。养好仔猪，可为以后猪的生长发育奠定基础。

2. 消化器官不发达，胃肠容积小，消化腺机能不健全 小猪出生时胃仅能容纳 25～50 克乳汁，20 日龄扩大 2～3 倍。随着日龄增长而强烈生长，当采食固体饲料后增长更快，小肠生长也如此。因小猪每次的采食量少，一定要少喂多餐。小猪的消化腺分泌的各种消化酶及其消化机能不完善，仔猪初生时胃内仅有凝乳酶，胃蛋白酶少且因胃底腺不发达，缺乏盐酸来激活，故胃不能消化蛋白酶，特别是植物性蛋白，但是，这时肠腺和胰腺发育比较完全，胰蛋白酶、肠淀粉酶和乳糖活性较高，食物主要在小肠内消化，食物通过消化道的速度也较快，所以，初生小猪只能吃乳，而不能利用植物性饲料中的营养。随着日龄的增长（2～3 周龄开始）加上食物对胃壁的刺激，各种消化酶分泌量和活性逐渐加强，消化植物性饲料的能力随之提高。

由于上述仔猪的消化生理特点，揭示了哺乳仔猪在饲养管理上的 3 个问题：一是母乳是小猪哺乳期最佳食物，因此，养好哺乳母猪，让其分泌充足的乳汁，是养好小猪的首要条件；二是小猪消化机能不发达与其身体的迅速生长发育相互矛盾，应及早调教小猪尽早开食，锻炼其消化机能，给小猪喂食营养丰富易消化的食物，补充因母乳不足而缺少的营养，保证小猪正常生长；三是根据小猪消化生理特点和各时期生长对营养的需要，配制不同生长阶段的乳猪饲料，缩短哺乳小猪的离乳时间，提高母猪的年产胎次。

3. 缺乏先天性免疫力，容易得病 初生仔猪缺乏先天性免疫力，免疫抗体是一种大分子的 r-球蛋白，它不能通过胎盘从母体中传递给胎儿，只有吃到初乳后，乳猪才可从初乳中获得免疫抗体。母猪初乳中免疫抗体含量很高，但降低也很快，以分娩时含量最高，每 100 毫升初乳中含免疫球蛋白 20 克，4 小时后下降到 10 克，以后逐渐减少，3 天后即降至 0.35 克以下，仔猪将初乳中大分子免疫球蛋白直接吸收进入肠壁细胞（即胞饮作用）再进入仔猪血液中，使小猪的免疫力迅速增加，产生胞饮作用是因为小猪出生后 24 小时内，由于肠道上皮处于原始状态，对大分子蛋白质有可通透性，同样对细菌也有可通透性，所以仔猪易拉奶屎，这种可通透性在出生 36 小时后显著降低。初乳中在比较短时间里含有抗蛋白分解酶和胃底腺不能分泌盐酸，保证了初乳中免疫球蛋白在胃肠道中不受破坏。

所以，仔猪出生后应尽早让仔猪吃上和吃足初乳，这是增强免疫力，提高成活率的关键措施，仔猪 10 日龄以后才开始自产免疫抗体，到 30～35 日龄前数量还很少，这段时间，仔猪从母乳中获得抗体很少，可见，2 周龄仔猪是免疫球蛋白的青黄不接阶段，是关键的免疫临界期，同时，仔猪这时已开始吃食饲料，胃液尚缺乏游离盐酸，对随饲料、饮水进入胃内的病原微生物没有抑制作用。所以，这时要注意栏舍卫生，在仔猪饲料中和饮水中定期添加抗菌药物，对防止仔猪疾病的发生有重要意义。

4. 调节体温的机能不全，防御寒冷的能力差　仔猪防御寒冷能力差的原因：一是大脑皮质发育不全，垂体和下丘脑的反应能力差，丘脑传导结构的机能低，对调节体温恒定的能力差；二是初生仔猪皮毛稀薄，体脂肪少，只占体重的 1%，隔热能力差；三是体表相对面积（体表面积与体重之比）大，增加散热面积；四是肝糖原和肌糖原储量少；五是仔猪出生后 24 小时内主要靠分解体内储备的糖原和母乳的乳糖供应体热，基本上不能氧化乳脂肪和乳蛋白来供热，在气温较高条件下，24 小时以后，其氧化能力才能加强。仔猪的正常体温约 39℃，初生仔猪要求环境温度为 32~33℃，若温度太低，必然要动用肝糖原和肌糖原来产热，这 2 种糖原储量少，很快就用完，若小猪不能及时从初乳中得到补充能量，体温很快下降，随即出现低血糖，体温过低，引致仔猪体弱昏迷而最后死亡。

（二）饲养管理措施

在生产实践中，接产员要尽快把初生小猪体表擦干，尽量减少体热散发和给仔猪保温，减少体能损耗，同时及时给仔猪吃上初乳补充能量和增强抵抗力，减少肝糖原和肌糖原的损失，尽快使仔猪体温回升，增强仔猪活力。"抓三食，过三关"是争取仔猪全活全壮的有效措施。

1. 抓乳食，过好初生关 仔猪生后 1 个月内，主要靠母乳生活，初生期又有怕冷，易病的特点。因此，使仔猪获得充足的母乳是使仔猪健壮发育的关键，保温防压是护理仔猪的根本措施。仔猪出生后即可自由行动，第一个活动就是靠嗅觉寻找乳头吸乳，小猪出生后应在 2 小时内吃上初乳。初乳中蛋白质含量特别高，并富含免疫抗体，维生素含量也丰富，初乳是哺乳小猪不可缺少的营养物质。初乳中还含有镁盐，有轻泻性，可促使胎粪排出。初乳酸度较高，有利于消化道活动，初乳的各种营养物质，在小肠几乎全部被吸收。所以，让小猪及时吃好和吃足初乳，除及时补充能量，增强体质外，还提高抗病能力，从而提高对环境的适应能力。

初生仔猪由于某些原因吃不到或吃不足初乳，很难成活，即使勉强活下来，也往往发育不良而形成僵猪。所以，初乳是初生仔猪不可缺少和替代的。

初生弱小或活力较弱的小猪，往往不能及时找到乳头或易被强者挤掉，在寒冷季节，有的甚至被冻僵不会吸乳，为此，在仔猪出生后应给以人工扶助和固定乳头。固定乳头的方法：按仔猪弱小强壮的顺序依次让小猪吸吮第 1~7 对乳头，或在猪分娩结束后让小猪自行找乳头，待大多数小猪找到乳头后，依弱小和强壮按上述原则做个别调整，弱者放前乳头，强者放后乳头，每隔1小时左右母猪再次放乳时重复做多次调整调教，一般在出生后坚持2～3天，便可使小猪建立吸乳的位次。

将小猪固定乳头吸乳，一方面可使弱小猪吸吮到乳头分泌较多的乳汁，使全窝仔猪发育匀称；另一方面，由于母猪没有乳池，只有母猪放乳时小猪才吸吮到乳汁，而母猪放乳时间一般只有20分钟左右，如果不给仔猪建立吸乳的位次，仔猪就会互相争夺，浪费母猪短暂的放乳时间吃不上或吃得少，或强者吃得多，弱者吃得少，影响生长发育，同时还会咬伤乳头和仔猪颊部。

2. 抓开食，过好补料关　母猪的泌乳规律是从产后5天起泌乳量才逐渐上升，20天达到泌乳高峰，30天以后逐渐下降。

当母猪泌乳量在分娩后20～30天逐渐下降时，仔猪的生长发育却处于逐渐加快的时期，就出现了母乳营养与仔猪需要之间的矛盾。不解决这个矛盾，就会严重影响仔猪增重，解决的办法就是提早给仔猪补料。

仔猪早补料，能促进消化道和消化液分泌腺体的发育。试验证明，补料的仔猪，其胃的容量，在断奶时比不补料仔猪的胃约大1倍。胃的容量增大，采食量随之增加。一般随日龄增长而增加，仔猪采食量如表3-1所示。

表3-1　仔猪日龄数与采食量表

日龄数（天）	15～20	20～30	30～40	40～50	50～60
采食量（克）	20～25	100～110	200～280	400～500	500～700

补料方法。仔猪生后7天就可以开始补料，最初可用浅盆，在其上面撒上少量乳猪料，仔猪会很快尝到饲料的味道，这样反复调教2～3次，仔猪会牢记饲料的味道了。母乳丰富的仔猪生后10天不爱吃乳猪料，可在料中加入少量白糖等甜味料，灌入

仔猪口中，使其早认料后，便可用自动喂料器饲喂。

3. 抓旺食，过好断奶关　仔猪 21 日龄后，随着消化机能日趋完善和体重迅速增加，食量大增，进入旺食阶段。为了提高仔猪的断奶体重和断奶后对幼猪料类型的适应能力及减少哺乳母猪的体重损失，应想方设法加强这一时期的补料。

此期间应注意以下 3 个问题：①饲料要多样配合，营养全面。②补饲次数要多，适应胃肠的消化能力。③增加进食量，争取最大断奶窝重。

饲养好仔猪必须注意以上问题，才能更好地饲养好仔猪。

四、肉猪的饲养技术

在现代养猪生产中，肉猪的饲养阶段，即从小猪育成最佳出栏屠宰体重（从 70 日龄至 180 日龄）。此期所消耗的饲料占养猪饲料的总消耗量（含每头肉猪分摊的种猪料、仔猪和肥育猪全部饲料消耗量）的 80% 以上。养好肉猪，提高日增重和饲料利用率，就可以降低生产成本，提高经济效益。

（一）肉猪的营养要求

猪从幼龄到成年，体组织生长发育的速度顺序是先骨骼，后肌肉，最后脂肪。因而，在营养方面，早期应注意钙、磷的供应，钙应占日粮的 0.8%，磷占 0.6%，在封闭饲养的条件下，还要注意补充维生素 A 和维生素 D。

蛋白质是肌肉和组织器官的主要成分，在猪的生长期需要更多的蛋白质养分，日粮的粗蛋白含量，要随着生长的变化逐步由高到低，在生长的前期，日粮粗粮蛋白含量应保持在 18%～20%，生长后期逐步降低蛋白质水平，使之达到 14%～16%，此外，日粮中要求全价氨基酸，特别是赖氨酸对猪的生长发育影响较大。豆饼是富含赖氨酸的饲料，动物性蛋白饲料乃是各种必需氨基酸很全的好饲料，因此，在生长猪的日粮中，力求饲料原料多样化，以便达到各种必需氨基酸的平衡。

日粮能量的水平，在生长的前期每千克日粮应含 13.6 兆焦可消化能，后期为 13.18 兆焦可消化能。

（二）肉猪的饲养

1. 饲养目标 可按猪的生长发育规律，尽量满足其营养要求，使猪连续不断地保持较高的增重速度，以 6～7 个月龄体重达到 90～110 千克作为饲养目标。

2. 饲养原则 猪对日粮的采食量与其体重大小成正比例关系，体重越小，采食量越少；体重越大，采食量越大，为了使采食量与营养要求达到协调平衡，必须在幼龄期的日粮中使可消化能达到 13.18 兆焦。蛋白质水平逐步由高变低，幼龄时，日粮蛋白质水平为 18%～20%，中、后期 14%～16%。

3. 饲养方式 在一般猪场，人们都采用限量饲喂方式，而在现代化养猪场，多采用自由采食方式。为了降低背膘厚度，提高商品肉猪的瘦肉率，前期可采用自由采食，后期采用限制饲喂。实践证明，采用自由采食，可促进食欲，增强消化道消化液的分泌，利于消化吸收，猪群发育整齐，从而收到良好的育肥效果。

五、疫病综合防治技术

（一）病情诊断

要判断一头猪是不是患了病，通常从以下几个方面观察猪的临床表现：

1. 观测体温与呼吸 正常猪的体温为 38.0～39.5℃，呼吸均匀而平稳。如体温超过 39.5℃，则称为发热，呼吸出现急促，喘气甚至张口呼吸、口流泡沫等症状也属于病理现象。发高烧时通常伴有呼吸急促现象。

2. 观察食欲与饮水 吃料减少甚至不吃，大多表示患病，需及时处理。母猪发情时一般会减少食量，有的母猪分娩前后 1～2 天也会出现不食或少食现象，应予以区别。猪发烧时饮水量会增加。

3. 观察粪便 粪便的形状、软硬度、气味、颜色等出现变化，比如下痢、拉稀、便秘、血痢、粪便中混有黏膜、黏液等，应注意是否患病。

4. 观察体形 是否皮肤上有红点、紫斑或全身变红发紫现象；体表脓疮、皮肤粗糙、瘙痒、肢蹄病引起的跛脚、关节肿胀、创伤，以及是否有转圈、歪头等神经症状；过度消瘦现象。

5. 观察精神状态 如目光呆滞、精神沉郁、疲倦嗜睡等现象一般是有病的表现。

有时，猪的某些变化不明显，不容易发现，往往到了比较严重的时候才表现出来，治疗就困难多了，有时还会引起死亡，造成不必要的损失。因此，日常生产中应该留意观察正常猪的各种活动与表现，发现异常情况及时处理。

（二）猪传染病的预防和控制

传源病的传播需要同时具备 3 个基本条件：传染源、传播途径和易感猪群，如果缺少任何一个条件传染病就不能发生。因此，应该从消灭传染源、切断传播途径、增强猪体抵抗能力等方面着手，针对各种传染病的特点因地制宜地制订消灭传染病的综合性防治措施：

1. 自繁自养，引种隔离检疫 引入种猪和猪苗时，必须进行严格的隔离检疫，确认没有传染性疾病并进行免疫接种后才能进入猪场并群，防止把病源带进猪场，尤其对猪场生产危害较大的疫病，如伪狂犬病、蓝耳病、猪瘟、口蹄疫等必须格外小心。自繁自养可以防止从外面买猪而带来传染病的危险。

2. 加强卫生消毒 加强卫生消毒是消灭外界环境中的病原体，切断传播途径的有效措施。

3. 预防注射 即打针预防，给猪注射预防某种传染病的疫苗或菌苗，使猪产生抵抗该种病原体的免疫抗体，在一定时间内不会感染发病。

4. 加强检疫和猪群抗体水平检测　猪场每年应该对多种危害严重的传染病进行定期检疫和抗体水平检测，制定本场切实可行的免疫程序。

（三）几种主要疫（疾）病的防治措施

1. 猪瘟　猪瘟是由猪瘟病毒引起一种急性、热性、高度接触性传染病，又称猪霍乱，俗称烂肠瘟。

常规免疫可对 28 日龄离乳仔猪在 45～55 日龄注射猪瘟兔化弱毒疫苗 1 头份或猪瘟细胞培养活疫苗 3～4 头份。而在猪瘟流行疫区内，可采用超前免疫（零时免疫）法：仔猪出生后在吃初乳前 1 小时注射 0.5～1 头份，60～70 日龄再注射 4 头份猪瘟细胞培养活疫苗。种猪每半年注射 2 头份猪瘟兔化弱毒苗。患过猪瘟恢复后的猪，对猪瘟有很强的免疫力。

2. 猪口蹄疫　是偶蹄兽的一种急性、热性、高度接触性传染病，发病率很高，传染快，流行面广，对仔猪可引起大批死亡，主要侵害牛、猪、羊等偶蹄动物，引起口腔黏膜、鼻吻部、蹄部和乳房发生特征性的水泡与溃疡病变。

目前尚没有特效的治疗方法，一般采取对症疗法。在病灶处涂 1% 紫药水或鱼石脂软膏，注射抗菌药物消除患部炎症及防止并发感染。同时加强护理和饲养管理，栏舍应当保持清洁干燥。

3. 猪蓝耳病　猪生殖与呼吸综合征是一种以怀孕母猪流产、死胎、木乃伊胎和呼吸困难为特征的病毒性）传染病。有些地区也称为"蓝耳病"。加强消毒和饲养管理是控制该病的有效措施。

4. 猪伪狂犬病　是由疱疹病毒科的伪狂犬病病毒引起的猪等多种哺乳动物和鸟类的急性传染病，其特征是发热和脑脊髓炎。

该病主要注射疫苗预防，阳性场及受威胁场多采用母猪在配种前及临产前 1 个月左右预防注射，发病猪舍用 2%～3% 氢氧化钠等消毒。

5. 猪蛔虫病　是猪的一种常见寄生虫病，流行甚广，特别在卫生不良的猪场和营养不良的猪群中，以 3~6 月龄的猪最容易感染发病，母猪的乳房容易沾染虫卵，使仔猪在吸奶时受到感染，也是仔猪常见多发的重要疾病之一。

用敌百虫、左旋咪唑拌料，或伊维菌素颈部皮下注射，可治疗及预防猪蛔虫病。

6. 猪囊尾蚴病　也称猪囊虫病，是由寄生在人小肠内的有钩绦虫（猪带绦虫、链状带绦虫）的幼虫（猪囊尾蚴）寄生于猪体内，也可寄生于人体内而引起的一种危害极大的绦虫蚴病。

用吡喹酮：60~100 毫克/千克体重，肌内注射。

在用药 3~4 日后可出现体温升高，精神沉郁、食欲减退、呕吐，重者卧床不起，肌肉震颤，呼吸困难等，主要是由于囊虫的囊液被机体吸收所致。为减轻不良反应，可静脉注射高渗葡萄糖等。

7. 猪的皮肤病　是由霉菌、疥癣、虱及湿疹等引起的，其共同特点是皮肤上有红点或红斑，病变部位发痒，常在圈栏柱等处摩擦，有时患部因摩擦而出血，可见到渗出液结成的痂皮。皮肤出现皱褶或龟裂，患部被毛脱落。病程延长时患猪食欲不振，生长停滞，逐渐消瘦，弱小仔猪甚至引起死亡。另外，猪只相互咬伤及外伤也会造成皮肤损伤。

保持猪舍卫生、通风干燥是预防发生皮肤病的重要措施。

由疥癣、猪虱等引起的皮肤病在颈部皮下注射害获灭注射液，效果较好。

每周对栏舍用 3% 甲醛喷洒消毒一次预防湿疹发生。

定期对猪舍及猪身喷洒 1% 敌百虫，0.1%~0.2% 高锰酸钾溶液 5~7 天后再喷洒 1 次，可有效治疗、预防疥螨、猪虱及霉菌病。

霉菌病用灰黄霉素、制霉菌素、二性霉素等敏感药物治疗效果较好。

8. 母猪产后瘫痪　是指母猪在产前或产后以四肢运动丧失

或减弱为特征的疾病，也可分别称作产前瘫痪和产后瘫痪（或产后麻痹）。

怀孕母猪在初期经常晒太阳，饲喂适量青绿饲料，后期在日粮中添加1％石粉或粗制碳酸钙及1％食盐、1％～2％肉粉、骨粉等，对预防该病发生有较好的作用。治疗时加强护理，防止发生褥疮。

9. 仔猪副伤寒病（猪沙门氏菌病）　是由猪霍乱和猪伤寒沙门氏菌引起的，在2～4月龄仔猪传染较重。沙门氏菌为两端钝圆中等大小的杆菌，革兰氏染色阴性，不产生芽孢，有鞭毛，能运动。由于该病有较高的发病率和死亡率，不死易形成僵猪，生长发育迟缓，病猪增重缓慢，因此，给养猪业的发展带来很大障碍。

（1）流行特点。病猪及带菌猪是该病的主要传染源。传染方式有2种：一种是带菌健康猪，在猪体质变弱，抵抗力降低时，病菌趁机繁殖，毒力增强而导致内源性感染。另一种是健康猪采食了被病猪及带菌猪排出的病原体污染的饲料或饮水等，导致经消化道感染。

（2）发病症状。发病症状有以下2种情况：一是急性型：发病初期或新疫区多为急性型，猪只突然发病，体温迅速升至41～42℃，高热不退，开始食欲时好时坏，间或呕吐，后期食欲废绝。先便秘，粪便干燥，粪球有时混有带血的黏液。后腹泻，粪便淡黄色，稀薄恶臭。后期病猪消瘦迅速，弓背尖叫，体温下降，呼吸困难，多因心力衰竭而死亡。病期4～10天。二是慢性型：此型为最常见的病型，病猪体温正常或稍高，特征症状是下痢，粪便呈灰白或黄绿色，恶臭，有时混有血液，坏死组织或纤维状物。病程2～3周或更长，最后衰竭而死。死亡率为25％～50％，耐过猪以后生长发育也不良。

（3）生产中的临床诊断。该病主要发生于2～4月龄的仔猪，一般散发在饲养管理不良时，机体抵抗力下降才出现地方性流行。临床上多为慢性经过，表现周期性下痢。大肠有典型的溃疡或弥漫性坏死，肝及淋巴结有干酪性坏死。必要时从实质器官中分离细菌并做鉴定，症状与病变同猪瘟易混淆，诊断时要注意区别。

（4）药物治疗方法。

①每日呋喃酮 0.4～0.6 克，分 2 次内服，连服 3～5 天。

②按每千克猪体重肌注 10～30 毫克氯霉素，连注 3～5 天，也可按每千克猪体重内服 50～100 毫克，连用 4～5 天。

③按每千克猪体重内服 10～30 毫克环丙沙星粉，连服 3～5 天。

④按每千克猪体重内服 50～100 毫克土霉素或 2～5 毫克强力霉素，连服 3～5 天。

⑤按每千克猪体重肌注 0.2 毫升复方新诺明，首次用量要加倍，连注 3～7 天；如用粉剂，应按每千克猪体重内服 70 毫克，首次用量要加倍，连服 3～7 天。

⑥黄连 10 克、黄柏 30 克、秦草 20 克、白头翁 30 克、石膏 60 克、大黄 10 克、紫草 10 克、鲜白茅根 100 克，水煎后直肠灌注，一日 2 次，2～3 日可愈。

⑦生半夏 500 克、明矾 250 克、雄黄 250 克、杜仲 500 克、贯众 500 克、五味子 500 克、黄芩 500 克、黄柏 500 克、胡椒 200 克、油皂 250 克、使君子 250 克、寸香 15 克，共研末，5～15 千克小猪 2～5 克，20～30 千克中猪 4～10 克，30 千克以上大猪 6～20 克，疗效可达 80% 以上。

⑧黄芩 30 克、荆芥 30 克、桂枝 30 克、杏仁 5 克、桔梗 40 克、防风 40 克、川芎 20 克、麻黄 25 克、甘草 5 克、生姜 15 克、大枣 20 克，此为中猪用量，大、小猪酌情增减。煎水内服，每日 2 次，疗效达 98% 左右。

⑨青木香 10 克、黄连 10 克、白头翁 10 克、车钱子 10 克、苍术 6 克、地榆碳 15 克、炒白芍 15 克、烧大枣 5 枚，研末，每

天 2 次，连用 3 天。

⑩薏苡仁 30 克、金银花 20 克、败酱草 40 克、丹参 18 克、土茯苓 18 克、苦参 18 克、地丁 15 克、丹皮 10 克、广木香 6 克，研末拌料内服，每日 2 次，连用 4～5 天。

（5）预防方法。生产上应采取预防为主，发病及时治疗的原则。

①切断传入途径。坚持自繁自养的原则，防止传染病的传入，加强饲养管理、消除外界不良因素、增强猪的抵抗力，对水、饲料等要严格按照兽医卫生规定管理是预防该病的重要环节。

②在常发地区应有计划地进行预防免疫接种。目前，常用的是仔猪副伤寒弱毒冻干苗，适用于 1 月龄以上哺乳仔猪或断乳仔猪，分口服接种或肌内接种。口服接种室用冷开水将疫苗稀释成每头份 5～10 毫升拌料让猪自由采食，或每头份稀释为 1～10 毫升灌服。肌内接种时按瓶标明的头份，用 20％的氢氧化铝生理盐水稀释液，每猪耳后浅层肌内注射 1 毫升。为增强免疫力，在发病严重的地区，可在断奶前各接种 1 次，间隔 3～4 周。在免疫前 7 天和免疫后 10 天内不得使用抗生素。

③及时隔离治疗。发生本病猪场，要及时隔离治疗病猪，同群猪紧急预防接种，并做好消毒和病死猪的处理。

第三节　养羊实用技术

一、优良品种介绍

（一）绵羊的优良品种

1. 新疆细毛羊　是新中国成立后培育的第一个毛肉兼用品种，分布于全国二十多个省区。新疆细毛羊体格中等，骨壮坚实；公羊鼻稍隆起，母羊鼻平直，公羊有螺旋形角，母羊无角；公羊颈部有 2～3 个皱褶，母羊有发达的纵皱褶，胸宽深，鬐甲中等或稍高，背直而宽，体躯较长，四肢结实，肢势端正，腹毛差，四肢下部多无毛，全身被毛白色，公羊重 98.56 千克，母羊重 53.12 千克，屠宰率 50%～53%，产羔率 140%。羊毛主体细度 60～64 支，公羊毛长 10.9 厘米，母羊 8.8 厘米，油汗以白和淡黄色为主，羊毛含脂率为 12.57%，净毛率 40%，成年公羊剪毛量为 12.2 千克，母羊 5.52 千克。

2. 大尾寒羊 属肉脂兼用绵羊品种。该羊体质结实，头中等大，额宽，耳大下垂，鼻梁隆起，四肢粗壮，蹄质坚实，前躯发育较差，后躯稍高于前躯。

3. 小尾寒羊 该羊具有耐粗饲，易管理，抗病力强，生长发育快，成熟早，繁殖力高，肉用，裘用性好等优点。其四肢较长，体躯高，背腰平直稍宽，小脂尾不及关节，公羊有角，母羊半数有角，鼻梁隆起。

4. 太行裘皮羊 太行裘皮羊是河南省较好的裘皮用绵羊品种。主要分布于太行山东麓沿京广铁路两侧的安阳、新乡地区，该羊体格中等，体质结实，外形一致，尾为小脂尾，尾尖细瘦，有的垂于关节以下。

5. 夏洛来肉用绵羊 是世界著名绵羊品种，育成于法国，1989 年引入河南省后，在桐柏、泌阳、伊川、汝阳、封丘、内黄、汝州等地繁育适应良好。肉用绵羊体型较大，成年公羊平均体重 100～150 千克，母羊 70～90 千克。

6. 豫西脂尾羊 是河南省古老品种之一。该羊毛色以全白为主，有角者居多，耳大下斜，鼻梁隆起，颈肩结合好，肋骨较开张，腹稍大而圆，体躯长而深，背腰平直，尻骨宽略斜，四肢较短而健壮，蹄质结实，脂尾呈椭圆形，垂于飞节以上，体格较小，成年公羊体重 35.48 千克，母羊 27.16 千克。

（二）山羊的优良品种

1. 槐山羊 是黄淮平原的主要山羊品种，分布于豫东南及皖西北。该羊体格中等，结构匀称，紧凑结实，体形近圆桶形。

背腰平直，四肢较长，槐羊山板皮品质优良，皮形为蛤蟆形，以晚秋初冬屠宰剥皮为"中毛白"，质量最好。

2. 河南奶山羊　是从 1904 年开始，引进瑞士莎能奶山羊与当地山羊杂交的后代，经过 80 年的选育而形成的奶山羊品种，1989 年通过鉴定，该品种适应性强，主要分布于陇海铁路沿线，该羊体质结实，结构匀称，细致紧凑，乳用体形明显，头长、颈长、躯干长、四肢长。

3. 太行黑山羊　又名武安山羊，分布于晋、冀、豫三省接壤的太行山区。该羊体质结实，体格中等颈短粗，胸深宽，背腰平直，后躯比前躯高，四肢强健，蹄质坚实，尾短上翘，毛被以黑色居多，由粗毛和绒毛组成。

4. 安哥拉山羊　是世界上最著名的毛用山羊，主要分布于土耳其、阿根廷、新西兰等国家。该羊全身被毛白色，羊毛有丝样光泽，手感滑爽柔软，由螺旋状或波浪状毛辫组成，毛辫长可垂至地面。安哥拉山羊的毛被称为马海毛，是一种高档的纺织原料。

二、饲养技术

(一)绵羊的饲养技术

1. 种公羊的饲养　饲养种公羊一般要求在非配种期应有中等或中等以上的营养水平，配种期要求更高，应保持健壮、活泼、精力充沛，但不要过度肥胖。种公羊的日粮必须含有丰富的蛋白质、维生素和矿物质。应由种类多，品质好，易消化且为公羊所喜食的饲料组成。干草以豆科牧草如苜蓿为最佳，精料以大麦、大豆、糠麸、高粱效果为佳，胡萝卜、甜菜及青贮玉米、红萝卜等多汁饲料是公羊很好的维生素饲料。

种公羊的饲喂，在配种期间，全日舍饲时，每天每头喂优质干草 2～2.5 千克，多汁料 1～1.5 千克，混合精料 0.4～0.6 千克，在配种期，每日每头给青饲料 1～1.3 千克，混合精料 1～

1.5 千克，采精次数多，每日再补饲鸡蛋 2～3 个或脱脂乳 1～2 千克，如能放牧，补充饲料可适当减少，种公羊要单独组群，羊舍应注意避风朝阳，土质干燥，不潮湿，不污脏。应设草栏和饲料槽，确保圈净、水净、料净。平时要对每只公羊的生理活动，进行详细观察，作好记载，发现异常立即采取措施。配种期间，每日应按摩睾丸两次，每月称体重一次，修蹄、剪眼毛一次，采精前不宜喂得过饱。

2. 母羊的饲养

（1）怀孕母羊的饲养。怀孕母羊（怀孕前 3 个月）需要的营养不太多，除放牧外，进行少量补饲或不补饲均可。怀孕后期，代谢比不怀孕的母羊高 20%～75%，除抓紧放牧外，必须补饲，以满足怀孕母羊的营养需要。根据情况，每天可补饲干草（秧类也可）1～1.5 千克，青贮或多汁饲料 1.5 千克，精料 0.45 千克，食盐和骨粉各 1.5 克。平原农区不能放牧的情况下，除加强运动外，补饲应在上述基础上增加 1/3 为宜。最好在较平坦的牧地上放牧。禁止无故捕捉，惊扰羊群以造成流产，怀孕母羊的圈舍要求保暖，干燥，通风良好。

（2）哺乳母羊的饲养。母乳是羔羊生长发育所需营养的主要来源，特别是生后的头 20～30 天，产羔季节，如正处在青黄不接时期，单靠放牧得不到足够的营养，应补饲优质干草和多汁饲料。羔羊断奶前几天，要减少母羊的多汁料、青贮料和精料喂量，以防乳房炎的发生，哺乳母羊的圈舍应经常打扫，保持清洁干燥，胎衣、毛团等污物要及时清除，以防羔羊吞食生病。

（二）山羊的饲养

1. 补料　羊在舍饲时间的营养物质，主要靠人来补充。因此，在日粮中，除给以足够的青草和干草外，还应根据不同的情况补喂一定数量的混精料，以及钙磷和食盐等矿物质饲料，使之满足对营养物质的需要和维持体质的健康。

2. 给饲方法与饮水　喂饲方法，应按日程规定进行，一般每天应喂 3～4 次，要求先喂粗饲料，后喂精饲料。先喂适口性较差的饲料，后喂适口性好的饲料，使之提高食欲，增加采食量。粗料应放入草架中喂给，以免浪费饲料，还要供给充足的饮水，每天饮水次数一般不少于 2 次。

三、羊病的防治

（一）羊病预防的一般措施

1. 详细调查　了解和掌握本场、本村及周围羊的历史，特别是近两年来疫病发生和流行的情况、防治情况、自然环境及饲草料情况以及疫病流行的条件和防治优势。

2. 勤于观察和定期检疫　发现病羊和疑似病羊立即隔离，专人饲养管理，及时治疗，死亡病羊慎重处理。

3. 不喂被污染的饲料和水　不到被污染的地方放牧饮水，不从疫区买羊，健康羊不到疫区去，必须经过时，自带草料和饲具，并迅速通过，对新买的羊经观察和检疫，确认健康无病后，方可入群。

4. 圈舍经常打扫，定期消毒　清除粪便并堆放在距圈舍、水井及住房 100～200 米以外的地方，饲养管理工具要经常清洗和消毒，饲草饲料及饮水要干净卫生。

5. 杀死害虫，消除老鼠并消除环境污染因素。

6. 加强饲养管理，增强机体抗病能力。

7. 对已有疫苗的传染病，进行定期防疫注射，并注意随时补注，做到一只不漏，只只免疫。

（二）几种主要羊病的治疗措施

1. 羊痘　是一种急性皮肤传染病，多发生在春秋两季，山绵羊都易感染。防治方法：

（1）羊群中发现羊痘病羊，应隔离饲养，粪便堆积发酵处理，饲具、场院彻底消毒 2 次。

（2）每年定期预防注射羊痘疫苗。大羊每只皮下注射 5 毫升，羔羊每只皮下注射 3 毫升，注射 4～6 天后产生免疫力，半年内不患羊痘病。

（3）患部可用 1％高锰酸钾水洗，用碘酒擦，如有并发症时，应及时对症治疗。

2. 羊肠毒血症 又叫软肾病，是由于羊采食了带有 D 型产气荚膜梭菌的饲草经消化道而引起的，有明显的季节性，多发生于春末夏初或秋末冬初，特别是梅雨季节，3～12 周龄羔羊最易患此病。防治方法：

（1）定期消毒。羊圈要定期用 2％氢氧化钠和 5％来苏儿溶液消毒。

（2）疫苗预防注射。在流行季节前注射羊肠毒血症或羊肠毒、快疫、猝疽三联疫苗，半岁以下注射 5～8 毫升；半岁以上 8～10 毫升；当年出生的羔羊宜注射 2 次三联疫苗，哺乳期一次，断奶后一次，相隔 40～50 天。

3. 羊的布氏杆菌病 是由布氏杆菌所引起的一种以流产为特征的人、羊共患的慢性接触性传染病。防治方法：

（1）对羊群每年定期检疫，并采取隔离病羊、消毒等防治措施。

（2）定期进行布氏杆菌菌苗接种，布氏杆菌羊型 5 号弱毒疫苗，可采取注射免疫法和气雾免疫法，猪型 2 号弱毒疫苗可采取注射免疫和饮水免疫法 2 种。

4. 羊的疥癣 疥癣又叫"生癞"，是由疥癣虫寄生而引起的皮肤病。防治方法：

（1）加强饲养管理，使羊圈向阳通风，病羊隔离饲养，用具定期用 20％石灰水消毒。

（2）定期药浴。

5. 羊肝片吸虫病 是羊的一种主要寄生虫病。

防治方法：每年驱虫 2 次，一次在秋末冬初，一次在冬末春初，用硫双二氯酚 75～100 毫克/千克，加适量水灌服。

6. 瘤胃臌胀　当羊吃了大量发酵的青草、豆科植物、发霉的草料、豆饼及精料等，容易发生膨胀，此病多发生在夏秋两季。防治方法：

（1）不给大量粗硬、不易消化的饲料。防止偷吃精料，经常给以充足的饮水；在变换草料尤其初次给予羊爱吃的草料时，要逐渐变换，限制给量。

（2）使病羊站在前高后低的坡上，拉出舌头，用一根木棍涂上松节油横放口中，同时，按摩左肷部，帮助排出气体。

（3）病势很急有窒息危险时，可用套管针头或 16 号针头穿刺放气。但要缓慢，放完后可顺放气管注入樟脑油 5～8 毫升，穿刺口用 5% 碘酊消毒并用胶布贴盖好。

7. 乳房炎　多因挤奶方法不对，奶没挤净，乳房不清洁，乳房有外伤受到细菌感染等原因所引起。防治方法：

（1）每次挤奶要挤净，注意乳房卫生，防治乳房外伤。

（2）初期红肿热痛时，进行冷敷以退热消肿。中后期炎症减轻，乳房变硬，奶量少时可改热敷。在乳房与腹壁间注射 0.25% 的普鲁卡因 20～30 毫升，进行封闭疗法，以减少疼痛，促进痊愈。

8. 尿素中毒　羊喂过量的尿素或尿素与饲料混合不均匀或喂尿素后立即饮水都会引起中毒，饮大量的人尿也会引起中毒。防治方法：

（1）按规定剂量饲喂尿素，喂后不立即饮水，防止羊偷吃尿素及饮过量人尿。

（2）病羊早期灌服 1% 醋酸溶液 250～300 毫升或食醋 0.25 千克，若加入 50～100 毫克食糖及水，效果更佳。

（3）用硫代硫酸钠 3～5 毫克，溶于 100 毫升 5% 的葡萄糖生理盐水，静脉注射。

（4）静脉注射 10% 葡萄糖酸钙 50～100 毫升和 10% 的葡萄糖溶液 500 毫升，同时灌服食醋 0.25 千克，效果良好。

第四节　池塘综合养鱼实用技术

综合养鱼又称综合水产养殖，是以水产养殖业为主，与农林种植业，畜禽饲养业和农副产品加工业综合经营及综合利用的一种可持续生态农业。综合养鱼是中国淡水养殖的一大特色，这种生产结构不但适合中国国情，而且对所有的发展中国家，甚至一些发达国家都具有很大的实用价值，也是我国今后一个时期水产养殖的发展方向。

一、综合养殖的优点和意义

（一）合理利用资源，增加水产养殖的饲料、肥料

综合养鱼可以比较合理地利用太阳能、水、土地资源以及各种产业的副产品和废弃物，为水产养殖增加饲料、肥料来源，从而能为人类生产更多水产蛋白质食品。如在农、林模式中利用与池埂及其斜坡、路边和房前屋后的零星土地种植高产优质牧草，用鱼池过多的塘泥作肥料肥田，既节约了肥料，也创造了饲料，在长江流域一般每亩塘泥可为 1 亩饲料地提供足够的肥料，可生产 15～20 吨黑麦草和苏丹草，利用这些牧草可养出滤、杂食性鱼 0.8 吨。

（二）节约成本，增加收入，降低了经营风险，提高了市场竞争能力

综合养鱼利用了自产的廉价饲料和肥料，达到饲料和肥料自给和半自给，从而减少乃至避免因外购饲料、肥料所消耗的大量人力、物力和财力，从而可降低生产成本，获得更大利润，一般种牧草养鱼的成本是种小麦养鱼成本的 1/2；用鸡粪或猪粪养鱼成本是用商品小麦养鱼的 1/10～1/6。另一方面，综合养鱼增加了更多的产业，也就增加了生产经营的安全性，降低了经营风险性，同时也提高了产品的市场竞争力。

（三）减少废弃物污染，保护并美化环境

随着农业畜牧业生产集约化程度的提高，专业化程度的加强，生产规模的扩大，生产中形成的废弃物也不断增加，适当发展综合养鱼，利用鱼类在生长过程中对农畜废物的净化能力，可把综合养鱼场变成"废弃物处理场"，这种处理不但成本低，方便易行，而且可以获得大量鱼产品，既减少了污染，保护了环境，还增加了健康食品和经济效益。

总之，发展综合养鱼，与其匹配的农产物，组成了良好的生态环境，可自动的调节当地的小气候，这种综合养鱼的面积越大，对小气候的调节能力就越强，对生态环境的贡献也越大。同时这种综合养鱼模式还有益于农业生产结构的合理化和城市布局的合理化。

目前，国际化社会和世界人民的两大问题是保护环境和克服贫困。人类从前改造自然和发展经济的历史，是人类在当时对自然认知的相对局限的水平下进行的，不合理地利用资源，甚至过度利用，造成资源枯竭，生态环境破坏；而有些则是不知利用，或可充分利用而不知充分利用而造成资源浪费，甚至造成废弃物的大量积累而污染环境。综合养鱼则能保持所养水产品之间，水产品与池塘环境之间的生态平衡，池塘环境与周围陆地之间的生态平衡，综合养鱼本身没有破坏环境的废弃物，而且可以把系统外的一些废弃物转化为再生资源。因此，综合养鱼是一种能把低能量、低蛋白物质转化为高能量、高蛋白质水产品的生产手段，是一种能保护生存环境的可持续发展的生态农业。

二、综合养鱼的类型与模式

我国综合养鱼的形式多种多样，内容丰富，按照投入物物质的流向可分为下列几种类型：

（一）鱼-农综合系统

鱼-农综合系统是在饲料地、池埂及其斜坡和路边、房前屋

后零星土地，以及河、湖、沟、洼等水面养陆、水生饲料、绿肥等作物，为水产养殖服务，或综合经营。这是我国综合养鱼最古老最普遍的系统，也是我国综合养鱼最基本的系统。

鱼、农能紧密结合的原因，一是养鱼对饲料的要求；二是养鱼的塘泥使池塘条件恶化，而塘泥却是农业优质肥源之一，为种植业生产的基础。鱼-农综合系统按作物种类和耕作制度不同分为以下4种模式。

1. 养鱼与陆生植物种植综合类型 该模式在饲料地、鱼池堤埂及其斜坡以及零星土地种植陆生作物，全部或大部分用作鱼类饲料和鱼池绿肥。

（1）选择用于养鱼的陆生作物的原则。与养鱼配合的青饲料作物，应选择鱼类适口的营养丰富的高产作物，每亩产量要在5 000千克以上为好；要求作物的旺长期与鱼类摄食量高峰期一致；抗病力强，易管理。为了能保护鱼池堤埂，要求作物的根系比较发达，根幅水平分布的范围在40厘米以上；若作为绿肥，还要求碳氮比例较小易分解。

（2）常用于养鱼的陆生作物品种。目前，我国综合渔场种植的作物有20多种，主要品种有：黑麦草、苏丹草、象草、杂交狼尾草、紫花苜蓿、白车轴与红车轴草、苦麦菜、聚合草等。

（3）以青饲料为主的养鱼放养模式。种植水陆生青饲料养鱼，应主养草鱼和团头鲂，带养滤、杂食性鱼。总放养量为100～120千克/亩，放养质量比例如下：大、中规格草鱼（2～4尾/千克）占总放养质量的65%～75%；团头鲂占10%～15%，规格30～40尾/千克。鲢、鳙占15%左右，规格15～20尾/千克，鲫鲤占5%～7%，规格：鲤20～40尾/千克，鲫30～50尾/千克。按此比例，草鱼和团头鲂的粪便和排泄物肥水，足以带养鲢、鳙、鲤、鲫，不需施肥和其他饲料。如增投其他饲料和肥料，放养比例应相应调整。生产中一般可按表3-2或表3-3放养。

表 3-2　以草鱼为主放养模式（轮捕轮放，计划产量 500 千克/亩）

种类	放养时间	放养规格 （千克/尾）	数量 （尾/亩）	质量 （千克/亩）
草鱼	春节前	0.4～0.5	175	70
草鱼	6～7 月	夏花	250	0.125
团头鲂	春节前	0.02～0.03	300	10
鲢	春节前	0.15～0.25	20	4
鲢	春节前	0.05～0.1	110	8
鲢	6～7 月	夏花	190	0.095
鳙	春节前	0.15～0.25	5	1
鳙	春节前	0.05～0.1	30	2
鳙	6～7 月	夏花	50	0.025
鲤	春节前后	0.04	120	3
鲤	5～6 月	夏花	170	0.85
鲫	春节前后	0.04～0.05	150	3
鲫	5～6 月	夏花	210	0.105
合计			1 780	100

说明：①鱼池水深 2 米。②6 月底至 9 月底每月轮捕一次。③以青饲料为主，辅以粮食饲料。④对套养的草鱼夏花应特殊照顾，既围小食场，只允许此鱼进入，投喂芜萍、浮萍。⑤使用增氧机效果更好。

表 3-3　以草鱼为主放养模式（套养，不轮捕，
计划产量 400 千克/亩）

种类	放养时间	放养规格 （千克/尾）	数量 （尾/亩）	质量 （千克/亩）
草鱼	春节前	0.4～0.5	138	55
草鱼	6～7 月	夏花	170	0.085
团头鲂	春节前	0.02～0.03	150	10
鲢	春节前	0.05～0.1	200	10
鲢	6～7 月	夏花	300	0.15
鳙	春节前	0.15～0.1	60	3
鳙	6～7 月	夏花	100	0.05

（续）

种类	放养时间	放养规格 （千克/尾）	数量 （尾/亩）	质量 （千克/亩）
鲤	春节前后	0.04	80	2
鲤	5～6 月	夏花	120	0.06
鲫	春节前后	0.04～0.05	100	2
鲫	5～6 月	夏花	150	0.075
合计			1 718	82

说明：①鱼池水深 2 米。②鲤和鲫的比例可按需要适当调整。③以青饲料为主，辅以粮食饲料。④对套养的草鱼夏花应特殊照顾，既围小食场，只允许此鱼进入，投喂芜萍、浮萍。

2. 养鱼与水生植物综合类型　　在渔场附近还有湖泊、河流、洼地以及进排水沟等水体的地方，利用其他水体种水生植物，为养鱼提供饲料和绿肥，有些渔场还种养水生果蔬，供应市场。这种模式为养鱼与水生植物综合类型。

此类型中水生渔饲植物一般是凤眼莲、水浮莲、喜旱莲子草和"四萍"。

水生蔬菜植物莲藕与鱼共养也是一种高效种养模式。在豫北地区实践效益明显，一般每亩池可产莲藕 2 500 千克，产值 5 000 元，除去投资 2 000 元，纯收入在 3 000 元左右；还可产鲶 1 000 千克，产值 8 000 元，除去投资 3 500 元，纯收入在 4 500 元左右。一年纯收入在 7 500 多元。

（1）莲藕种植技术。莲藕为睡莲科多年水生草本植物。原产南亚，在我国栽培已有 3 000 多年历史。莲藕营养丰富，富含淀粉、蛋白质、B 族维生素、维生素 C 和无机盐类。该蔬菜生食可口，熟煮可制作 50 多种菜肴，经深加工还可制成藕粉和蜜饯。目前，我区市场莲藕主要靠外调供应，发展种植前景广阔。

①品种与种藕的选择。莲鱼共养应选用浅水藕类型品种，该类型品种地下茎（藕）较肥大，皮白肉嫩味甜，能生吃或熟吃；叶脉突起，少开花或不开花，开花后不结或少结种子。适于

30～50 厘米水层的浅塘或水田洼地栽培。同时，生产中还应少花无蓬、性状优良，而且顶芽完整，藕身粗大，无病无伤，2 节以上或整节藕作种。若使用前 2 节作种，后把节必须保留完整，以防进水腐烂。

②栽培地点的选择。莲藕的生命力极强，可利用小池、河湾等地方栽培。但高产栽培要求以含有机质丰富的壤土为好。为配养鱼类，田内应挖"回"形深沟，沟宽 3～4 米，深 1～1.5 米；内埂高 0.5 米，宽 0.5 米；外埂高 1.5 米，宽 2 米，以满足鱼类生长水体环境。人工建造的小型水泥莲鱼共养池，也可不要小深沟。

③栽种方法。

种植密度：莲藕的栽种期黄河下游地区一般在 4 月上中旬栽种，栽种密度与用种量因土壤肥力、品种、藕种大小及采收时期而不同。一般早熟品种比晚熟品种、土壤肥力高比土壤肥力低、田藕比荡藕、早收比迟收的栽种密度大，用种量也多。人工池塘栽种莲藕，如当年亩产要求达到 2 000～3 000 千克，一般行距 1.5～2.0 米，穴距 1～1.5 米，每亩 250～300 穴，每穴 1～2 支（田藕 1 支或子藕、孙藕 2 支），每支 2 节以上。一般亩需种藕 250 千克左右，如仅用子藕或孙藕，用种量为 100～150 千克。

种植方法：人工水泥池塘栽藕时，先将藕种按规定株行距排在田面上，藕头向同一个方向，要种到埂边，最后一行在加栽一部分向池边的藕种，各行种藕位置要互相错开，便于萌发后均匀分布。栽植时，将藕头埋入泥中 8～10 厘米深，后把节稍翘在水面上，以接受阳光，增加温度，促进发芽。人工池塘栽培种后上水，水深 10 厘米，以后逐渐加深。

④管理技术。

种藕选择与催芽：栽前从留种田挖取种藕，选择藕身粗壮整齐、节细、顶芽完整、有 2～3 个节的田藕或子藕做种，在最后一个节把后 1.5 厘米处用刀切断，切忌用手掰，以防截断不适，栽后泥水灌入藕孔引起腐烂。种藕一般随挖、随选、随栽，如当天栽不完，应洒水覆盖保湿，防止顶芽干萎。远途引种，应注意保湿，严防碰伤；并注意切勿沾染酒气，藕种遇酒气便会腐烂。为防止水温过低引起烂种缺株和提高种藕利用率，栽前也可室内催芽，方法是：将种藕置于室内，上下垫盖稻草或麦秸，每天洒水 1～2 次，保持堆温 20～25℃，15 天后芽长 6～9 厘米即栽植。

施肥管理：莲藕产量高，需肥量大，应在施足基肥的基础上适时追肥。针对一般生产中氮磷投入过多的现象，提出减氮控磷增钾补硼锌的施肥原则。

施足基肥：基肥在整地时施入，一般亩施优质农家肥 2 000～3 000 千克，氮肥的 50%、钾肥的 60%，磷肥及硼锌肥的全部进行底施，可亩施纯氮 10～12 千克、五氧化二磷 8～10 千克、氯化钾 9～10 千克、硼肥 0.2 千克、锌肥 0.2 千克。

及时追肥：追肥分 2 次进行，第一次在栽种后 20～30 天，有 1～2 片荷叶时进行，可促进莲鞭分枝和荷叶旺盛生长。一般亩追 30% 的氮肥和 40% 的钾肥，可亩施纯氮 5～6 千克，氯化钾 5～6 千克；也可施入人粪尿或腐熟沼液 1 000～1 500 千克。第二次追肥多在栽种后 50～55 天进行，一般亩追氮素化肥的 20%，可亩追纯氮 4～5 千克；也可施入人粪尿或沼肥 1 000～1 500 千克。此时应注意追肥时不可在烈日中午进行和肥料不要洒在叶面上，以免烧伤荷叶。同时还要防止因施肥过多，使地上部分生长过旺，荷梗、荷叶疯长贪青，延长结藕期造成减产。

水位管理：应掌握由浅到深，再由深到浅的原则。移栽前放干田水；移栽后加水深 3～5 厘米，以提高水温，促进发芽；催芽田移栽后加水 5～10 厘米。一般田长出浮叶时加水至 5～10 厘米；以后随着气温的上升，植株生长旺盛，水深逐步增到 30～50 厘米；2 次追肥时可放浅水，追肥后恢复到原水位。结藕时水位应放浅到 10～15 厘米，以促进嫩藕成熟；最后保持土壤软绵湿润，以利结藕和成熟。注意夏季要防暴雨、洪水淹没荷叶，致使植株死亡而减产。

及时防治病虫害：藕莲主要病害有枯萎病、腐败病、叶枯病、叶斑病、黑斑病、褐斑病等。这些病害对莲藕的产量影响很大，一般减产20%～90%，严重时无收。

枯萎病或腐败病一般发生在苗田满叶时，发病初期叶缘变黄并产生黑斑，以后逐渐向中间扩展，叶片变成黄褐色，干燥上卷，最后引起腐烂，全部叶片枯死，叶柄尖端下垂。叶枯病或叶斑病主要发生在荷叶上，叶柄也时有发生，起初叶片表现出现淡黄色或褐色病斑，以后逐渐扩大并变成黄褐色或暗褐色病斑，最后全叶枯死。黑斑病发生在叶上，开始出现时呈淡褐色斑点，而后扩大，直径可达10～15毫米，有明显的轮纹并生有黑霉状物，严重时叶片枯死。褐斑病称斑纹病，发病时叶片上病斑呈圆形，直径0.5～8毫米，多向叶面略微隆起，而背面凹陷，初为淡褐色、黄褐色，后为灰褐色。边缘常有1毫米左右的褐色波状纹。上述病害均应采取综合预防为主，药物防治为辅的原则。选择无病种藕；进行轮作换茬，与有病田隔离；合理灌水施肥，注意平衡施肥，及时清除病株，消除病原。可用治萎灵、多菌灵或硫菌灵在发病初期10天内连续2～3次喷洒防治。

主要虫害有蚜虫、潜叶摇蚊、斜纹夜蛾、褐边缘刺蛾和黄刺蛾等。蚜虫群集性强，主要危害抱卷叶或浮叶，从移栽到结藕前均可发生；潜叶摇蚊从幼虫潜入浮叶进行危害，吃叶肉，使浮叶腐烂，此虫不能离水，对立叶无害。防治方法每亩可用50%抗蚜威可湿性粉剂15克兑水50千克喷雾，也可将少量虫叶摘除。斜纹夜蛾、褐边缘刺蛾和黄刺蛾；属杂食性害虫，主要危害荷叶；诱杀成虫，在发蛾高峰前，利用成虫的趋光性和趋化性，采用黑光灯捕杀成虫；采卵灭虫，在产卵盛期，叶背卵块透光易见时随手摘除。

⑤采收。当终叶叶背出现微红色，最早开放的荷花形成的莲

蓬向一侧弯曲时，标志着地下新藕已形成。这时植株多数叶片还是青绿色。若采收应在采收前 4～5 天将荷叶摘去，使地下部分停止呼吸，促使藕身附着的锈斑还原，藕皮脱锈，容易洗去，从而增进藕的品质。一般多在白露到霜降采收，此时藕已充分老熟，在挖藕前 10 天左右，将藕田水排干，以利挖藕。

（2）鲶养殖技术。

①品种类型的选择。莲池共养鲶可选用革胡子鲶或南方大口鲶。适应性强，生长速度快，人工养殖经济效益高，是普遍受到消费者和生产者欢迎的优良养殖品种。

②池塘要求。莲鲶共养池面积一般以 1～2 亩较适宜，要求水源充足，进、排水方便，采用 45°坡面，深度为 1.5 米，经砼硬化防渗处理后回填 0.5 米壤土，进行莲菜种植。上有约 1 米左右深，可根据季节变化调节水位。进排水设施齐备，并设有鱼沟、鱼溜等设施，符合鱼莲共养模式技术要求。

③鱼苗的放养。一般在莲藕长出立叶后，水温又比较适宜时放养。豫北地区一般在 5 月上、中旬。放养前藕田应用生石灰消毒，并施入适量腐熟的粪肥以培养饵料生物。每亩可放养 8～10 厘米的越冬鱼种 800～1 100 尾；或放养当年早育的 3～5 厘米小规格鱼种 1 000～1 500 尾。放养时鱼苗用 3％的食盐水浸浴 10 分钟。

④饲料与投喂。2 种鲶是以动物性饵料为主的杂食性鱼类。小鱼苗投放后，前期主要摄食水体中的原生动物、轮虫、小型枝角类以及无节幼体等；也可适当投喂蛋黄、鱼虾肉、豆饼、麦麸等。中后期人工饲养条件下，鲶不仅能摄食小鱼、小虾、螺、蚌、蚯蚓、黄粉虫、蝇蛆、蚕蛹、鱼粉、屠宰下脚料等动物性饵料；也摄食豆饼、花生饼、棉仁饼、菜籽饼、麦麸、米糠、玉米粉、豆腐渣、浮萍、瓜果皮、菜叶等植物性饲料。另外还可投喂人工配合饲料。投喂量应根据天气、水温、饲料种类及鱼的摄食情况而定，一般日投喂量为鱼体重的 5％～10％。中后期也可投

喂鸡肠子饵，生产效益较好，一般饵料系数在（4～5）：1。

⑤水位与水质调节。初期藕田水位可浅些，以有利于提高地温和水温，促进莲藕和鱼苗的生长，随着气温的升高，应逐步加深水位，在藕、鱼旺盛生长期，田面水位可加深到 30～50 厘米。为保持藕田水质清新，应经常换水，但换水时应注意水温差，尤其是换入井水时，每次换入量应不超过田水量的 25%。

⑥病害防治。在莲鱼共养池中定期施用一定量的生石灰，不仅可以防治莲藕腐败病和地蛆病等，而且还可预防鲶细菌性疾病的发生，同时还能起到调节水质的作用。一般每隔半月左右泼洒一次生石灰，浓度为 20 毫克/升。

为更好防治鱼病，还可定期将鱼药拌在饲料中制成药饵进行投喂。另外，需要注意生长期间如需对莲藕用药防治病害时，一定要选好药，并严格掌握用药浓度和采取正确的施药方法，以确保鲶安全。

⑦日常管理。日常管理工作主要是坚持早晚巡塘，观察水质情况和莲藕长势与鲶动态，检查防逃设施等，发现问题及时解决。

3. 鱼草轮作类型　养鱼的季节性强，大多数鱼种池和部分成鱼池都有一定的空闲期，鱼草轮作就是充分利用这些鱼池的空闲期种植青饲料、绿肥或水生蔬菜，与养鱼轮流进行。鱼草轮作可充分利用塘泥中的养分，为其他养殖水面提供青饲料和绿肥，也能为市场提供蔬菜，从而提高鱼池的生产能力，增加收入。

（1）鱼草轮作的模式。

①单池轮作。即在同一口鱼池中进行鱼草轮作，多用于 1 龄鱼种池。一般在秋后鱼种并塘后种草或菜，第二年夏花放养前收获。

②多池轮作。将一组食用鱼池组合起来，分期分批的实行种草、种绿肥与养鱼轮作。

（2）鱼草轮作的主要作物品种。鱼草轮作在冬、春季种草或菜，可选择适宜该季节生长的作物品种，如黑麦草、越冬菜和生长期短的叶菜类种植。种植蔬菜可采用提前育苗移栽和大棚种植技术措施等。

4. 稻田养鱼类型 稻田是一个复杂的生态系统，在该系统中不但有人类需要的主要产品，也有很多与水稻竞争营养与阳光的初级生产者，如浮游植物和水生植物等，还有以浮游植物和水生植物为营养的各级消费者，如浮游动物、水生和过水昆虫等，这些植物绝大部分不能被人类所利用，相反有些则危害水稻、人、畜。然而，在稻田中养鱼和其他水产品就改变了这一局面，不但消除和抑制了有害生物，而且转化为人类所需的水产品，鱼和其他水产品的粪便又可肥稻田。所以说在稻田中搞水产养殖是可行的，有利于良性发展和可持续发展。

（1）稻田养鱼的特点。

①水位。大多数时间稻和鱼对水位的要求是一致的，水稻分蘖早期，水位较浅，此期还是鱼类的放养和生长早期；随着水稻生长，水位增高，也利于鱼类生长；但对鱼影响最大的是水稻抽穗期的"烤田"，要将稻田的水排干，解决的办法是在稻田的准备阶段，在稻田的中间和四周挖好鱼沟和鱼溜，在"烤田"排水时让鱼游入沟、溜中。

②水温。稻田水温变化可满足鱼类生长的要求，早期秧苗小，不遮阳，有利于鱼类生长，7、8月气温最高时，水稻可为鱼类遮阳，以免鱼类过分受热。

③酸碱度（pH）稻鱼对 pH 的要求是一致的。一般稻田 pH 为 6.5～8.5，适合鱼类生长。

④溶氧。稻田溶氧较高，常为 4～8 毫克/升。至今未见稻田鱼类有浮头现象的报道，稻田养鱼免去了人工增氧的费用。

⑤丰富的饵料资源。首先，稻田有众多杂草和沉水、浮水、挺水植物，虽是水稻生长的大害，但它们是草食性鱼、部分杂食性鱼和滤食性鱼的适口饲料。其次，稻田中约有 20 多种较大型水生动物，也是鱼类的食料。其三，一些陆生昆虫和过水昆虫及

其幼虫，虽是水稻的主要敌害，但它们落水或过水时也能成为鱼类饲料。其四，水生细菌和有机碎屑也都是鱼类的食源。

（2）稻田可养殖的水产品类型。常规养殖鱼类中，除身体侧扁而背高的鳊、鲂类和较大规格的商品鱼外，都可养殖；其他水产品如虾、蟹等也可养殖。

（3）生态法稻田养殖泥鳅经济效益较高，据实践，每亩稻田可产泥鳅 300～400 千克，额外收入 1 500 多元。具体实用技术：

①田间工程。在靠近水源沟渠一侧和田块中间挖一环行沟，沟宽 60 厘米，深 50 厘米，环沟内全部铺设 20 目纱窗网布防逃。在稻田进水口处设种鱼集中坑，面积要达到 3 平方米以上，内设投饵台。

②稻田消毒处理。每亩稻田用生石灰 50 千克、漂白粉 15 千克，彻底消毒和杀灭水生敌害生物等。

③肥水。于 4 月中下旬稻田来水后，将稻田全部灌满，亩施豆饼 7.5 千克，全田扬撒均匀即可。主要是培植水中大量的浮游生物，解决鱼苗的开口饵料问题。

投放亲鱼。于水稻插秧后 7 天，稻秧缓秧后投放泥鳅亲鱼，要选择二冬龄标准亲鱼，健康无伤害的成熟泥鳅，种鱼投放量一般为每亩 300 尾，雌雄比为 1∶1，雌泥鳅要腹大柔软、有光泽，一般体长 12～16 厘米、体重 15～20 克；雄泥鳅一般体长 10～12 厘米、体重 12～15 克，一并投放到孵化稻田中，每天投喂饵料培育亲鱼。

④孵化管理。将上水渠灌满水形成高水位，以备循环用水。在环沟内用棕树皮做鱼巢，供亲鱼产卵用。在 5 月底后自然水温达到 23～25℃时，注意观察亲鱼雌雄缠绕时，立即放水刺激，以循环水的方式，促进产卵。为保持较长时间的循环水促亲鱼性腺发育和亲鱼兴奋时防止逃跑，应在上水口处用 5 根接自来水用的塑料管做进水管道，连放 3 天水，至孵出小鱼苗为止。排水口用塑料管在坝埂向内前伸出 80 厘米，并全部间隔 2 厘米钻眼，

然后包上细纱布，防止水生动物和鱼卵随水排出。6～8月是泥鳅的产卵高峰，为提高鱼苗质量，要多批次周期性放水，刺激种鱼周期性多批次产卵。

⑤投喂管理。鱼苗孵出后，主要摄食水生动植物，应加强水质调节，使其肥、活、冷、嫩、爽，培育出更多更好的天然饵料，供鱼苗食用。鱼苗孵出一周后，补充人工饲料，前期精喂需要40%的蛋白饲料，每天早晚2次，后期投喂含蛋白30%的饲料。

⑥及时起捕。当水温降到15℃时及时起捕，以防起捕过晚钻入泥中。起捕时先放水把泥鳅集中于鱼沟中，用抄网进行捕捞。

（二）鱼-畜（禽）综合系统

畜禽粪肥的最大特点是混有大量未消化的饲料碎屑，大约占摄入饲料量的1/3左右，鸡粪高达35%。另外，畜禽粪肥中混有大量被畜禽泼洒浪费的饲料，这些未消化的饲料和泼洒饲料都是鱼类的良好饲料。同时畜禽粪便中还带有大量微生物，这些微生物在排出体外后大部分为死亡状态，也是鱼类的良好饲料，所以利用畜禽粪便进行水产养殖是可行的，可节约大量的养殖成本，可避免一些养殖风险，同时也净化了环境。

据试验，鸡、鸭、鹅、猪、牛粪饲肥养滤、杂食性鱼类的肥料转化系数（即每生产1千克滤、杂食性鱼类所需的畜禽粪肥量的数值）按干重计分别是2.28～5.54、2.23～5.70、3.48～5.73、2.17～5.77、3.15～6.24；按湿重计分别是4～10、10～15、15～25、10～24、21～41。肥料转化系数随粪肥蛋白质含量增加而降低；随水深增加而偏向上述高限。

单纯用畜禽粪肥养鱼应以滤、杂食性鱼类为主，一般鲢占总放养量的65%左右、鳙占20%、鲤占7%左右、鲫和罗非鱼占3%左右、团头鲂占5%左右。

直接用畜禽粪肥养鱼，除一部分粪肥损失外，还会因在水底进行厌氧发酵产生一些对鱼类有害物质影响到养鱼效果；并且，也可能带入一些鱼类的致病菌和寄生虫，近年来，利用畜禽粪肥先发展沼气，然后利用腐熟的沼渣、沼液养鱼解决了这一问题，不但获得了清洁的能源，还提高了养鱼效益。据试验，沼肥与未经腐熟的人粪尿养鱼比较，水体含氧量提高 52.9%，磷酸盐含量提高 11.8%，因而使浮游动、植物数量增长 12.1%，质量增长 41.3%，从而使白鲢增产 36.4%，花鲢增产 9%，同时还能减轻猫头鳋、中华鳋、赤皮病、烂鳃、肠炎等常见病虫的危害。用沼肥养育应掌握以下关键技术：

①基肥。一般在春季清塘，消毒后进行，每亩施沼渣 150 千克或沼液 300 千克，均匀撒施。

②追肥。4～6 月，每周每亩施沼渣 200 千克；7～8 月，每周每亩施沼渣 100 千克或沼液 150 千克。

③施肥时间。追肥在晴天 8～10 时施用较好，阴雨天气光合作用不好，生物活性差，需肥量小，可不施，有风天气，顺风泼洒；闷热天气，雷雨到来之前不施。

注意事项：沼肥养鱼适用于花白鲢为主要品种的养殖塘，其混养优质鱼（底层鱼）比例不超过 40%。养鱼水体的透明度应保持 25～30 厘米，若水体透明大于 30 厘米，说明水中浮游动物数量大，浮游植物数量少，可适当增施沼肥，直到透明度回到 25～30 厘米；若水体透明度小于 25 厘米，应注意换水和少施沼肥。

（三）鱼-畜-农综合系统

鱼-畜-农综合系统是鱼-农和鱼-畜两个基本系统的结合和发展。有下列两种主要模式：

1. 畜-草（菜）-鱼 即用猪、牛、羊等畜粪种植高产牧草或绿叶蔬菜，用草或菜主养草食性鱼类，以草食性鱼类的粪便和鳃及体表的排泄物肥水，带养滤、杂食性鱼类，养鱼形成的塘泥又用作牧草或菜的肥料。其中猪-草-鱼模式最普遍，最有代表性，已经推广到长江、太湖和黄河流域，取得了显著效益。

2. 菜（草）-畜-鱼 此模式是种植高产蔬菜、牧草用作家畜饲料，用畜粪肥直接下鱼池肥水，主养滤、杂食性鱼，塘泥用作菜、草的肥料。

三、池塘综合养鱼的发展方向

（一）在稳定常规的养殖品种的基础上发展"名、特、优"水产品

目前，我国大量养殖的常规鱼类，物美价廉，是广大人民群众主要的优质蛋白质食品，不可缺少。同时养殖技术已被广大鱼农所掌握，在老养殖区要稳定；在一些内陆地区，由于人均占有量少，价格也贵，仍还需要发展。无论是稳定还是发展，都必须以提高单位面积产量、降低成本、搞好综合养殖，提高效益为前提。随着我国人民生活水平的不断提高，在经济发达地区和部分经济条件好的群体，人们已不满足于只吃常规养殖鱼类，同时更欢迎一些"名、特、优"水产品种。近十多年来，我国科研工作者和生产者驯养、培育、引进了约20多种淡水鱼虾、蟹、贝等品种。其中有近十个品种稳定占有市场，并有较高的经济效益，但市场空间有限，养殖企业和养殖户应以销定产发展生产，切不可盲目发展"名、特、优"水产品种。"名、特、优"水产品种也要逐步降低生产成本，面向广大人民群众，才能成为最持久、最有生命力的产品。

（二）走综合养殖和可持续发展之路

人们生活质量的提高也反映到绿色健康食品的强烈需求，随着市场的激烈竞争，将逐步要求所有水产养殖过程中不施肥，不用有碍人类健康的药物，不用含激素类的饲料。大力发展种草养鱼，以草食性鱼为主的模式，以鱼池良性生态平衡为基础，建立鱼池与陆地的良性生态平衡，走综合养鱼和可持续发展的道路，是今后养鱼的发展方向。这种模式不但是经济效益好，物质能量

转化效率高的模式，而且在生产时不但不产生废弃物污染环境，还能在生产中尽可能的转化环境中的废弃物净化环境。

（三）以综合养鱼为核心，发展多种经营

国内外经济的发展证明，农业生产必须与农副产品加工密切结合，才能提高效益，减少损失，保护环境、增加就业、持续发展。以综合养鱼为基础，向渔业、畜禽饲养业和种植业的投入端和产出端发展，在投入端加入饲料工业，在产出端增加畜禽产品加工和销售。逐步把产业做大做活，才能保护和促进核心产业长期发展生存。

（四）用综合养鱼技术综合开发盐碱洼地、沙荒地和建设废弃地

我国沿河、沿海有众多的盐碱洼地、沙荒地，同时，长期以来城镇建设和社会主义新农村建设取土，以及烧窑、挖沙，国家高速公路建设等建设项目也不可避免地形成了大量的新废弃地，这些盐碱洼地和废弃地最好的开发利用项目就是综合养鱼，投资小、见效快，加入大农业良性循环生物圈，能做到物尽其用。

第四章　农业关键技术提升篇

"科学技术是第一生产力"，农业科学技术是农业绿色发展转型升级的最现实、最有效、最具潜力的生产力。特别是农业绿色发展转型升级的关键环节更需要先进的、综合的农业科学技术来支撑。必须不失时机地大力推进农业科技进步，从而带动农业绿色发展和转型升级。

第一节　土壤培肥与精准施肥技术

土壤培肥工作是农业绿色发展转型升级过程中一个十分重要的环节，关系到是否能搞好植物生产环节和可持续生产能力。要从了解高产土壤的特点入手，努力培肥土壤，建设和管理好高产农田。

一、高产土壤的特点

俗话说："万物土中生。"要使作物获得高产，必须有高产土壤作为基础。因为只有在高产土壤中水、肥、气、热、松紧状况等各个肥力因素才有可能调节到适合作物生长发育所要求的最佳状态，使作物生长发育有良好的环境条件，通过栽培管理，才有可能获得高产。高产土壤要具备以下几个特点：

（一）土地平坦，质地良好

高产土壤要求地形平坦，排灌方便，无积水和漏灌的现象，能经得起雨水的侵蚀和冲刷，蓄水性能好，一般中、小雨不会被流失，能做到水分调节自由。

（二）良好的土壤结构

高产土壤要求土壤质地以壤质土为好，从结构层次来看，通体壤质或上层壤质下层稍黏为好。

（三）熟土层深厚

高产土壤要求耕作层要深厚，以 30 厘米以上为宜。土壤中固、液、气三相物质比以 $1 : 1 : 0.4$ 为宜。土壤总空隙度应在 55% 左右，其中大空隙应占 15%，小空隙应占 40%。土壤容重值在 $1.1 \sim 1.2$ 为宜。

（四）养分含量丰富且均衡

高产土壤要求有丰富的养分含量，并且作物生长发育所需要的大、中量和微量元素含量还要均衡，不能有个别极端缺乏和过分含量现象。在黄淮海平原潮土区一般要求土壤中有机质含量要达到 1% 以上；全氮含量要大于 0.1%，其中水解氮含量要大于 80 毫克/千克；全磷含量要大于 0.15%，其中速效磷含量要大于 30 毫克/千克；全钾含量要大于 1.5%，其中速效钾含量要大于 150 毫克/千克；另外，其他作物需要的钙、镁、硫中量元素和铁、硼、锰、铜、钼、锌、氯等微量元素也不能缺乏。

（五）适中的土壤酸碱度

高产土壤还要求酸碱度适中，一般 pH 在 7.5 左右为宜。石灰性土壤还要求石灰反应正常，钙离子丰富，从而有利于土壤团粒结构的形成。

（六）无农药和重金属污染

按照国家对无公害农产品土壤环境条件的要求，农药残留和重金属离子含量要低于国家规定标准。

需要指出的是：以上对高产土壤提出的养分含量指标，只是一个应该努力奋斗的目标，它不是对任何作物都十分适宜的，具体各种作物对各种养分的需求量在不同地区和不同土壤中以及不同产量水平条件下是不尽相同的，故各种作物对高产土壤中各种养分含量的要求也不一致。一般小麦吸收氮、磷、钾养分的比例为 3：1.3：2.5，玉米则为 2.6：0.9：2.2，棉花是 5：1.8：4.8，花生是 7：1.3：3.9，甘薯是 0.5：0.3：0.8，芝麻是 10：2.5：11。在生产中，应综合应用最新科研成果，根据作物需肥、土壤供肥能力和近年的化肥肥效，在施用有机肥料的基础上，产前提出各种营养元素肥料适宜用量和比例以及相应的施肥技术，积极地开展测土配方施肥工作，合理而有目的地调节土壤中养分含量，将对各种作物产量的提高和优质起到重要的作用。

二、用养结合，努力培育高产稳产土壤

我国有数千年的耕作栽培历史，有丰富的用土改土和培肥土壤的宝贵经验。各地因地制宜，在生产中，根据高产土壤特点，不断改造土壤和培肥土壤，才能使农业生产水平得到不断提高。

（一）搞好农田水利建设是培育高产稳产土壤的基础

土壤水分是土壤中极其活跃的因素，除它本身有不可缺少的作用外，还在很大程度上影响着其他肥力因素，因此，搞好农田水利建设，使之排灌方便，能根据作物需要人为地调节土壤水分因素是夺取高产的基础。同时，还要努力搞好节约用水工作，在高产农田要提倡推广滴灌和渗灌技术，以提高灌溉效益。

（二）实行深耕细作，广开肥源，努力增施有机肥料，培肥土壤

深耕细作可以疏松土壤，加厚耕层，熟化土壤，改善土壤的水、气、热状况和营养条件，提高土壤肥力。瘠薄土壤大部分土壤容重值大于 1.3，比高产土壤要求的容重值大，所以需要逐步加深耕层，疏松土壤。要迅速克服目前存在的小型耕作机械作业带来的耕层变浅局面，按照高产土壤要求改善耕作条件，不断加深耕层。

增施有机肥料，提高土壤中有机质的含量，不仅可以增加作物养分，而且还能改善土壤耕性，提高土壤的保水保肥能力，对

土壤团粒结构的形成，协调水、气、热因素，促进作物健壮生长有着极其重要的作用。目前，大多数土壤有机肥的施用量不足，质量也不高，在一些坡地或距村庄远的地块还有不施有机肥的现象。因此，需要广开肥源，在搞好常规有机肥积造的同时，还要大力发展养殖业和沼气生产，以生产更多的优质有机肥，在增加施用量的同时还要提高有机肥质量。

（三）合理轮作，用养结合，调节土壤养分

由于各种作物吸收不同养分的比例不同，根据各作物的特点合理轮作，能相应的调节土壤中的养分含量，培肥土壤。生产中应综合考虑当地农业资源，研究多套高效种植制度，根据市场行情，及时进行调整种植模式。同时在比较效益不低的情况下应适当增加豆科作物的种植面积，充分发挥作物本身的养地作用。

三、作物营养元素的作用与施肥

植物生长需要内因和外因两方面条件，内因指基因潜力，即植物内在动力，植物通过选择优良品种和采用优良种子，产量才有保证；外因是植物与外界交换物质和能量，植物生长发育还要有适当的生存空间。很多因素影响植物的生长发育，它们可大致分为两类：产量形成因素和产量保护因素。产量形成因素分为六大类：养分、水分、大气、温度、光照和空间。在一定范围内，每个因素都会单独对产量的提高作出贡献，但严格地说，它们往往是在相互配合的基础上提高生物学产量的。产量保护因素主要指对病、虫和杂草的防除和控制，它们保护已经形成的产量不会遭受损失而降低。

六大产量形成因素主要在相互配合的基础上提高生物产量时需要保持相互之间的平衡，某一因素的过量或不足都会影响作物的产量和品质。

当前，在施肥实践中还存在以下主要问题：一是有机肥用量偏少。20世纪70年代以来，随着化肥工业的高速发展，化肥高

浓缩的养分、低廉的价格、快速的效果得到广大农民的青睐，化肥用量逐年增加，有机肥的施用则逐渐减少，进入 80 年代，实行土地承包责任制后，随着农村劳动力的大量外出转移，农户在施肥方面重化肥施用，忽视有机肥的投入，人畜粪尿及秸秆沤制大量减少，有机肥和无机肥施用比例严重失调。二是氮磷钾三要素施用比例失调。一些农民对作物需肥规律和施肥技术认识和理解不足，存在氮磷钾施用比例不当的问题，如部分中低产田玉米单一施用氮肥（尿素）、不施磷钾肥的现象仍占一定比例；还有部分高产地块农户使用氮磷钾比例为 15‐15‐15 的复合肥，不再补充氮肥，造成氮肥不足，磷钾肥浪费的现象，影响作物产量的提高。三是化肥施用方法不当。如氮肥表施问题、磷肥撒施问题。四是秸秆还田技术体系有待于进一步完善。秸秆还田技术体系包括施用量、墒情、耕作深度、破碎程度和配施氮肥等关键技术环节，当前农业生产应用过程中存在施用量大、耕地浅和配施氮肥不足等问题，影响其施用效果，需要在农业生产施肥实践中完善和克服。五是施用肥料没有从耕作制度的有机整体系统考虑。现有的施肥模式是建立满足单季作物对养分的需求上，没有充分考虑耕作制度整体养分循环对施肥的要求，上下季作物肥料分配不够合理，肥料资源没有得到充分利用。

在生产中要想获得高产和优质的农产品，首先要选择优良品种，提高基因内在潜力；其二要考虑如何使上述各种产量因素协调平衡，使这些优良品种的基因潜力得到最大限度的发挥。同时还要考虑产量保护因素进行有效的保护。一般情况下，高产优质的作物品种往往要求更多的养分、水分、光照，更适宜的通气条件，更好的温度控制等外部条件。有时更换了作物品种，但忽视了满足这些相应的外部条件，反而使产量大大受到影响。

（一）植物生长的必需养分

植物是一座天然化工厂，从生命之初到结束，它的体内每时每刻都在进行着复杂微妙的化学反应。用最简单的无机物质作原料合成各种复杂的有机物质，从而有了地球上多种多样的植物。植物的这些化学反应是在有光照的条件下进行的，植物叶片的气孔从大气中吸进二氧化碳。其根系从土壤中吸收水分，在光的作用下生成碳水化合物，并释放出氧气和热量，这一过程称为光合作用。光合作用实际上是相当复杂的化学过程，在光反应（希尔反应）中，水反应生成氧，并经历光合磷酸化过程获得能量，这些能量在同时进行的暗反应（卡尔文循环）中使二氧化碳反应生成糖（碳水化合物）。

植物体内的碳水化合物与 13 种矿物质元素氮、磷、钾、硫、钙、镁、硼、铁、铜、锌、锰、钼、氯进一步合成淀粉、脂肪、纤维素或者氨基酸、蛋白质、原生质或核酸、叶绿素、维生素以及其他各种生命必需物质，由这些物质构造出植物体。总之，植物在生长过程中必需的元素有 16 种，另外 4 种元素钠、钴、钒、硅只是对某些植物来说是必需的。

1. 大量营养元素　又称常量营养元素。除来自大气和水的碳、氢、氧元素之外，还有氮、磷、钾 3 种营养元素，它们的含量占作物干重的百分之几至百分之几十。由于作物需要的量比较多，而土壤中可提供的有效性含量又比较少，常常要通过施肥才能满足作物生长的要求，因此称为作物营养三要素。

2. 中量营养元素　有钙、硫、镁 3 种元素。这些营养元素占作物干重的千分之几至千分之几十。

3. 微量营养元素　有铁、硼、锰、铜、锌、钼、氯 7 种营养元素。这些营养元素在植物体内含量极少，只占作物干重的百万分之几至千分之几。

（二）作物营养元素的同等重要性和不可替代性

16 种作物营养元素都是作物必需的，尽管不同作物体中各种营养元素的含量差别很大，即使同种作物，亦因不同器官、不同年龄、不同环境条件，甚至在一天内的不同时间亦有差异，但必需的营养元素在作物体内，不论数量多少都是同等重要的，任何一种营养元素的特殊功能都不能被其他元素所代替。另外，无论哪种元素缺乏都对植物生长造成危害，并引起特有的缺素症；同样，某种元素过量也对植物生长造成危害，因为一种元素过量就意味着其他元素短缺。植物营养元素分类见表 4 - 1。

表 4 - 1　植物必需营养元素分类表

元素名称	元素符号	养分矿质性	植物需要量	植物燃烧灰分	植物结构组成	植物体内活动性	土壤中流动性
碳	C	非矿质	大量	非灰分	结构		
氢	H	非矿质	大量	非灰分	结构		
氧	O	非矿质	大量	非灰分	结构		
氮	N	矿质	大量	非灰分	结构	强	强
磷	P	矿质	大量	灰分	结构	强	弱
钾	K	矿质	大量	灰分	非结构	强	弱
硫	S	矿质	中量	灰分	结构	弱	强
钙	Ca	矿质	中量	灰分	结构	弱	强
镁	Mg	矿质	中量	灰分	结构	强	强
铁	Fe	矿质	微量	灰分	结构	弱	弱
锌	Zn	矿质	微量	灰分	结构	弱	弱
锰	Mn	矿质	微量	灰分	结构	弱	弱
硼	B	矿质	微量	灰分	非结构	弱	强
铜	Cu	矿质	微量	灰分	结构	弱	弱
钼	Mo	矿质	微量	灰分	结构	强	强
氯	Cl	矿质	微量	灰分	非结构	强	强

（三）矿质营养元素的功能和缺乏与过量症状

1. 氮　氮是第一个植物必需大量元素，它是蛋白质、叶绿素、核酸、酶、生物激素等重要生命物质的组成部分，是植物结构组分元素。

（1）氮缺乏症状。植物缺氮就会失去绿色。植株生长矮小细弱，分枝分蘖少，叶色变淡，呈色泽均一的浅绿或黄绿色，尤其是基部叶片。

蛋白质在植株体内不断合成和分解，因氮易从较老组织运输到幼嫩组织中被再利用，首先从下部老叶片开始均匀黄化，逐渐扩展到上部叶片，黄叶脱落提早。同时株型也发生改变，瘦小、直立、茎秆细瘦。根量少、细长而色白。侧芽呈休眠状态或枯萎。花和果实少。成熟提早。产量品质下降。

禾本科作物无分蘖或少分蘖，穗小粒少。玉米缺氮下位叶黄化，叶尖枯萎，常呈"V"字形向下延展。双子叶植物分枝或侧枝均少。草本的茎基部呈黄色。豆科作物根瘤少，无效根瘤多。

叶菜类蔬菜叶片小而薄，色淡绿或黄色，含水量减少，纤维素增加，丧失柔嫩多汁的特色。结球菜类叶球不充实，商品价值下降。块茎、块根作物的茎、蔓细瘦，薯块小，纤维素含量高，淀粉含量低。

果树幼叶小而薄，色淡，果小皮硬，含糖量相对提高，但产量低，商品品质下降。

除豆科作物外，一般作物都有明显反应，谷类作物中的玉米，蔬菜作物中的叶菜类，果树中的桃、苹果和柑橘等尤为敏感。

根据作物的外部症状可以初步判断作物缺氮及程度，单凭叶色及形态症状容易误诊，可以结合植株和土壤的化学测试来做出诊断。

（2）氮过量症状。植株氮过量时营养生长旺盛，色浓绿，节间长，腋芽生长旺盛，开花坐果率低，易倒伏，贪青晚熟，对寒冷干旱和病虫的抗逆性差。

氮过量时往往伴随缺钾和/或缺磷现象发生，造成营养生长旺盛，植株高大细长，节间长，叶片柔软，腋芽生长旺盛，开花少，坐果率低，果实膨大慢，易落花、落果。禾本科作物秕粒多，易倒伏，贪青晚熟；块根和块茎作物地上部旺长，地下部小而少。过量的氮与碳水化合物形成蛋白质，剩下少量碳水化合物用作构成细胞壁的原料，细胞壁变薄，所以植株对寒冷、干旱和病虫的抗逆性差，果实保鲜期短，果肉组织疏松，易遭受碰压损伤。可用补施钾肥以及磷肥来纠正氮过量症状。有时氮过量也会出现其他营养元素的缺乏症。

（3）市场上主要的含氮化肥。含氮化肥分两大类：铵态氮肥和硝态氮肥。铵态氮肥主要包括碳酸氢铵、硫酸铵、氯化铵等，尿素施入土壤后会分解为铵和二氧化碳，可视为铵态氮肥。铵态氮肥是含氮化肥的主要成员。施用铵态氮肥时应注意 2 个问题：第一是铵能产酸，施用后注意土壤酸化问题。第二是在碱性土壤或石灰性土壤上施用时，特别是高温和一定湿度条件下，会产生氨挥发，注意不要使用过量，易造成氨中毒。其他含铵化肥还有磷酸一铵、磷酸二铵、钼酸铵等。在作为其他营养元素主要来源时，也应同时考虑其中铵的效益和危害两方面的作用。硝态氮肥主要包括硝酸钠、硝酸钾、硝酸钙等，使用时往往重视其中的钾、钙等营养元素补充问题，但也不应忽视伴随离子硝酸盐的正、反两方面作用。施用硝态氮肥则应注意淋失问题。尽量避免施入水田，对水稻等作物仅可叶面喷施。硝态氮肥肥效迅速，作追肥较好。另外在土壤温度、通气状况、pH、微生物种群数量等条件处于不利情况下，肥效远远大于铵态氮肥。硝酸铵既含铵又含硝酸盐，施用时要同时考虑这两种形态氮的影响。

2. 磷　磷是三要素之一，但植物对磷的吸收量远远小于钾和氮，甚至有时还不及钙、镁、硫等中量元素。核酸、磷酸腺苷等重要生命物质中都含磷，因此，磷是植物结构组分元素。它在生命体中还构成磷脂、磷酸酯、肌醇六磷酸等物质。

（1）磷缺乏症状。植物缺磷时植株生长缓慢、矮小、苍老、茎细直立，分枝或分蘖较少，叶小。呈暗绿或灰绿色而无光泽，茎叶常因积累花青苷而带紫红色。根系发育差，易老化。由于磷易从较老组织运输到幼嫩组织中再利用，故症状从较老叶片开始向上扩展。缺磷植物的果实和种子少而小。成熟延迟。产量和品质降低。轻度缺磷外表形态不易表现。不同作物症状表现有所差异。十字花科作物、豆科作物、茄科作物及甜菜等是对磷极为敏感的作物。其中油菜、番茄常作为缺磷指示作物。玉米芝麻属中等需磷作物，在严重缺磷时，也表现出明显症状。小麦、棉花、果树对缺磷的反应不甚敏感。

十字花科芸薹属的油菜在子叶期即可出现缺磷症状。叶小、色深，背面紫红色，真叶迟出，直挺竖立，随后上部叶片呈暗绿色，基部叶片暗紫色，尤以叶柄及叶脉为明显，有时叶缘或叶脉间出现斑点或斑块。分枝节位高，分枝少而细瘦，荚少粒小。生育期延迟。白菜、甘蓝缺磷时也出现老叶发红发紫。

缺磷大豆开花后，叶片出现棕色斑点，种子小；严重时茎和叶均呈暗红色，根瘤发育差。茄科植物中，番茄幼苗缺磷生长停滞，叶背紫红色，成叶呈灰绿色，蕾花易脱落，后期出现卷叶。根菜类叶部症状少，但根肥大不良。洋葱移栽后幼苗发根不良，容易发僵。马铃薯缺磷植株矮小、僵直、暗绿，叶片上卷。

甜菜缺磷植株矮小，暗绿。老叶边缘黄或红褐色焦枯。藜科植物菠菜缺磷植株矮小，老叶呈红褐色。

禾本科作物缺磷植株明显瘦小，叶片紫红色，不分蘖或少分蘖，叶片直挺。不仅每穗粒数减少且籽粒不饱满，穗上部常形成空瘪粒。

缺磷棉花叶色暗绿，蕾、铃易脱落，严重时下部叶片出现紫红色斑块，棉铃开裂，吐絮不良，籽指低。

果树缺磷整株发育不良，老叶黄花，落果严重，含酸量高，品质降低。

（2）磷过量症状。磷过量植株叶片肥厚密集，叶色浓绿，植株矮小，节间过短，营养生长受抑制，繁殖器官加速成熟，导致营养体小，地上部生长受抑制而根系非常发达，根量多而短粗。

谷类作物无效分蘖和瘪粒增加；叶菜纤维素含量增加；烟草的燃烧性等品质下降。磷过量常导致缺锌、锰等元素。

（3）市场主要的含磷化肥。

①过磷酸钙。施用磷肥的历史比使用氮肥早半个世纪。1843年已在英国生产和销售过磷酸钙，1852年也在美国开始销售。过磷酸钙中既含磷，也含硫酸钙。

②重过磷酸钙。重过磷酸钙中含磷量高于过磷酸钙，不含硫，含钙量低。

③硝酸磷肥。含氮和磷，因为其中含有硝酸钙，容易吸湿，所以不太受欢迎，但它所含硝态氮可直接被作物吸收利用。以上3种肥料都是磷灰石酸化得到的。

④磷酸二铵。是一种很好的水溶性肥料。含磷和铵态氮。

⑤钙镁磷肥。是一种酸溶性肥料，在酸性土壤上使用较为理想。

因历史原因，肥料含磷量习惯以五氧化二磷当量表示，纯磷＝五氧化二磷×0.43；五氧化二磷＝纯磷×2.29。

3. 钾　虽然钾不是植物结构组分元素，但却是植物生理活动中最重要的元素之一。植物根系以钾离子（K^+）的形式吸收钾。

（1）钾缺乏症状。农作物缺钾时纤维素等细胞壁组成物质减少，厚壁细胞木质化程度也较低，因而影响茎的强度，易倒伏。蛋白质合成受阻。氮代谢的正常进行被破坏，常引起腐胺积累，使叶片出现坏死斑点。因为钾在植株体中容易被再利用，所以新叶片上的症状后出现，症状首先从较老叶片上出现，一般表现为最初老叶叶尖及叶缘发黄，以后黄化部逐步向内伸展同时叶缘变褐、焦枯、似灼烧，叶片出现褐斑，病变部与正常部界限比较清楚，尤其是供氮丰富时，健康部分绿色深浓，病部赤褐焦枯，反差明显。严重时叶肉坏死、脱落；根系少而短，活力低、早衰。

双子叶植物叶片脉间缺绿，且沿叶缘逐渐出现坏死组织，渐呈烧焦状。单子叶植物叶片叶尖先萎蔫，渐呈坏死烧焦状。叶片因各部位生长不均匀而出现皱缩。植物生长受到抑制。

玉米发芽后几个星期即可出现症状，下位叶尖和叶缘黄化，不久变褐，老叶逐渐枯萎，再累及中上部叶，节间缩短，常出现因叶片长宽度变化不大而节间缩短所致比例失调的异常植株。生育延迟，果穗变小，穗顶变细不着粒或籽粒不饱满、淀粉含量降低，穗端易感染病菌。

大豆容易缺钾，5～6片真叶时即可出现症状。中下位叶缘失绿变黄，呈"金镶边"状。老叶脉间组织突出、皱缩不平，边缘反卷，有时叶柄变棕褐色。荚稀不饱满，瘪荚瘪粒多。蚕豆叶色蓝绿，叶尖及叶缘棕色，叶片卷曲下垂，与茎成钝角，最后焦枯、坏死，根系早衰。

油菜缺钾苗期叶缘出现灰白或白色小斑。开春后生长加速，叶缘及叶脉间开始失绿并有褐色斑块或白色干枯组织，严重时叶缘焦枯、凋萎，叶肉呈烧灼状，有的茎秆出现褐色条纹，秆壁变薄且脆，遇风雨植株常折断，着生荚果稀少，角果发育不良。

烟草缺钾症状大约在生长中后期发生，老叶叶尖变黄及向叶缘发展，叶片向下弯曲，严重时变成褐色，干枯期坏死脱落。抗病力降低。成熟时落黄不一致。

马铃薯缺钾生长缓慢，节间短，叶面粗糙、皱缩，向下卷曲，小叶排列紧密，与叶柄形成夹角小，叶尖及叶缘开始呈暗绿色，随后变为黄棕色，并渐向全叶扩展。老叶青铜色，干枯脱落，切开块茎时内部常有灰蓝色晕圈。

蔬菜作物一般在生育后期表现为老叶边缘失绿，出现黄白色斑，变褐、焦枯，并逐渐向上位叶扩展，老叶依次脱落。

甘蓝、白菜、花椰菜易出现症状，老叶边缘焦枯卷曲，严重时叶片出现白斑，萎蔫枯死。缺钾症状尤以结球期明显。甘蓝叶球不充实，球小而松。花椰菜花球发育不良，品质差。

黄瓜、番茄缺钾症状表现为下位叶叶尖及叶缘发黄，渐向脉间叶肉扩展，易萎蔫，提早脱落，黄瓜果实发育不良，常呈头大蒂细的棒槌形。番茄果实成熟不良、落果、果皮破裂，着色不匀，杂色斑驳、肩部常绿色不褪。果肉萎缩，汁少，称"绿背病"。

果树中，柑橘轻度缺钾仅表现果形稍小，其他症状不明显，对品质影响不大。严重时叶片皱缩，蓝绿色，边缘发黄，新生枝伸长不良，全株生长衰弱。

总之，马铃薯、甜菜、玉米、大豆、烟草、桃、甘蓝和花椰菜对缺钾反应敏感。

（2）市场上主要含钾化肥。钾矿以地下的固体盐矿床和死湖、死海中的卤水形式存在，有氯化物、硫酸盐和硝酸盐等形态。

氯化钾肥直接从盐矿和卤水中提炼，成本低。氯化钾肥会在土壤中残留氯离子，忌氯作物不宜使用。长期使用氯化钾肥容易造成土壤盐指数升高，引起土壤缺钙、板结、变酸，应配合施用石灰和钙肥。大多数其他钾肥的生产都与氯化钾有关。

硫酸钾会在土壤中残留硫酸根离子，长期使用容易造成土壤盐指数升高，板结、变酸，应配合施用石灰和钙镁磷肥。水田不宜施用硫酸钾，因为淹水状态下氧化还原电位低，硫酸根离子易还原为硫化物，致使植物根系中毒发黑。

硝酸钾肥是所有钾肥中最适合植物吸收利用的钾肥。其盐指数很低，不产酸，无残留离子。它的氮钾元素质量比为 1∶3，恰好是各种作氮钾养分的配比。硝酸钾溶解性好，不但可以灌溉追施，也可以叶面喷施，配制营养液一般离不开硝酸钾。

4. 硫 按照当前的分类方法，它属于中量元素。硫存在于蛋白质、维生素和激素中，它是植物结构组分元素。植物根系主要以硫酸根阴离子形态从土壤中吸收硫，它主要通过质流，极少数通过扩散（有时可忽略不计）到达植物根部。植物叶片也可以直接从大气中吸收少量二氧化硫气体。不同作物需硫量不同，许多十字花科作物，如芸薹属的甘蓝、油菜、芥菜等、萝卜属的萝卜和百合科葱属的葱、蒜、洋葱、韭菜等需硫量最大。一般认为硫酸根通过原生质膜和液泡膜都是主动运转过程。吸收的硫酸根大部分于液泡中。钼酸根、硒酸根等阴离子与硫酸根阴离子竞争吸收位点，可抑制硫酸根的吸收。通过气孔进入植物叶片的二氧化硫气体分子遇水转变为亚硫酸根阴离子，继而氧化成硫酸根阴离子，被输送到植物体各个部位，但当空气中二氧化硫气体浓度过高时植物可能受到伤害，大气中二氧化硫临界浓度为 0.5～0.7 毫克/立方米。

（1）硫缺乏症状。缺硫植物生长受阻，尤其是营养生长，症状类似缺氮。植株矮小，分枝、分蘖减少，全株体色褪淡，呈浅绿色或黄绿色。叶片失绿或黄化，褪绿均匀，幼叶较老叶明显，叶小而薄，向上卷曲，变硬，易碎，脱落提早。茎生长受阻，株矮、僵直。梢木栓化。生长期延迟。缺硫症状常表现在幼嫩部位，这是因为植物体内硫的移动性较小，不易被再利用。不同作物缺硫症状有所差异。

禾谷类作物植株直立，分蘖少，茎瘦，幼叶淡绿色或黄绿色。水稻插秧后返青延迟，全株显著黄化，新老叶无显著区别（与缺氮相似），不分蘖，叶尖有水渍状圆形褐斑，随后焦枯。大麦幼叶失绿较老叶明显，严重时叶片出现褐色斑点。

卷心菜、油菜等十字花科作物缺硫时最初会在叶片背面出现淡红色。卷心菜随着缺硫加剧，叶片正反面都发红发紫、杯状叶反折过来，叶片正面凹凸不平。油菜幼叶淡绿色，逐渐出现紫红色斑块，叶缘向上卷曲成杯状，茎秆细矮并趋向木质化，花、荚色淡，角果尖端干瘪。

大豆生育前期新叶失绿，后期老叶黄化，出现棕色斑点。根细长，植株瘦弱，根瘤发育不良。烟草整个植株呈淡绿色，老叶焦枯，叶尖向下卷曲，叶面出现突起泡点。

马铃薯植株黄化，生长缓慢，但叶片并不提早干枯脱落，严重时叶片出现褐色斑块。

茶树幼苗发黄，称"茶黄"，叶片质地变硬。果树新生叶失绿黄化，严重时枯梢，果实小而畸形，色淡、皮厚、汁少。柑橘类还出现汁囊胶质化，橘瓣硬化。

敏感作物为十字花科，如油菜等，其次为豆科、烟草和棉花。禾本科需硫较少。作物缺硫的一般症状为整个植株褪淡、黄化、色泽均匀，极易与缺氮症状混淆。但大多数作物缺硫，新叶比老叶重，不易枯干，发育延迟。而缺氮则老叶比新叶重，容易干枯、早熟。

（2）硫在大气、土壤、植物间的循环。硫在自然界中以单质硫、硫化物、硫酸盐以及与碳和氢结合的有机态存在。其丰度列为第 13 位。少量硫以气态氧化物或硫化氢（H_2S）气体形式在火山、热液和有机质分解的生物活动以及沼泽化过程中和从其他来源释放出来，H_2S 也是天然气田的污染物质。在人类工业活动以后，燃烧煤炭、原油和其他含硫物质使二氧化硫（SO_2）排入大气，其中许多又被雨水带回大地。浓度高时形成酸雨。这是人为活动造成的来源。土壤中硫以有机和无机多种形态存在，呈多种氧化态，从硫酸的 +6 价到硫化物的 -2 价态，并可有固、液、气 3 种形态。硫在大气圈、生物圈和土壤圈的循环比较复杂，与氮循环有共同点。大多数土壤中的硫存在于有机物、土壤溶液中和吸附于土壤复合体上。硫是蛋白质成分，蛋白质返回土壤转化为腐殖质后，大部分硫仍保持为有机结合态。土壤无机硫包括易溶硫酸盐、吸附态硫酸盐、与碳酸钙共沉淀的难溶硫酸盐和还原态无机硫化合物。土壤黏粒和有机质不吸引易溶硫酸盐，所以它留存于土壤溶液中，并随水运动，很易淋失，这就是表土通常含硫低的原因。大多数农业土壤表层中，大部分硫以有机态存在，占土壤全硫的 90% 以上。

（3）市场上主要的含硫化肥。长期以来很少有人提到硫肥。这可能有 2 个原因。一是工业活动以前，植物养分都是自然循环的，在那种条件下，土壤中硫是充足的。植物养分不足是工业活动造成的，而施用化肥又是工业活动的产物。工业活动的能源一大部分来自煤炭和原油，它们燃烧后会放出含硫的气体，随降雨落回地面，这样就给土壤施进了硫肥。二是硫是其他化肥的伴随物。最早使用的氮肥之一是硫酸铵，中华人民共和国成立前和成立初期称之为"肥田粉"，人们将其作为氮肥使用，其实也同时施用了硫肥。再如作为磷肥的过磷酸钙，作为钾肥的硫酸钾，作为碱性土壤改良剂的石膏，即硫酸钙，用量都较大。因而补充大量的硫。随着工业污染的治理和化肥品种的改变，硫肥将会逐渐提到日程上来。单质硫是一种产酸的肥料，在我国使用不多，当施入土壤后就被土壤微生物氧化为硫酸，因此，它常用作碱性土壤改良剂。

5. 钙 按目前的分类方法，它是中量元素。钙是植物结构组分元素。植物以二价钙离子的形式吸收钙。虽然钙在土壤中含量可能很大，有时比钾大 10 倍，但钙的吸收量却远远小于钾，因为只有幼嫩根尖能吸收钙。大多数植物所需的大量钙通过质流运到根表面。在富含钙的土壤中，根系附近可能积累大量钙，出现比植物生长所需更高浓度的钙时一般不影响植物吸收钙。

（1）钙缺乏症状。因为钙在植物体内易形成不溶性钙盐沉淀而固定，所以它是不能移动和再度被利用的。缺钙造成顶芽和根系顶端不发育，呈"断脖"症状，幼叶失绿、变形、出现弯钩状。严重时生长点坏死，叶尖和生长点呈果胶状。缺钙时根常常变黑腐烂。一般果实和储藏器官供钙极差。水果和蔬菜常由储藏组织变形判断缺钙。

禾谷类作物幼叶卷曲、干枯，功能叶的叶间及叶缘黄萎。植株未老先衰。结实少，秕粒多。小麦根尖分泌球状的透明黏液。玉米叶缘出现白色斑纹，常出现锯齿状不规则横向开裂，顶部叶片卷筒下弯呈"弓"状，相邻叶片常粘连，不能正常伸展。

豆科作物新叶不伸展，老叶出现灰白色斑点。叶脉棕色，叶柄柔软下垂。大豆根暗褐色、脆弱，呈黏稠状，叶柄与叶片交接处呈暗褐色，严重时茎顶卷曲呈钩状枯死。花生在老叶反面出现斑痕，随后叶片正反面均发生棕色枯死斑块，空荚多。蚕豆荚畸形、萎缩并变黑。豌豆幼叶及花梗枯萎，卷须萎缩。

烟草植株矮化，色深绿，严重时顶芽死亡，下部叶片增厚，出现红棕色枯死斑点，甚至顶部枯死，雌蕊显著突出。

棉花生长点受抑，呈弯钩状。严重时上部叶片及部分老叶叶柄下垂并溃烂。

马铃薯根部易坏死，块茎小，有畸形成串小块茎，块茎表面及内部维管束细胞常坏死。多种蔬菜因缺钙发生腐烂病，如番茄脐腐病，最初果顶脐部附近果肉出现水渍状坏死，但果皮完好，以后病部组织崩溃，继而黑化、干缩、下陷，一般不落果，无病部分仍继续发育，并可着色，此病常在幼果膨大期发生，越过此期一般不再发生。甜椒也有类似症状。大白菜和甘蓝的缘腐病叶球内叶片边缘由水渍状变为果浆色，继而褐化坏死、腐烂，干燥时似豆腐皮状，极脆，又名"干烧心""干边""内部顶烧症"等，病株外观无特殊症状，纵剖叶球时在剖面的中上部出现棕褐色弧形层状带，叶球最外第1～3叶和中心稚叶一般不发病。胡萝卜缺钙根部出现裂隙。莴苣顶端出现灼伤。西瓜、黄瓜和芹菜的顶端生长点坏死、腐烂。香瓜容易发生"发酵果"，整个瓜软腐，按压时出现泡沫。

苹果果实出现苦陷病，又名"苦痘病"，病果发育不良，表面出现下陷斑点，先见于果顶，果肉组织变软、干枯，有苦味，此病在采收前即可出现，但以储藏期发生为多。缺钙还引起苹果水心病，果肉组织呈半透明水渍状，先出现在果肉维管束周围，向外呈放射状扩展，病变组织质地松软，有异味，病果采收后在储藏期间病变继续发展，最终果肉细胞间隙充满汁液而导致内部腐烂。梨缺钙极易早衰，果皮出现枯斑，果心发黄，甚至果肉坏死，果实品质低劣。

苜蓿对钙最敏感，常作为缺钙指示作物，需钙量多的作物有紫花苜蓿、芦笋、菜豆、豌豆、大豆、向日葵、草木樨、花生、番茄、芹菜、大白菜、花椰等作物。其次为烟草、番茄、大白菜、结球甘蓝、玉米、大麦、小麦、甜菜、马铃薯、苹果。而谷类作物、桃树、菠萝等需钙较少。

（2）市场上主要的含钙化肥。目前，专门施钙的不多，主要还是施石灰改良酸性土壤时带入的钙。大多数农作物主要还是利用土壤中储备的钙。土壤含钙量差异极大，湿润地区土壤钙含量低，沙质土壤含钙量低，石灰性土壤含钙量高。含钙量大于 3% 时一般表示土壤中存在碳酸钙。

钙常在施用过磷酸钙、重过磷酸钙等磷肥时施入土壤。早在希腊和罗马时代石膏已被用作肥料，对硫对钙都有价值，又是碱性土壤改良剂。钙可使土壤絮凝、透水性更好。最近也有使用硝酸钙肥的。这是一种既含氮又含钙的肥料，溶解性好，可配制叶面喷施溶液。但吸湿性较大。

6. 镁　按当前的分类属于中量元素。镁是植物结构组分元素。土壤中的二价镁离子随质流向植物根系移动。以二价镁离子的形式被根尖吸收，细胞膜对镁离子的透过性较小。植物根吸收镁的速率很低。镁主要是被动吸收，顺电化学势梯度而移动。

（1）镁缺乏症状。镁是活动性元素，在植株中移动性很好，植物组织中全镁量的 70% 是可移动的，并与无机阴离子和苹果酸盐、柠檬酸盐等有机阴离子相结合。所以一般缺镁症状首先出现在低位衰老叶片上，共同症状是下位叶叶肉为黄色、青铜色或红色，但叶脉仍呈绿色。进一步发展，整个叶片组织全部淡黄，然后变褐直至最终坏死。大多发生在生育中后期，尤其以种子形成后多见。

马铃薯、番茄和糖用甜菜是对缺镁较为敏感的作物。菠萝、香蕉、柑橘、葡萄、柿子、苹果、牧草、玉米、油棕榈、棉花、柑橘、烟草、可可、油橄榄、橡胶等也容易缺镁。

禾谷类作物早期叶片脉间褪绿出现黄绿相间的条纹花叶，严重时呈淡黄色或黄白色。麦类为中下位叶脉间失绿，残留绿斑相连成串呈念珠状（对光观察时明显），尤以小麦典型，为缺镁的特异症状。水稻亦为黄绿相间条纹叶，叶狭而薄，黄化从前端逐步向后半扩展。边缘呈黄红色，稍内卷，叶身从叶枕处下垂沾水，严重时褪绿部分坏死干枯，拔节期后症状减轻。玉米先是条纹花叶，后叶缘出现显著紫红色。

大豆缺镁症状第一对真叶即可出现，成株后，中下部叶整个叶片先褪淡，以后呈橘黄或橙红色，但叶脉保持绿色，花纹清晰，脉间叶肉常微凸而使叶片起皱。花生老叶边缘失绿，向中脉逐渐扩展，随后叶缘部分呈橘红色。苜蓿叶缘出现失绿斑点，而后叶缘及叶尖失绿，最后变为褐红色。三叶草首先是老叶脉间失绿，叶缘为绿色，以后叶缘变褐色或红褐色。

棉花老叶脉间失绿，网状脉纹清晰，以后出现紫色斑块甚至全叶变红，叶脉保持绿色，呈红叶绿脉状，下部叶片提早脱落。

油菜从子叶起出现紫红色斑块，中后期老叶脉间失绿，显示出橙、红、紫等各种色彩的大理石花纹，落叶提早。

马铃薯老叶的叶尖、叶缘及脉间褪绿，并向中心扩展，后期下部叶片变脆、增厚。严重时植株矮小，失绿叶片变棕色而坏死、脱落，块根生长受抑制。

烟草下部叶的叶尖、叶缘及脉间失绿，茎细弱，叶柄下垂，严重时下部叶趋于白色，少数叶片干枯或产生坏死斑块。甘蔗在老叶上首先出现脉间失绿斑点，再变为棕褐色，随后这些斑点再结合为大块锈斑，茎秆细长。

蔬菜作物一般为下部叶片出现黄化。莴苣、甜菜、萝卜等通常都在脉间出现显著黄斑，并呈不均匀分布，但叶脉组织仍保持绿色。芹菜首先在叶缘或叶尖出现黄斑，进一步坏死。番茄下位叶脉间出现失绿黄斑，叶缘变为橙、赤、紫等各种色彩，色素和缺绿在叶中呈不均匀分布，果实亦由红色褪成淡橙色，果肉黏性减少。

苹果叶片脉间呈现淡绿斑或灰绿斑，常扩散到叶缘，并迅速变为黄褐色转暗褐色，随后叶脉间和叶缘坏死，叶片脱落，顶部呈莲座状叶丛，叶片薄而色淡，严重时果实不能正常成熟，果小着色不良，风味差。柑橘中下部叶片脉间失绿，呈斑块状黄化，随之转黄红色，提早脱落，结实多的树常重发，即使在同一树上，也因枝梢而异，结实多的症重，结实少的轻或无症，通常无核少核品种比多核品种症状轻。梨树老叶脉间显出紫褐色至黑褐色的长方形斑块，新梢叶片出现坏死斑点，叶缘仍为绿色，严重时从新梢基部开始，叶片逐步向上脱落。葡萄的较老叶片脉间先呈黄色，后变红褐色，叶脉绿色，色界极为清晰，最后斑块坏死，叶片脱落。

（2）市场上主要的含镁化肥。目前，专门施镁肥的不多，含大量镁的营养载体也不多。石灰材料中的白云质石灰石中含有碳酸镁，钙镁磷肥和钢渣磷肥中也含有效镁，硫酸钾镁和硝酸钾镁中也含镁，硅酸镁、氧化镁和氯化镁也用作镁肥。常用的水溶性镁肥是硫酸镁，其次为硝酸镁，它们都可以作为速效镁肥施用，也可以用来配制叶面喷施溶液。

7. 硼　硼是非植物结构组分元素。1923 年发现它是植物必需元素。植物以硼酸分子被动吸收硼。硼随质流进入根部，在根表自由空间与糖络合，吸收作用很快，是一个扩散过程。硼的运输主要受蒸腾作用的控制，因此很容易在叶尖和叶缘处积累，导致植物毒害。硼在植物体内相对不易移动，再利用率很低。

（1）硼缺乏症状。硼不易从衰老组织向活跃生长组织移动，最先出现缺硼的是顶芽停止生长。缺硼植物受影响最大的是代谢旺盛的细胞和组织。硼不足时，根端、茎端生长停止，严重时生长点坏死，侧芽、侧根萌发生长，枝叶丛生。叶片增厚变脆、皱缩歪扭、褪绿萎蔫，叶柄及枝条增粗变短、开裂、木栓化，或出现水渍状斑点或环节状突起。茎基膨大。肉质根内部出现褐色坏死、开裂。花粉畸形，花、蕾易脱落，受精不正常，果实种子不充实。

甘蓝型油菜缺硼时花而不实。植株颜色淡绿，叶柄下垂不挺，下部叶片边缘首先出现紫红色斑块，叶面粗糙、皱缩、倒卷，枝条生长缓慢，节间缩短，甚至主茎萎缩。茎、根肿大，纵裂，褐色。花簇生，花柄下垂不挺，大多数因不能授粉而脱落，花期延长。已授粉的荚果短小，果皮厚，种子小。

棉花缺硼蕾而不花。叶柄呈浸润状暗绿色环状或带状条纹、顶芽生长缓慢或枯死、腋芽大量发生，在棉株顶端形成莲座效应（大田少见）。植株矮化。蕾而不花，蕾铃裂碎，花蕾易脱落。老叶叶片厚，叶脉突起，新叶小，叶色淡绿，皱缩，向下卷曲，直至霜冻都呈绿色，难落叶。

大豆幼苗期症状表现为顶芽下卷，甚至枯萎死亡，腋芽抽发。成株矮缩，叶片脉间失绿，叶尖下弯，老叶粗糙增厚，主根尖端死亡，侧根多而短、僵直，根瘤发育不良。开花不正常，脱落多，荚少，多畸形。三叶草植株矮小，茎生长点受抑，叶片丛生，呈簇形，多数叶片小而厚、畸形、皱缩，表面有突起，叶色浓绿，叶尖下卷，叶柄短粗，有的叶片发黄，叶柄和叶脉变红，继而全叶成紫色，叶缘为黄色，形成明显的"金边"叶。病株现蕾开花少，严重的种子无收。

块根作物与块茎作物中，甜菜幼叶叶柄短粗弯曲，内部暗黑色，中下部叶出现白色网状皱纹，褶皱逐渐加深而破裂，老叶叶脉变黄、变脆，最后全叶黄化死亡，有时叶柄上出现横向裂纹，叶片上出现黏状物，根颈部干燥萎蔫，继而变褐腐烂，向内扩展成中空，称"腐心病"。甘薯藤蔓顶端生长受阻，节间短，常扭曲，幼叶中脉两侧不对称，叶柄短粗扭曲，老叶黄化，提早脱落，薯块畸形不整齐，表面粗糙，质地坚硬，严重时表面出现瘤状物及黑色凝固的渗出液，薯块内部形成层坏死。马铃薯生长点及分枝简短死亡，节间短，侧芽丛生，老叶粗糙增厚，叶缘卷曲，叶片提早脱落，块茎小而畸形，有的表皮溃烂，内部出现褐色或组织坏死。

果树中多数对缺硼敏感。柑橘表现叶片黄化、枯梢，称"黄叶枯梢病"，开始时顶端叶片黄化，从叶尖向叶基延展以后变褐枯萎，逐渐脱落，形成秃枝并枯梢，老叶变厚、变脆，叶脉变粗，木栓化，表皮爆裂，树势衰弱，坐果稀少，果实内汁囊萎缩发育不良，渣多汁少，果实中心常出现棕褐色胶斑，严重的果肉几乎消失，果皮增厚、显著皱缩，形小坚硬如石，称"石果病"。苹果表现为新梢顶端受损，甚至枯死，导致细弱侧枝多量发生，叶变厚，叶柄短粗变脆，叶脉扭曲，落叶严重，并出现枯梢，幼果表面出现水渍状褐斑，随后木栓化，干缩硬化，表皮凹陷不平、龟裂，称"缩果病"，病果常于成熟前脱落，或以干缩果挂于树上，果实内部出现褐色木栓化，或呈海绵状空洞化，病变部分果肉带苦味。葡萄初期表现为花序附近叶片出现不规则淡黄色斑点，逐渐扩展，直至脱落，新梢细弱，伸长不良，节间短，随后先端枯死，开花结果时症状最明显，特点是红褐色的花冠常不脱落，坐果少或不坐果，果串中有多量未受精的无核小粒果。

需硼量高的作物有苹果、葡萄、柑橘、芦笋、硬花球花椰菜、抱子甘蓝、卷心菜、芹菜、花椰菜、三叶草、芜菁、甘蓝、大白菜、羽衣甘蓝、萝卜、马铃薯、油菜籽、芝麻、红甜菜、菠菜、向日葵、豆类及豆科绿肥作物等。

（2）硼过量症状。硼过量会阻碍植物生长，大多数耕作受硼毒害。施用过量硼肥会造成毒害，因为溶液中硼浓度从短缺到致毒之间跨度很窄。高浓度硼积累的部位出现失绿、焦枯坏死症状。叶缘最易积累，所以硼中毒最常见的症状之一是作物叶缘出现规则黄边，称"金边菜"。老叶中硼积累比新叶多，症状更重。

（3）市场上主要的含硼化肥。应用最广泛的硼肥是硼砂（$Na_2B_7 \cdot 10H_2O$）和硼酸。缺硼土壤一般采用基施，也有浸种或拌种作种肥使用的，必要时还可以喷施。这2种肥料水溶性都很好。

8. 铁 1844 年发现铁是必需元素。它是微量元素中被植物吸收最多的一种。铁是植物结构组分元素。植物根系主要吸收二价铁离子（亚铁离子），也吸收螯合态铁。植物为了提高对铁的吸收和利用，当螯合态铁补充到根系时，在根表面螯合物中的三价铁先被还原使之与有机配位体分离，分离出来的二价铁被植物吸收。

（1）铁缺乏症状。铁离子在植物体中是最为固定的元素之一，通常呈高分子化合物存在，流动性很小，老叶片中的铁不能向新生组织转移，因此缺铁首先出现在植物幼叶上。缺铁植物叶片失绿黄白化，心叶常白化，称失绿症。初期脉间褪色而叶脉仍绿，叶脉颜色深于叶肉，色界清晰，严重时叶片变黄，甚至变白。双子叶植物形成网纹花叶，单子叶植物形成黄绿相间条纹花叶。不同作物症状为：

果树等木本树种容易缺铁。新梢叶片失绿黄白化，称"黄叶病"，失绿程度依次由下向上加重，夏、秋梢发病多于春梢，病叶多呈清晰的网目状花叶，又称"黄化花叶病"。通常不发生褐斑、穿孔、皱缩等。严重黄白化的果树，叶缘亦可烧灼、干枯、提早脱落，形成枯梢或秃枝。如果这种情况几经反复，可以导致整株衰亡。

花卉观赏作物也容易缺铁。网状花纹清晰，色泽清丽，可增添几分观赏价值。一品红缺铁，植株矮小，枝条丛生，顶部叶片黄化或变白。月季花缺铁，顶部幼叶黄白化，严重时生长点及幼叶枯焦。菊花严重缺铁失绿时上部叶片多呈棕色，植株可能部分死亡。

豆科作物如大豆最易缺铁，因为铁是豆血红素和固氮酶的成分。缺铁使根瘤菌的固氮作用减弱，植株生长矮小。缺铁时上部叶片脉间黄化，叶脉仍保持绿色，并有轻度卷曲，严重时全部新叶失绿呈黄白色，极端缺乏时，叶缘附近出现许多褐色斑点，进而坏死。

禾谷类作物水稻、麦类及玉米等缺铁，叶片脉间失绿，呈条纹花叶，症状越近心叶越重。严重时心叶不出，植株生长不良，矮缩，生育延迟，有的甚至不能抽穗。

果菜类及叶菜类蔬菜缺铁，顶芽及新叶黄白化，仅沿叶脉残留绿色，叶片变薄，一般无褐变、坏死现象。番茄叶片基部还出现灰黄色斑点。

木本植物比草本植物对缺铁敏感。果树经济林木中的柑橘、苹果、桃、李、乌桕、桑；行道树种中的樟、枫杨、悬铃木、湿地松；大田作物中的玉米、花生、甜菜；蔬菜作物中的花椰菜、甘蓝、空心菜（蕹菜）；观赏植物中的绣球花、栀子花、蔷薇花等都是对缺铁敏感或比较敏感的植物。其他敏感型作物有浆果类、柑橘属、蚕豆、亚麻、饲用高粱、梨树、杏树、樱桃、山核桃、粒用高粱、葡萄、薄荷、大豆、苏丹草、马铃薯、菠菜、番茄、黄瓜、胡桃等。耐受型作物有水稻、小麦、大麦、谷子、苜蓿、棉花、紫花豌豆、饲用豆科、牧草、燕麦、鸭茅、糖用甜菜等。

在实际诊断中，根据外部症状判别作物缺铁时，由于铁、锰、锌三者容易混淆，需注意鉴别。缺铁和缺锰：缺铁褪绿程度通常较深，黄绿间色界常明显，一般不出现褐斑，而缺锰褪绿程度较浅，且常发生褐斑或褐色条纹。缺铁和缺锌：缺锌一般出现黄斑叶，而缺铁通常全叶黄白化而呈清晰网状花纹。

（2）铁过量症状。实际生产中铁中毒不多见。在 pH 低的酸性土壤和强还原性的嫌气条件土壤即水稻土中，三价铁离子被还原为二价铁离子，土壤中亚铁过多会使作物发生铁中毒。我国南方酸性渍水稻田常出现亚铁中毒。如果此时土壤供钾不足，植株含钾量低，根系氧化力下降，则对二价铁离子的氧化能力削弱，二价铁离子容易进入根系积累而致害。因此铁中毒常与缺钾及其他还原性物质的危害有关。单纯的铁中毒很少。水稻铁中毒，地上部生长受阻，下部老叶叶尖、叶缘脉间出现褐斑，叶色深暗，根部呈灰黑色，易腐烂等。宜对铁中毒的田块施石灰或磷肥、钾肥。旱作土壤一般不发生铁中毒。

（3）市场上主要的含铁化肥。最常用的铁肥是硫酸亚铁，俗称绿矾。尽管它的溶解性很好，但施入土壤后立即被固定，所以一般不进行土壤施用，而采用叶面喷施，从叶片气孔进入植株以避免被土壤固定，对果树也采用根部注射法。螯合铁肥既可土壤施用，又可叶面喷施。

9. 铜　1932年发现铜是植物必需元素，它是植物结构组分元素。植物根系主要吸收二价铜离子，土壤溶液中二价铜离子浓度很低，二价铜离子与各种配位体（氨基酸、酚类及其他有机阴离子）有很强的亲和力，形成的螯合态铜也被植物吸收，在木质部和韧皮部也以螯合态转运。作物吸收的铜量很少，容易导致草食动物的铜营养不良。铜能强烈抑制植物对锌的吸收，反之亦然。

（1）铜缺乏症状。植物缺铜一般表现为顶端枯萎，节间缩短，叶尖发白，叶片变窄变薄、扭曲，繁殖器官发育受阻、裂果。不同作物往往出现不同症状。麦类作物病株上位叶黄化，剑叶尤为明显，前端黄白化，质薄，扭曲披垂，坏死，不能展开，称"顶端黄化病"。老叶在叶舌处弯折，叶尖枯萎，呈螺旋或纸捻状卷曲枯死。叶鞘下部出现灰白色斑点，易感染真菌性病害，称为"白瘟病"。轻度缺铜时抽穗前症状不明显，抽穗后因花器官发育不全，花粉败育，导致穗而不实，又称"直穗病"。至黄熟期病株保持绿色不褪，田间景观常黄绿斑驳。严重时穗发育不全、畸形，芒退化，并出现发育程度不同的大小不一的麦穗，有的甚至不能伸出叶鞘而枯萎死亡。草本植物的"开垦病"，又叫"垦荒症"最早在新开垦地上发现，病株先端发黄或变褐，逐渐凋萎，穗部变形，结实率低。柑橘、苹果和桃等果树的"枝枯病"或"夏季顶枯病"。叶片失绿畸形，嫩枝弯曲，树皮上出现胶状水疱状褐色或赤褐色皮疹，逐渐向上蔓延，并在树皮上形成一道道纵沟，且相互交错重叠。雨季时流出黄色或红色的胶状物质。幼叶变成褐色或白色，严重时叶片脱落、枝条枯死。有时果实的皮部也流出胶样物质，形成不规则的褐色斑疹，果实小，易开裂，易脱落。豆科作物新生叶失绿、卷曲、老叶枯萎，易出现坏死斑点，但不失绿。蚕豆缺铜的形态特征是花由正常的鲜艳红褐色变为暗淡的漂白色。甜菜、蔬菜中的叶菜类也易发生顶端黄化病。物种之间对缺铜的敏感性差异很大，敏感作物主要是小麦、玉米、菠菜、洋葱、莴苣、番茄、苜蓿和烟草，其次为白菜、甜菜，以及柑橘、苹果和桃等。其中小麦、燕麦是良好的缺铜指示作物。其他对铜反应强烈的作物有大麻、亚麻、水稻、胡萝卜、莴苣、菠菜、苏丹草、李、杏、梨和洋葱。耐受缺铜的作物有菜豆、豌豆、马铃薯、芦笋、黑麦、禾本科牧草、百脉根、大豆、羽扇豆、油菜和松树。黑麦对缺铜土壤有独特的耐受性，在不施铜的情况下，小麦完全绝产，而黑麦却生长健壮。小粒谷物对缺铜的敏感性顺序通常为：小麦＞大麦＞燕麦＞黑麦。在新开垦的酸性有机土上种植的植物最先出现的营养性疾病常是缺铜症，这种状况常被称为"垦荒症"。许多地区有机土的底土层存在对铜的有效性产生不利影响的泥灰岩、磷酸石灰石或其他石灰性物质等沉积物，致使缺铜现象十分复杂。其余情况下土壤缺铜不普遍。根据作物外部症状进行判断，对新垦泥炭土地区的禾谷类作物"开垦病"和麦类作物的"顶端黄化病"以及果树的"枝枯病"均容易识别。

（2）铜过量中毒症状。铜中毒症状是新叶失绿，老叶坏死，叶柄和叶的背面出现紫红色。新根生长受抑制，伸长受阻而畸形，支根量减少，严重时根尖枯死。铜中毒很像缺铁，由于铜能氧化二价铁离子变成三价铁离子，会阻碍植物对二价铁离子的吸收和铁在植物体内的转运，导致缺铁而出现叶片黄化。不同作物铜中毒表现不同。水稻插秧后不易成活，即使成活根也不易下扎，白根露出地表，叶片变黄，生长停滞。麦类作物根系变褐，盘曲不展，生长停滞，常发生萎缩症状，叶片前端扭曲、黄化。豌豆幼苗长至 10~20 厘米即停止生长，根粗短、无根瘤，根尖呈褐色枯死。萝卜主根生长不良，侧根增多，肉质根呈粗短的"榔头"形。柑橘叶片失绿，生长受阻，根系短粗，色深。铜毒害现象一般不常见。反复使用含铜杀虫剂（如波尔多液）后可能出现铜过量。

（3）市场上主要的含铜化肥。最常用的铜肥是蓝矾（$CuSO_4 \cdot 5H_2O$），即五水硫酸铜，其水溶性很好。一般用来叶面喷施。螯合铜肥可以土壤施用和叶面喷施。

10. 锌　1926 年发现锌是必需元素。它是植物结构组分元素。植物主动吸收锌离子，因此，早春低温对锌的吸收会有一定的影响。锌主要以锌离子形态从根部向地上部运输。锌容易积累在根系中，虽然从老叶向新叶转移锌的速度比铁、锰、铜等元素稍快一些，但还是很慢。

（1）锌缺乏症状。锌在植物中不能迁移，因此缺锌症状首先出现在幼嫩叶片上和其他幼嫩植物器官上。许多作物公有的缺锌症状主要是植物叶片褪绿黄白化，叶片失绿，脉间变黄，出现黄斑花叶，叶形显著变小，常发生小叶丛生。称为"小叶病""簇叶病"等，生长缓慢、叶小、茎节间缩短，甚至节间生长完全停止。缺锌症状因物种和缺锌程度不同而有所差异。

果树缺锌的特异症状是"小叶病"，以苹果为典型。其特点是新梢生长失常，极度短缩，形态畸变，腋芽萌生，形成多量细瘦小枝，梢端附近轮生小而硬的花斑叶，密生成簇，故又名"簇叶病"。簇生程度与树体缺锌程度呈正相关。轻度缺锌，新梢仍能伸长，入夏后可能部分恢复正常。严重时，后期落叶，新梢由上而下枯死。如锌营养未能改善，则次年再度发生。柑橘类缺锌症状出现在新梢上、中部叶片，叶缘和叶脉保持绿色，脉间出现黄斑，黄色深，健康部绿色浓，反差强，形成鲜明的"黄斑叶"，又称"绿肋黄化病"。严重时新叶小，前端尖，有时也出现丛生状的小叶，果小皮厚，果肉木质化，汁少，淡而乏味。桃树缺锌新叶变窄褪绿，逐渐形成斑叶，并发生不同程度皱叶，枝梢短，近顶部节间呈莲座状簇生叶，提前脱落。果实多畸形，很少有实用价值。

玉米缺锌苗期出现"白芽症"，又称"白苗""花白苗"，成长后称"花叶条纹病""白条干叶病"。3～5 叶期开始出现症状，幼叶呈淡黄至白色，特别从基部到 2/3 一段更明显。轻度缺锌，气温升高时症状可以渐消退。植株拔节后如继续缺锌，在叶片中肋和叶缘之间出现黄白失绿条斑，形成宽而白化的斑块或条带，叶肉消失，呈半透明状，似白绸或塑膜状，风吹易撕裂。老叶后期病部及叶鞘常出现紫红色或紫褐色，病株节间缩短，株型稍矮化，根系变黑，抽雄吐丝延迟，甚至不能吐丝抽穗，或者抽穗后，果穗发育不良，形成缺粒不满尖的"稀癞"玉米棒。燕麦也发生"白苗病"，一般是幼叶失绿发白，下部叶片脉间黄化。

水稻缺锌引起的形态症状名称很多，大多称"红苗病"，又称"火烧苗"。出现时间一般在插秧后 2～4 周内。直播稻在立针后 10 天内。一般症状表现是新叶中脉及其两侧特别是叶片基部首先褪绿、黄化，有的连叶鞘脊部也黄化，以后逐渐转化为棕红色条斑，有的出现大量紫色小斑，遍布全叶，植株通常有不同程度的矮缩，严重时叶枕距平位或错位，老叶叶鞘甚至高于新叶叶鞘，称为"倒缩苗"或"缩苗"。如发生时期较早，幼叶发病时由于基部褪绿，内容物少，不充实，使叶片展开不完全，出现前端展开而中后部折合，出叶角度增大的特殊形态。如症状持续到成熟期，植株极度矮化、色深、叶小而短似竹叶，叶鞘比叶片长，拔节困难，分蘖松散呈草丛状，成熟延迟，虽能抽出纤细稻穗，大多不实。

小麦缺锌节间短、抽穗扬花迟而不齐、叶片沿主脉两侧出现白绿条斑或条带。

棉花缺锌从第一片真叶开始出现症状，叶片脉间失绿，边缘向上卷曲，茎伸长受抑，节间缩短，植株呈丛生状，生育推迟。

烟草缺锌下部叶片的叶尖及叶缘出现水渍状失绿坏死斑点，有时叶缘周围形成一圈淡色的"晕轮"，叶小而厚，节间短。

马铃薯缺锌生长受抑，节间短，株型矮缩，顶端叶片直立，叶小，叶面上出现灰色至古铜色的不规则斑点，叶缘上卷。严重时叶柄及茎上均出现褐点或斑块。

豆科作物缺锌生长缓慢，下部叶脉间变黄，并出现褐色斑点，逐渐扩大并连成坏死斑块，继而坏死组织脱落。大豆的特征是叶片呈柠檬黄色，蚕豆出现"白苗"，成长后上部叶片变黄、叶形变小。

叶菜类蔬菜缺锌新叶出生异常，有不规则的失绿，呈黄色斑点。番茄、青椒等果菜类缺锌呈小叶丛生状，新叶发生黄斑，黄斑渐向全叶扩展，还易感染病毒病。

果树中的苹果、柑橘、桃和柠檬，大田作物中的玉米、水稻以及菜豆、亚麻和啤酒花对锌敏感；其次是马铃薯、番茄、洋葱、甜菜、苜蓿和三叶草；不敏感作物是燕麦、大麦、小麦和禾本科牧草等。

（2）锌过量中毒症状。一般锌中毒症状是植株幼嫩部分或顶端失绿，呈淡绿或灰白色，进而在茎、叶柄、叶的下表面出现去红紫色或红褐色斑点，根伸长受阻。水稻锌中毒幼苗长势不良，叶片黄绿并逐渐萎蔫，分蘖少，植株低矮，根系短而稀疏。小麦叶尖出现褐色条斑，生长迟缓。豆类中的大豆、蚕豆、菜豆对过量锌敏感，大豆首先在叶片中肋出现赤褐色色素，随后叶片向外侧卷缩，严重时枯死。

（3）市场上主要的含锌化肥。最常用的锌肥是七水硫酸锌（$ZnSO_4 \cdot 7H_2O$），易溶于水，但吸湿性很强，氯化锌（$ZnCl_2$）也溶于水，有吸湿性。氧化锌（ZnO）不溶于水。它们可作基肥、种肥，可溶性锌肥也可作叶面喷肥。

11. 锰 1922年发现锰是必需元素。它是植物结构组分元素。植物根系主要吸收二价锰离子，锰的吸收受代谢作用控制。与其他二价阳离子一样，锰也参加阳离子竞争。土壤 pH 和氧化还原电位影响锰的吸收。植物体内锰的移动性很低，因为韧皮部汁液中锰的浓度很低。大多数重金属元素都是如此。锰的转运主要是以二价锰离子形态而不是有机络合态。锰优先转运到分生组织，因此植物幼嫩器官通常富含锰。植物吸收的锰大部分积累在叶片中。

（1）锰缺乏症状。锰为较不活动元素。缺锰植物首先在新生叶片叶脉间绿色褪淡发黄，叶脉仍保持绿色，脉纹较清晰，严重缺锰时有灰白色或褐色斑点出现，但程度通常较浅，黄、绿色界不够清晰，常有对光观察才比较明显的现象。严重时病斑枯死，称为"黄斑病"或"灰斑病"，并可能穿孔。有时叶片发皱、卷曲甚至凋萎。不同作物表现症状有差异。禾本科作物中燕麦缺锰症的特点是新叶叶脉间呈条纹状黄化，并出现淡灰绿色或灰黄色斑点，称"灰斑病"，严重时叶身全部黄化，病斑呈灰白色坏死，叶片螺旋状扭曲，破裂或折断下垂。大麦、小麦缺锰早期叶片出现灰白色浸润状斑点，新叶脉间褪绿黄化，叶脉绿色，随后黄化部分逐渐变褐坏死，形成与叶脉平行的长短不一的短线状褐色斑点，叶片变薄变阔，柔软萎垂，特称"褐线萎黄症"。其中大麦症状更为典型，有的品种有节部变粗现象。棉花、油菜幼叶首先失绿，叶脉间呈灰黄或灰红色，显示网状脉纹，有时叶片还出现淡紫色及淡棕色斑点。豆类作物如菜豆、蚕豆及豌豆缺锰称"湿斑病"，其特点是未发芽种子上出现褐色病斑，出苗后子叶中心组织变褐，有的在幼茎和幼根上也有出现。甜菜生育初期表现叶片直立，呈三角形，脉间呈斑块黄化，称"黄斑病"，继而黄褐色斑点坏死，逐渐合并延及全叶，叶缘上卷，严重坏死部分脱落穿孔。番茄叶片脉间失绿，距主脉较远部分先发黄，随后叶片出现花斑，进一步全叶黄化，有时在黄斑出现前，先出现褐色小斑点。严重时生长受阻，不开花结实。马铃薯叶脉间失绿后呈浅绿色或黄色，严重时脉间几乎全为白色，并沿叶脉出现许多棕色小斑。最后小斑枯死、脱落，使叶面残缺不全。柑橘类幼叶淡绿色并呈现细小网纹，随叶片老化而网纹变为深绿色，脉间浅绿色，在主脉和侧脉附近出现不规则的深色条带，严重时叶脉间呈现许多不透明的白色斑点，使叶片呈灰白色或灰色，继而部分病斑枯死，细小枝条可能死亡。苹果叶脉间失绿呈浅绿色，杂有斑点，从叶缘向中脉发展。严重时脉间变褐并坏死，叶片全部为黄色。其他果树也出现类似症状，但由于果树种类或品种不同，有些果树的症状并不限于新梢、幼叶，也可出现在中上部老叶上。燕麦、小麦、豌豆、大豆被认为是锰的指示作物。根据作物外部缺锰症状进行诊断时需注意与其他容易混淆症状的区别。缺锰与缺镁：缺锰失绿首先出现在新叶上，缺镁首先出现在老叶上。缺锰与缺锌：缺锰叶脉黄化部分与绿色部分的色差没有缺锌明显。缺锰与缺铁：缺铁褪绿程度通常较深，黄绿间色界常明显，一般不出现褐斑，而缺锰褪绿程度较浅，且常发生褐斑或褐色条纹。

（2）锰过量症状。锰会阻碍作物对钼和铁的吸收，往往使植物出现缺钼症状。锰中毒会诱发双子叶植物如棉花、菜豆等缺钙（皱叶病）。根一般表现颜色变褐、根尖损伤、新根少。叶片出现褐色斑点，叶缘白化或变成紫色，幼叶卷曲等。不同作物表现不同。水稻锰中毒植株叶色褪淡黄化，下部叶片、叶鞘出现褐色斑点。棉花锰中毒出现萎缩叶。马铃薯锰中毒在茎部产生线条状坏死。茶树受锰毒害叶脉呈绿色，叶肉出现网斑。柑橘锰过量出现异常落叶症，大量落叶，落下的叶片上通常有小型褐色斑和浓赤褐色较大斑，称"巧克力斑"。初出现呈油渍状，以后鼓出于叶面，以叶尖、叶边缘分布多，落叶在果实收获前就开始，老叶不落，病树从春到秋发叶数减少，叶形变小。此外树势变弱，树龄短的幼树生长停滞。

（3）市场上主要的含锰化肥。目前，常用的锰肥主要是硫酸锰（$MnSO_4 \cdot 3H_2O$），易溶于水，速效，使用最广泛，适于喷施、浸种和拌种。其次为氯化锰（$MnCl_2$）、氧化锰（MnO）和碳酸锰（$MnCO_3$）等。它们溶解性较差，可以作基肥施用。

12. 钼 钼是植物结构组分元素。1939 年发现钼是必需元素。钼主要以钼酸根阴离子形态被植物吸收。一般植株干物质中的钼含量是 1×10^{-6}。由于钼的螯合形态，植物相对过量吸收后无明显毒害。土壤溶液中钼浓度较高时（大于 4×10^{-9} 以上），钼通过质流转运到植物根系，钼浓度低时则以扩散为主。在根系吸收过程中，硫酸根和钼酸根是竞争性阴离子。而磷酸根却能促进钼的吸收，这种促进作用可能产生于土壤中，因为土壤中水合氧化铁对阴离子的固定，磷和钼也处于竞争地位。根系对钼酸盐的吸收速率与代谢活动密切相关。钼以无机阴离子和有机钼-硫氨基酸络合物形态在植物体内移动。韧皮部中大部分钼存在于薄壁细胞中，因此，钼在体内的移动性并不大。大量钼积累在根部和豆科作物根瘤中。

（1）钼缺乏症状。植物缺钼症有 2 种类型，一种是叶片脉间失绿，甚至变黄，易出现斑点，新叶出现症状较迟。另一种是叶片瘦长畸形、叶片变厚，甚至焦枯。一般表现叶片出现黄色或橙黄色大小不一的斑点，叶缘向上卷曲呈杯状。叶肉脱落残缺或发育不全。不同作物的症状有差别。缺钼与缺氮相似，但缺钼叶片易出现斑点，边缘发生焦枯，并向内卷曲，组织失水而萎蔫。一般症状先在老叶上出现。

十字花科作物如花椰菜缺钼出现特异症状"鞭尾症"，先是叶脉间出现水渍状斑点，继之黄化坏死，破裂穿孔，孔洞继续扩大连片，叶子几乎丧失叶肉而仅在中肋两侧留有叶肉残片，使叶片呈鞭状或犬尾状。萝卜缺钼时也表现叶肉退化，叶裂变小，叶缘上翘，呈鞭尾趋势。

柑橘呈典型的"黄斑症"，叶片脉间失绿变黄，或出现橘黄色斑点。严重时叶缘卷曲，萎蔫而枯死。首先从老叶或茎的中部叶片开始，渐及幼叶及生长点，最后可导致整株死亡。

豆科作物叶片褪绿，出现许多灰褐色小斑并散布全叶，叶片变厚、发皱，有的叶片边缘向上卷曲成杯状，大豆常见。

禾本科作物仅在严重时才表现叶片失绿，叶尖和叶缘呈灰色，开花成熟延迟，籽粒皱缩，颖壳生长不正常。

番茄在第一、二真叶时叶片发黄，卷曲，随后新出叶片出现花斑，缺绿部分向上拱起，小叶上卷，最后小叶叶尖及叶缘均皱缩死亡。叶菜类蔬菜叶片脉间出现黄色斑点，逐渐向全叶扩展，叶缘呈水渍状，老叶深绿至蓝绿色，严重时也显示"鞭尾病"症状。

敏感作物主要是十字花科作物如花椰菜、萝卜等，其次是柑橘以及蔬菜作物中的叶菜类和黄瓜、番茄等。豆科作物、十字花科作物、柑橘和蔬菜类作物易缺钼。需钼较多的作物有甜菜、棉花、胡萝卜、油菜、大豆、花椰菜、甘蓝、花生、紫云英、绿豆、菠菜、莴苣、番茄、马铃薯、甘薯、柠檬等。根据作物症状表现进行判断，典型的症状如花椰菜的"鞭尾病"，柑橘的"黄斑病"容易确诊。

（2）钼中毒症状。钼中毒不易显现症状。茄科植物较敏感，症状表现为叶片失绿。番茄和马铃薯小枝呈红黄色或金黄色。豆科作物对钼的吸收积累量比非豆科作物大得多。牲畜对钼十分敏感，长期取食的食草动物会发生钼毒症，由饮食中钼和铜的不平衡引起。牛中毒出现腹泻、消瘦、毛褪色、皮肤发红和不育，严重时死亡。可口服铜、体内注射甘氨酸铜或对土壤施用硫酸铜来克服。采用施硫和锰及改善排水状况也能减轻钼毒害。

（3）土壤中的钼。钼是化学元素周期表第五周期中唯一植物所需的元素。钼在地壳和土壤中含量极少，在岩石圈中，钼的平均含量约为 2×10^{-6}。一般植株干物质中的钼含量是 1×10^{-6}。钼在土壤中的主要形态包括：一是处于原生和次生矿物的非交换位置；二是作为交换态阳离子处于铁铝氧化物上；三是存在于土壤溶液中的水溶态钼和有机束缚态钼。土壤 pH 影响钼的有效性和移动性。与其他微量元素不同，钼对植物的有效性随土壤酸度的降低（土壤 pH 升高）而增加。土壤 pH 的升高使有效性钼大大增多。由此不难理解，施用石灰纠正土壤酸度可改善植物的钼营养。这正是大多数情况下纠正和防止缺钼的措施。而施用含铵盐的生理酸性肥料，如硫酸铵、硝酸铵等，则会降低植物吸收钼。土壤含水量低会削弱钼经质流和扩散由土壤向根表面运移，增加缺钼的可能性。土壤温度高有利于增大钼的可溶性。钼可被强烈地吸附在铁、铝氧化物上，其中一部分吸附态钼变得对植物无效，其余部分与土壤溶液中的钼保持平衡。当钼被根系吸收后，一些钼解吸进入土壤溶液中。正因这种吸附反应，在含铁量高，尤其是黏粒表面上的非晶形铁高时，土壤有效钼往往很低。磷能促进植物吸收和转移钼。而硫酸盐（SO_4^{2-}）降低植物吸钼。铜和锰都对钼的吸收有拮抗作用。而镁的作用相反，它能促进钼的吸收。硝态氮明显促进植物吸钼，而铵态氮对钼的吸收起相反作用。

（4）市场上主要的含钼化肥。最常用的钼肥是钼酸铵 $[(NH_4)_6Mo_7O_{24}\cdot 4H_2O]$，易溶于水，可用作基肥、种肥和追肥，喷施效果也很好。有时也使用钼酸钠，也是可溶性肥料。三氧化钼为难溶性肥料，一般不太使用。

13. 氯 1954 年发现氯是必需元素。迄今为止，人们对氯营养的研究还很不够，因为氯在自然界中广泛存在并且容易被植物吸收，所以大田中很少出现缺氯现象，有人认为，植物需氯几乎与需硫一样多。其实一般植物含氯 100～1 000 毫克/千克 即可满足正常生长需要，在微量元素范围，但大多数植物中含氯高达 2 000～20 000 毫克/千克，已达中、大量元素水平，可能是因为氯的奢侈吸收跨度较宽。人们普遍担心的是过量氯影响农产品的产量和品质。土壤中的氯主要以质流形式向根系供应。氯以氯离子形态通过根系被植物吸收，地上部叶片也可以从空气中吸收氯。植物中积累的正常氯浓度一般为 0.2%～2.0%。

（1）氯缺乏症状。植物缺氯时根细短，侧根少，尖端凋萎，叶片失绿，叶面积减少，严重时组织坏死，由局部遍及全叶，不能正常结实。幼叶失绿和全株萎蔫是缺氯的 2 个最常见症状。

番茄表现为下部叶的小叶尖端首先萎蔫，明显变窄，生长受阻。继续缺氯，萎蔫部分坏死，小叶不能恢复正常，有时叶片出现青铜色，细胞质凝结，并充满细胞间隙。根短缩变粗，侧根生长受抑。及时加氯可使受损的基部叶片恢复正常。莴苣、甘蓝和苜蓿缺氯，叶片萎蔫，侧根粗短呈棒状，幼叶叶缘上卷成杯状，失绿，尖端进一步坏死。

棉花缺氯叶片凋萎，叶色暗绿，严重时叶缘干枯，卷曲，幼叶发病比老叶重。

甜菜缺氯叶片生长缓慢，叶面积变小，脉间失绿，开始时与缺锰症状相似。甘蔗缺氯根长较短，侧根较多。

大麦缺氯叶片呈卷筒形，与缺铜症状相似。玉米缺氯易感染茎腐病，病株易倒伏，影响产量和品质。

大豆缺氯易患猝死病。三叶草缺氯首先最幼龄小叶卷曲，继而刚展开的小叶皱缩，老龄小叶出现局部棕色坏死，叶柄脱落，生长停止。由于氯的来源广，大气、雨水中的氯远超过作物每年的需要量，即使在实验室的水培条件下因空气污染也很难诱发缺氯症状。因此大田生产条件下不易发生缺氯症。椰子、油棕、洋葱、甜菜、菠菜、甘蓝、芹菜等是喜氯作物。氯化钠或海水可使椰子产量提高。

（2）氯中毒症状。从农业生产实际看，氯过量比缺氯更被人担心。氯过量主要表现是生长缓慢，植株矮小，叶片少，叶面积小，叶色发黄，严重时叶尖呈烧灼状，叶缘焦枯并向上卷筒，老叶死亡，根尖死亡。另外，氯过量时种子吸水困难，发芽率降低。氯过量主要的影响是增加土壤水的渗透压，因而降低水对植物的有效性。另外一些木本植物，包括大多数果树及浆果类、蔓生植物和观赏植物对氯特别敏感，当氯离子含量达到干重的

0.5%时，植物会出现叶烧病症状，烟草、马铃薯和番茄叶片变厚且开始卷曲，对马铃薯块茎的储藏品质和烟草熏制品质都有不良影响。氯过量对桃、鳄梨和一些豆科植物作物也有害。作物氯害的一般表现是生长停滞、叶片黄化，叶缘似烧伤，早熟性发黄及叶片脱落。作物种类不同，症状有差异。小麦、大麦、玉米等叶片无异常特征，但分蘖受抑。水稻叶片黄化并枯萎，但与缺氮叶片均匀发黄不同，开始时叶尖黄化而叶片其余部分仍保持深绿。柑橘典型氯毒害叶片呈青铜色，易发生异常落叶，叶片无外表症状，叶柄不脱落。葡萄氯毒害叶片严重烧边。油菜、小白菜于三叶期后出现症状，叶片变小，变形，脉间失绿，叶尖叶缘先后枯焦，并向内弯曲。甘蔗氯毒害时根长较短，无侧根。马铃薯氯毒害主茎萎缩、变粗，叶片褪淡黄化，叶缘卷曲有焦枯。影响马铃薯产量及淀粉含量。甘薯氯毒害叶片黄化，叶面上有褐斑。茶树氯毒害叶片黄化，脱落。烟草氯毒害主要不在产量而在品质方面，氯过量使烟叶糖/氮比升高，影响烟丝的吸味和燃烧性。

氯对所有作物都是必需的，但不同作物耐受氯的能力差别很大。耐氯强的有甜菜、水稻、谷子、高粱、小麦、大麦、玉米、黑麦草、茄子、豌豆、菊花等。耐氯中等的有棉花、大豆、蚕豆、油菜、番茄、柑橘、葡萄、茶、苎麻、葱、萝卜等。不耐氯的有莴苣、紫云英、四季豆、马铃薯、甘薯、烟草等。

（3）土壤中的氯。氯是植物必需养分中唯一的第七主族元素又叫卤族元素，是唯一的气体非金属微量元素。一般认为，土壤中大部分氯来自包裹在土壤母质中的盐类、海洋气溶胶或火山喷发物。几乎土壤中所有的氯都曾一度存在于海洋中。土壤中大多数氯通常以氯化钠、氯化钙、氯化镁等可溶性盐类形式存在。人为活动带入土壤的氯也是一个不小的来源。氯经施肥、植物保护药剂和灌溉水进入土壤。大多数情况下，氯是伴随其他养分元素进入土壤的，包括氯化铵、氯化钾、氯化镁、氯化钙等。此外，人类活动使局部地区环境恶化，氯离子含量过高，如用食盐水去除路面结冰、用氯化物软化用水、提取石油和天然气时盐水的外溢、处理牧场废物和工业盐水等各种污染。除极酸性土壤外，氯离子在大多数土壤中移动性很大，所以能在土壤系统中迅速循环。氯离子在土壤中迁移和积累的数量和规模极易受水循环的影响。在土壤内排水受限制的地方将积累氯。氯化物又能从土壤表面以下几米深处的地下水中通过毛细管作用运移到根区，在地表或近地表处积累起来。如果灌溉水中含大量氯离子；或没有足够的水淋洗积累在根区的氯离子；或地下水位高，排水条件不理想，致使氯离子通过毛细管移入根区时，土壤中可能出现氯过量。

（4）市场上主要的含氯化肥。海潮、海风、降水可以带来足够的氯，只有远离海边的地方和淋溶严重的地区才可能缺氯。人类活动产生的含氯三废可能给局部地区带来过量的氯，造成污染。专门施用氯肥的情况很少见。大多数情况下，氯是伴随其他养分元素进入土壤的，包括氯化铵、氯化钾、氯化镁、氯化钙等。我国广东、广西、福建、浙江、湖南等省份曾有施用农盐的习惯，主要用于水稻，有时也用于小麦、大豆和蔬菜。农盐中除含大量氯化钠外，还有相当数量镁、钾、硫和少量硼。氯化钠可使水稻、甜菜增产、亚麻品质改善。这除了氯的作用外，还有钠的营养作用。

四、增施有机肥料

我国有机肥资源很丰富，但利用率却很低，目前，有机肥资源实际利用率不足 40%。其中，畜禽粪便养分还田率为 50% 左右，秸秆养分直接还田率为 35% 左右。增施有机肥料是替代化肥的一个重要途径，也是解决农业面源污染的"双面"有效办法。

（一）有机肥概述

1. 有机肥的概念　　有机肥是指含有大量有机物质的肥料。这类肥料在农村可就地取材，就地积制，对生态农业的发展起着很大的作用。

2. 有机肥料的特点　有机肥料种类多、来源广、数量大、成本低、肥效长，有以下几个特点：

（1）养分全面。它不但含有作物生育所必需的大量、中量和微量营养元素，而且还含有丰富的有机质，其中包括胡敏酸、维生素、生长素和抗生素等物质。

（2）肥效缓。有机肥料中的植物营养元素多呈有机态，必须经过微生物的转化才能被作物吸收利用，因此，肥效缓慢。

（3）对培肥地力有重要作用。有机肥料不仅能够供应作物生长发育需要的各种养分，而且还含有有机质和腐殖质，能改善土壤耕性，协调水、气、热、肥力因素，提高土壤的保水保肥能力。有机肥对增加作物营养，促进作物健壮生长，增强抗逆能力，降低农产品成本，提高经济效益，培肥地力，促进农业良性循环有着极其重要的作用。

（4）有机肥料中含有大量的微生物，以及各种微生物的分泌物——酶、刺激素、维生素等生物活性物质。

（5）现在的有机肥料一般养分含量较低，施用量大，费工费力。因此，需要提高质量。

3. 有机肥料的作用　增施有机肥料是提高土壤养分供应能力的重要措施。有机肥中含氮、磷、钾大量营养元素以及植物所需的各种营养元素，施入土壤后，一方面经过分解逐步释放出来，成为无机状态，可使植物直接摄取，提供给作物全面的营养，减少微量元素缺乏症。另一方面经过合成，部分形成腐殖质，促使土壤中生成各级粒径的团聚体，可储藏大量有效水分和养分，使土壤内部通气良好，增强土壤的保水、保肥和缓冲性能，供肥时间稳定且长效，能使作物前期发棵稳长，使营养生长与生殖生长协调进行，生长后期仍能供应营养物质，延长植株根系和叶片的功能时间，使生产期长的间套作物丰产丰收。

（二）有机肥料的施用

有机肥料种类较多、性质各异，在使用时应注意各种有机肥的成分、性质，做到合理施用。

1. 动物质有机肥的施用 动物肥料有人粪尿、家畜粪尿、家禽粪、厩肥等。人粪尿含氮较多，而磷、钾较少，所以常作氮肥施用。家畜粪尿中磷、钾的含较高，而且一半以上为速效性，可作速效磷、钾肥料。马粪和牛粪由于分解慢，一般做厩肥或堆肥基料施用较好，腐熟后作基肥使用。人粪和猪粪腐熟较快，可作基肥，也可作追肥加水浇施。厩肥是家畜粪尿和各种垫圈材料混合积制的肥料，新鲜厩肥中的养料主要为有机态，作物大多不能直接利用，待腐熟后才能施用。

有机肥料腐熟的目的是为了释放养分，提高肥效，避免肥料在土壤中腐熟时产生某些对作物不利的影响。如与幼苗争夺水分、养分或因局部地方产生高温、氮浓度过高而引起的烧苗现象等，有机肥料的腐熟过程是通过微生物的活动，使有机肥料发生两方面的变化，从而符合农业生产的需要。在这个过程中，一方面是有机质的分解，增加肥料中的有效养分；另一方面是有机肥料中的有机物由硬变软，质地由不均匀变得比较均匀，并在腐熟过程中，使杂草种子和病菌虫卵大部分被消灭。

2. 植物质有机肥的施用 植物质有机肥料中有饼肥、秸秆等。饼肥为肥分较高的优质肥料，富含有机质、氮素，并含有相当数量的磷、钾及各种微量元素，饼肥中氮磷多呈有机态，为迟效性有机肥。作物秸秆也富含有机质和各种作物营养元素，是目前生产上有机肥的主要原料来源，多采用厩肥或高温堆肥的方式进行发酵腐熟后作为基肥施用。

随着生产力的提高，特别是灌溉条件的改善，在一些地方也应用了作物秸秆直接还田技术。在应用秸秆还田时需注意保持土壤墒足和增施氮素化肥，由于秸秆还田的碳氮比较大，一般为（60～100）：1，作物秸秆分解的初期，首先需要吸收大量的水分软化和吸收氮素来调整碳氮比，一般分解适宜的碳氮比为 25：1，所以应保持足墒和增施氮素化肥，否则会引起干旱和缺氮。

试验证明，小麦、玉米、油菜等秸秆直接还田，在不配施氮、磷肥的条件下，不但不增产，相反还有较大程度的减产。另外，在一些高产地区和高产地块，秋季玉米秸秆产量较大，全部还田后加上耕层浅，掩埋不好，上层变暄，容易造成小麦苗根系悬空和缺乏氮肥而发育不良甚至死亡。需要部分还田。

在一些秋作物上，如玉米、棉花、大豆等适当采用麦糠、麦秸覆盖农田新技术，利用夏季高温多雨等有利气象因素，能蓄水保墒抑制杂草生长，增加土壤有机质含量，提高土壤肥力和肥料利用力，能改变土壤、水、肥、气、热条件，能促进作物生长发育增产增收。该技术节水、节能、省劳力，经济效益显著，是发展高效农业，促进农业生产持续稳定发展的有效措施。采用麦糠、麦秸覆盖，首先可以减少土壤水分蒸发、保蓄土壤水分。据试验，玉米生长期覆盖可多保水 154 毫米，较不覆盖节水 29％。其次，提高土壤肥力。覆盖一年后，氮、磷、钾等营养元素含量均有不同程度的提高。其三，能改变土壤不良理化性状。覆盖保墒改变了土壤的环境条件，使土壤湿度增加，耕层土壤通透性变好，田块不裂缝，不板结，增加了土壤团粒结构，土壤容量下降 0.03％～0.06％。其四，能抑制田间杂草生长。据调查，玉米覆盖的地块比不覆盖地块杂草减少 13.6％～71.4％。由于杂草减少，土壤养分消耗也相对减少，同时提高了肥料的利用率。其五，夏季覆盖能降低土壤温度，有利于农作物的生长发育。覆盖较不覆盖的农作物株高、籽粒、千粒重、秸草量均有不同程度的增加，一般玉米可增产 10％～20％。麦秸、麦糠覆盖是一项简单易行的土壤保墒增肥措施，覆盖技术应掌握适时适量，麦秸应破碎不宜过长。一般夏玉米覆盖应在玉米长出 6～7 片叶时，每亩秸料 300～400 千克，夏棉花覆盖于 7 月初，棉花株高 30 厘米左右时进行，在株间均匀撒麦秸每亩 300 千克左右。

施用有机肥不但能提高农产品的产量，而且还能提高农产品的品质，净化环境，促进农业生产的生态良性循环。另一方面还能降低农业生产成本，提高经济效益。所以搞好有机肥的积制和施用工作，对增强农业生产后劲，保证生态农业健康稳定发展，具有十分重要的意义。

3. 当前推进有机肥利用的几项措施 第一，推广机械施肥技术，为秸秆还田、有机肥积造等提供有利条件，解决农村劳动力短缺的问题。第二，推进农牧结合，通过在肥源集中区、规模化畜禽养殖场周边、畜禽养殖集中区建设有机肥生产车间或生产厂等，实现有机肥资源化利用。第三，争取扶持政策，以补助的形式鼓励新型经营主体和规模经营主体增加有机肥施用，引导农民积造农家肥、应用有机肥。第四，创新服务机制，发展各种社会化服务组织，推进农企对接，提高有机肥资源的服务化水平。第五，加强宣传引导，加大对新型经营主体和规模经营主体科学施肥的培训力度，营造有机肥应用的良好氛围。

五、合理施用化学肥料

在增施有机肥的基础上，合理施用化学肥料，是调节作物营养，提高土壤肥力，获得农业持续高产的一项重要措施。但是盲目地施用化肥，不仅会造成浪费，还会降低作物的产量和品质。特别是在目前情况下，应大力提倡经济有效地施用化肥，使其充分有效发挥化肥效应，提高化肥的利用率，降低生产成本，获得最佳产量，并防止造成污染。

（一）化学肥料的概念和特点

一般认为凡是用化学方法制造的或者采矿石经过加工制成的肥料统称为化学肥料。

从化肥的施用方面来看，化学肥料具有以下几个方面的特点：

1. 养分含量高，成分单纯 与有机肥相比，它养分含量高，成分单一，并且便于运输、储存和施用。

2. 肥效快，肥效短 化学肥料一般易溶于水，施入土壤后能很快被作物吸收利用，肥效快；但也能挥发和随水流失，肥效不持久。

3. 有酸碱反应　化学肥料有 2 种不同的酸碱反应，即化学酸碱反应和生理酸碱反应。

化学酸碱反应指肥料溶于水中以后的酸碱反应。如过磷酸钙是酸性，碳酸氢铵为碱性，尿素为中性。

生理酸碱反应指经作物吸收后产生的酸碱反应。生理碱性肥料是作物吸收肥料中的阴离子多于阳离子，剩余的阳离子与胶体代换下来的碳酸氢根离子形成重碳酸盐，水解后产生氢氧根离子，增加了土壤溶液的碱性。如硝酸钠肥料。生理酸性肥料是作物吸收肥料中的阳离子多于阴离子，使从胶体代换下来的氢离子增多，增加了土壤溶液的酸性。如硫酸铵肥料。

4. 不含有机物质，单纯大量使用会破坏土壤结构　化学肥料一般不含有机物质，它不能改良土壤，在施用量大的情况下，长期单纯施用某一种化肥会破坏土壤结构，造成土壤板结。

基于化学肥料的以上特点，在施用时要求技术要严，要十分注意平衡、经济的施用，使化肥在农业生产中发挥更大的作用。并且要防止土壤板结，土壤肥力下降。

（二）化肥的合理施用原则

合理施用化肥，一般应遵循以下几个原则：

1. 根据化肥性质，结合土壤、作物条件合理选用肥料品种　目前，在化肥不充足的情况下，应优先在增产效益高的作物上施用，使之充分发挥肥效。一般在雨水较多的夏季不要施用硝态氮肥，因为硝态氮易随水流失。在盐碱地不要大量施用氯化铵，因为氯离子会加重盐碱危害。薯类含碳水化合物较多，最好施用铵态氮肥，如碳酸氢铵、硫酸铵等。小麦分蘖期喜欢硝态氮肥，后期则喜欢铵态氮肥，应根据不同时期施用相应的化肥品种。

2. 根据作物需肥规律和目标产量，结合土壤肥力和肥料中养分含量以及化肥利用率确定适宜的施肥时期和施肥量　不同作物对各种养分的需求量不同。据试验，一般亩产 100 千克的小麦需从土壤中吸收 3 千克纯氮、1.3 千克五氧化二磷、2.5 千克氧化钾；亩产 100 千克的玉米需从土壤中吸收 2.5 千克纯氮、0.9 千克五氧化二磷、2.2 千克氧化钾；亩产 100 千克的花生（果仁）需从土壤中吸收 7 千克纯氮、1.3 千克五氧化二磷、3.9 千克氧化钾；亩产 100 千克的棉花（棉籽）需从土壤中吸收纯氮 5 千克、五氧化二磷 1.8 千克、氧化钾 4.8 千克。根据作物目标产量，用化学分析的方法或田间试验的方法，首先诊断出土壤中各种养分的供应能力，再根据肥料中有效成分的含量和化肥利用率，用平衡施肥的方法计算出肥料的施用量。

作物不同的生育阶段，对养分的需求量也不同，还应根据作物的需肥规律和土壤的保肥性来确定适宜的施肥时期和每次数量。在通常情况下，有机肥、磷肥、钾肥和部分氮肥作为基肥一次施用。一般作物苗期需肥量少，在底肥充足的情况下可不追施肥料；如果底肥不足或间套种植的后茬作物未施底肥时，苗期可酌情追施肥料，应早施少施，追施量不应超过总施肥量的 10%，作物生长中期，即营养生长和生殖生长并进期，如小麦起身期、玉米拔节期、棉花花铃期、大豆和花生初花期、白菜包心期，生长旺盛，需肥量增加，应重施追肥；作物生长后期，根系衰老，需肥能力降低，一般追施肥料效果较差，可适当进行叶面喷肥，加以补充，特别是双子叶作物叶面吸肥能力较强，后期喷施肥料效果更好，作物的一次追肥数量，要根据土壤的保肥能力确定。一般沙土地保肥能力差，应采用少施勤施的原则，每次亩追施标准氮肥（硫酸铵）不宜超过 15 千克；两合土保肥能力中等，每次亩追施标准氮肥不宜超过 30 千克；黏土地保肥能力强，每次亩追施标准氮肥不宜超过 40 千克。

3. 根据土壤、气候和生产条件，采用合理的施肥方法　肥料施入土壤后，大部分会被植物吸收利用或被胶体吸附保存起来，但是还有一部分会随水渗透流失或形成气体挥发，所以要采用合理的施肥方法。因此，一般要求基肥应深施，结合耕地边耕边施肥，把肥料翻入土中；种肥应底施，把肥料条施于种子下面或种子一旁下侧，与种子隔离；追肥应条施或穴施，不要撒施。应施在作物一侧或两侧的土层中，然后覆土。

硝态氮肥一般不被胶体吸附，容易流失，提倡灌水或大雨后穴施在土壤中。

铵态和酰铵态氮肥，在沙土地的雨季也提倡大雨后穴施，施后随即盖土，一般不应在雨前或灌水前撒施。

六、应用叶面喷肥技术

叶面喷肥是实现作物高效种植的重要措施之一，一方面作物高效种植，生产水平较高，作物对养分需要量较多；另一方面，作物生长初期与后期根部吸收能力较弱，单一由根系吸收养分已不能完全满足生产的需要。叶面喷肥作为强化作物营养和防治某些缺素症的一种施肥措施，能及时补充营养，可较大幅度的提高作物产量，改善农产品品质，是一项肥料利用率高、用量少而经济有效的施肥技术措施。实践证明，叶面喷肥技术在农业生产中有较大增产潜力。现把叶面喷肥在主要农作物上的应用技术和增产作用介绍如下：

（一）叶面喷肥的特点及增产效应

1. 养分吸收快　叶面肥由于喷施于作物叶表，各种营养物质可直接从叶片进入体内，直接参与作物的新陈代谢过程和有机物的合成过程，吸收养分快。据测定，玉米 4 叶期叶面喷用硫酸锌，3.5 小时后上部叶片吸收已达 11.9%，48 小时后已达53.1%。如果通过土壤施肥，施入土壤中首先被土壤吸附，然后再被根系吸收，通过根、茎输送才能到达叶片，这种养分转化输送过程最快也必须经过 80 小时以上。因此，无论是从速度还是效果，叶面喷肥都比土壤施肥的作用来得及时、显著。在土壤中，一些营养元素供应不足，成为作物产量的限制因素时，或需要量较小，土壤施用难以做到均匀有效时，利用叶面喷施反应迅速的特点，在作物各个生长时期及不同阶段喷施叶面肥，以协调作物对各种营养元素的需要与土壤供肥之间的矛盾，促进作物营养均衡、充足，保持健壮生长发育，才能使作物高产优质。

2. 光合作用增强，酶的活性提高　在形成作物产量的若干物质中，90％～95％来自光合作用的产物。但光合作用的强弱，在同样条件下和植株内的营养水平有关。作物叶面喷肥后，体内营养均衡、充足，促进了作物体内各种生理进程的进展，显著提高了光合作用的强度。据测定，大豆叶面喷施后平均光合强度达到 22.69 毫克/平方分米·小时，比对照提高了 19.5％。

作物进行正常代谢必不可少的条件是酶的参与，这是作物生命活动最重要的因素，其中，也有营养条件的影响，因为许多作物所需的常量元素和微量元素是酶的组成部分或活性部分。如铜是抗坏血酸氧化镁的活性部分，精氨酸酶中含有锰，过氧化氢酶和细胞色素中含有铁、氨、磷和硫等营养元素。叶面喷施能极明显地促进酶的活性，有利于作物体内各种有机物的合成、分解和转变。据试验，花生在荚果期喷施叶面肥，固氮酶活性可提高 5.4％～24.7％，叶面喷肥后能促进根、茎、叶各部位酶的活性提高 15％～31％。

3. 肥料用料省，经济效益高　叶面喷肥用量少，肥料利用效能高，也可解决土壤施肥常造成一部分肥料被固定而降低使用效率的问题。叶面喷肥效果大于土壤施肥。如叶面喷硼肥的利用率是施基肥的 8.18 倍；洋葱生长期间，每亩用 0.25 千克硫酸锰兑水喷施与土壤撒施 7 千克的硫酸锰效果相同。

（二）主要作物叶面喷肥技术

叶面喷肥一般是以肥料水溶液形式均匀得喷洒在作物叶面上。实践证明，肥料水溶液在叶片上停留的时间越长，越有利于提高利用率。因此，在中午烈日下和刮风天喷洒效果较差，以无风阴天和晴天 9 时前或 16 时后进行为宜。由于不同作物对某种营养元素的需要量不同，不同土壤中多种营养元素含量也有差异，所以不同作物在不同地区叶面施用肥料效果也差别很大。现把一些肥料在主要农作物上叶面喷施的试验结果分述如下：

1. 小麦

尿素：亩用量 0.5～1.0 千克，兑水 40～50 千克，在拔节至孕穗期喷洒，可增产 8%～15%。

磷酸二氢钾：亩用量 150～200 克，兑水 40～50 千克，在抽穗期喷洒，可增产 7%～13%。

以硫酸锌和硫酸锰为主的多元复合微肥：亩用量 200 克，兑水 40～50 千克，在拔节至孕穗期喷洒，可增产 10% 以上。

综合应用技术，在拔节期喷微肥，灌浆期喷硫酸二氢钾，缺氧发黄田块增加尿素，对预防常见的干热风危害作物较好。蚜虫发病较重的田块，结合防蚜虫进行喷施。可起到一喷三防的作用，一般增加穗粒数 1.2～2 个，提高千粒重 1～2 克，亩增产 30 千克左右，增产 20% 以上。

2. 玉米　近年来，玉米植株缺锌症状明显，应注意增施硫酸锌，亩用量 100 克，兑水 40～50 千克，在出苗后 15～20 天喷施，隔 7～10 天再喷 1 次，可增长穗长 0.2～0.8 厘米；秃顶长度减少 0.2～0.4 厘米，千粒重增加 12～13 克，增产 15% 以上。

3. 棉花　棉花生育期长，对养分的需求量较大，而且后期根系功能明显减退，但叶面较大且吸肥功能较强，叶面喷肥有显著的增产作用。

喷氮肥防早衰：在 8 月下旬至 9 月上旬，用 1% 尿素溶液喷洒，每亩 40～50 千克，隔 7 天左右喷 1 次，连喷 2～3 次，可促进光合作用，防早衰。

喷磷促早熟：从 8 月下旬开始，用过磷酸钙 1 千克，兑水 50 千克，溶解后取其过滤液，每亩用 50 千克，隔 7 天 1 次，连喷 2～3 次，可促进种子饱满，增加铃重，提早吐絮。

喷硼攻大桃：一般从铃期开始用千分之一硼酸水溶液喷施，

每亩用 50 千克，隔 7 天 1 次，连喷 2～3 次，有利于多坐桃，结大桃。

综合性叶面肥：每亩每次用量 250 克，兑水 40 千克，在盛花期后喷施 2～3 次，一般增产 15.2％～31.5％。

4. 大豆 大豆对钼反应敏感，在苗期和盛花期喷施浓度为 0.05％～0.1％的钼酸铵溶液每亩每次 50 千克，可增产 13％左右。

5. 花生 花生对锰、铁等微量元素敏感，"花生王"是以这 2 种元素为主的综合性施肥，从初花期到盛花期，每亩每次用量 200 克，兑水 40 千克，喷洒 2 次，可使根系发达，有效侧枝增多，结果多，饱果率高。一般增产 20％～35％。

6. 叶菜类蔬菜（如大白菜、芹菜、菠菜等） 叶菜类蔬菜产量较高，在各个生长阶段需氮较多，叶面肥以尿素为主，一般喷施浓度为 2％，每亩每次用量 50 千克，在中后期喷施 2～4 次，另外中期喷施 0.1％浓度的硼砂溶液 1 次，可防止芹菜"茎裂病"、菠菜"矮小病"、大白菜"烂叶病"。一般增产 15％～30％。

7. 瓜果类蔬菜（如黄瓜、番茄、茄子、辣椒等） 此类蔬菜一生对氮磷钾肥的需求比较均衡，叶面喷肥以磷酸二氢钾为主，喷施浓度以 0.5％为宜，每亩每次用量 50 千克。在中后期喷施 3～5 次，可增产 8.6％。

8. 根茎类蔬菜（如大蒜、洋葱、萝卜、马铃薯等） 此类蔬菜一生中需磷钾较多，叶面喷肥应以磷钾为主，喷施硫酸钾浓度为 0.2％或 3％过磷酸钙加草木灰浸出液，每亩每次用量 50 千克液，在中后期喷施 3～4 次。另外萝卜在苗期和根膨大期各喷 1 次 0.1％的硼酸溶液。每亩每次用量 40 千克，可防治"褐心病"。一般可增产 17％～26％。

随着高效种植和产量效益的提高，一种作物同时缺少几种养分的现象将普遍发生，今后的发展方向将是多种肥料混合喷施，可先预备一种肥料溶液，然后按用量加入其他肥料，而不能先配置好几种肥液再混合喷施。在加入多种肥料时应考虑各种肥料的化学性质，在一般情况下起反应或拮抗作用的肥料应注意分别喷施。如磷、锌有拮抗作用，不宜混施。

叶面喷施在农业生产中虽有独到之功，增产潜力很大，但叶面喷肥不能完全替代作物根部土壤施肥，应该不断总结经验加以完善。因为根部比叶面有更大更完善的吸收系统。必须在土壤施肥的基础上。配合叶面喷肥，才能充分发挥叶面喷肥的增效、增产、增质作用。

七、推广应用测土配方施肥技术

测土配方施肥技术是对传统施肥技术的深刻变革，是建立在科学理论基础之上的一项农业实用技术，对搞好农业生产具有十分重要的意义。开展测土配方施肥工作既是提高作物单产，保障农产品安全的客观要求；也是降低生产成本，促进节本增效的重要途径；还是节约能源消耗，建设节约型社会的重大行动；更是不断培肥地力，提高耕地产出能力的重要措施；也是提高农产品质量，增强农业竞争力的重要环节；还是减少肥料流失，保护农业生态环境的需要。

（一）测土配方施肥的内涵

1983 年，为了避免施肥学术领域中概念混乱，农业部在广东湛江地区召开的配方施肥会议上，将全国各地所说的"平衡施肥"统一定名为测土配方施肥。其涵义是指：综合运用现代农业科技成果，根据作物需肥规律、土壤供肥性能与肥料效应，在以有机肥为基础的条件下，产前提出氮、磷、钾和微肥的适宜用量和比例以及相应的施肥技术。通过测土配方施肥满足作物均衡吸收各种营养，维持土壤肥力水平，减少养分流失和对环境的污染，达到高产、优质和高效的目的。

测土配方施肥的关键是确定不同养分的配比和施肥量。一是根据土壤供肥能力、植物营养需求、肥料效应函数等，确定需要通过施肥补充的元素种类及数量；二是根据作物营养特点、不同肥料的供肥特性，确定施肥时期及各时期的肥料用量；三是制定与施肥相配套的农艺措施，选择切实可行的施肥方法，实施施肥。

（二）测土配方施肥的三大程序

1. 测土　摸清土壤的家底，掌握土壤的供肥性能。就像医生看病，首先进行把脉问诊。

2. 配方　根据土壤缺什么，确定补什么，就像医生针对病人的病症开处方抓"药"。其核心是根据土壤、作物状况和产量要求，产前确定施用肥料的配方、品种和数量。

3. 施肥　执行上述配方，合理安排基肥和追肥比例，规定施用时间和方法，以发挥肥料的最大增产作用。

（三）测土配方施肥的理论依据

1. 养分归还学说　1840 年，德国著名农业化学家、现代农业化学的倡导者李比希在英国有机化学学会上做了《化学在农业和生理学上的应用》的报告，在该报告中，他系统地阐述了矿质营养理论，并以此理论为基础，提出了养分归还学说。矿质营养理论和养分归还学说，归纳起来有 4 点：其一，一切植物的原始营养只能是矿物质，而不是其他任何别的东西。其二，由于植物不断地从土壤中吸收养分并把它们带走，所以土壤中这些养分将越来越少，从而缺乏这些养分。其三，采用轮作和倒茬不能彻底避免土壤养分的匮乏和枯竭，只能起到减轻或延缓的作用，或是使现存养分利用得更协调些。其四，完全避免土壤中养分的损失是不可能的，要想恢复土壤中原有物质成分，就必须施用矿质肥料使土壤中营养物质的损耗与归还之间保持着一定的平衡，否则，土壤将会枯竭，逐渐成为不毛之地。

种植农作物每年带走大量的土壤养分，土壤虽是个巨大的养分库，但并不是取之不尽的，必须通过施肥的方式，把某些作物带走的养分"归还"于土壤，才能保持土壤有足够的养分供应容量和强度。我国每年以大量化肥投入农田，主要是以氮、磷两大营养元素为主，而钾素和微量养分元素归还不足。

2. 最小养分律　1843 年，德国著名农业化学家李比希在矿质理论和养分归还学说的基础上，提出了"农作物产量受土壤中那个相对含量最小养分的制约"。随着科技的发展和生产实践，目前对最小养分应从以下 5 个方面进行理解：第一，最小养分是指按照作物对养分的需要来讲土壤中相对含量最少的那种养分，而不是土壤中绝对含量最小的养分。第二，最小养分是限制作物产量的关键养分，为了提高作物产量必须首先补充这种养分，否则，提高作物产量将是一句空话。第三，最小养分因作物种类、产量水平和肥料施用状况而有所变化，当某种最小养分增加到能够满足作物需要时，这种养分就不再是最小养分，而是另一种养分又会成为新的最小养分。第四，最小养分可能是大量元素，也可能是微量元素，一般而言，大量元素因作物吸收量大，归还少，土壤中含量不足或有效性低，而转移成为最小养分。第五，某种养分如果不是最小养分，即使把它增加再多也不能提高产量，而只能造成肥料的浪费。

测土配方施肥，首先要发现农田土壤中的最小养分，测定土壤中的有效养分含量，判定各种养分的肥力等级，择其缺乏者施以某种养分肥料。

3. 各种营养元素同等重要与不可替代律　植物所需的各种营养元素，不论它们在植物体内的含量多少，均具有各自的生理功能，它们各自的营养作用都是同等重要的。每一种营养元素具有其特殊的生理功能，是其他元素不能代替的。

4. 肥料效应报酬递减律　肥料效应报酬递减律其内涵指施肥与产量之间的关系是在其他技术条件相对稳定的前提下，随着施肥量的逐渐增加，作物产量也随之增加，但作物的增产量却随着施肥量的增加而逐渐递减。当施肥量超过一定限度后，如再增加施肥量，不仅不能增加产量，反而会造成减产，肥料不是越多越好。

5. 生产因子的综合作用律 作物生长发育的状况和产量的高低与多种因素有关，气候因素、土壤因素、农业技术因素等都会对作物生长发育和产量的高低产生影响。施肥不是一个孤立的行为，而是农业生产中的一个环节，可用函数式来表达作物产量与环境因子的关系：

$$Y = f(N、W、T、G、L)$$

Y 为农作物产量，f 为函数的符号，N 代表养分，W 代表水分，T 代表温度，G 代表 CO_2 浓度，L 代表光照。

此式表示农作物产量是养分、水分、温度、CO_2 浓度和光照的函数，要使肥料发挥其增产潜力，必须考虑到其他 4 个主要因子，如肥料与水分的关系，在无灌溉条件的旱作农业区，肥效往往取决于土壤水分，在一定的范围内，肥料利用率随着水分的增加而提高。五大因子应保持一定的均衡性，方能使肥料发挥应有的增产效果。

（四）测土配方施肥应遵循的基本原则

1. 有机无机相结合的原则 土壤肥力是决定作物产量高低的基础。土壤有机质含量是土壤肥力的最重要的指标之一。增施有机肥料可有效增加土壤有机质。根据中国农业科学院土壤与肥料研究所的研究，有机肥和化肥的氮素比例以 3：7 至 7：3 较好，具体视不同土壤及作物而定。同时，增施有机肥料能有效促进化肥利用率提高。

2. 氮磷钾相配合的原则 原来我国绝大部分土壤的主要限制因子是氮，现在很多地方土壤的主要限制因子是钾。在目前高强度利用土壤的条件下，必须实行氮磷钾肥的配合施用。

3. 辅以适量的中微量元素的原则 在氮磷钾三要素满足的同时，还要根据土壤条件适量补充一定的中微量元素，不仅能提高肥料利用率，而且能改善产品品质，增强作物抗逆能力，减少农业面源污染，达到作物高产、稳产、优质的目的。如：施硼能防止"花而不实"。

4. 用地养地相结合，投入产出相平衡的原则 要使作物-土壤-肥料形成能量良性循环，必须坚持用地养地相结合、投入和产出相平衡。也就是说，没有高能量的物质投入就没有高能量物质的产出，只有坚持增施有机肥、氮磷钾和微肥合理配施的原则，才能达到高产优质低耗。

5. 测土配方施肥技术路线 主要围绕"测土、配方、配肥、供肥、施肥指导"5个环节开展十一项工作。十一项工作的主要内容有：①野外调查。②采样测试。③田间试验。④配方设计。⑤校正试验。⑥配肥加工。⑦示范推广。⑧宣传培训。⑨信息系统建立。⑩效果评价。⑪技术研发。

测土配方施肥的目的是以耕层土壤测试为核心，以作物产量反应为依据，达到节本、增产、增效。

6. 配方施肥的基本方法 经过试验和生产实践，广大肥料科技工作者已经总结出适合我国不同类型区的作物测土配方施肥的基本方法。要搞好本地区的作物测土配方施肥工作，必须首先学习和掌握这些基本方法。

第一类：地力分区法。利用土壤普查、耕地地力调查和当地田间试验资料，把土壤按肥力高低分成若干等级，或划出一个肥力均等的田片，作为一个配方区。再应用资料和田间试验成果，结合当地的实践经验，估算出这一配方区内，比较适宜的肥料种类及其施用量。该方法优点：较为简便，提出的用量和措施接近当地的经验，方法简单，群众易接受。缺点：局限性较大，每种配方只能适应于生产水平差异较小的地区，而且依赖于一般经验较多，对具体田块来说针对性不强。在推广过程中必须结合试验示范，逐步扩大科学测试手段和理论指导的比重。

第二类：目标产量法。包括：养分平衡法和地力差减法。根据作物产量的构成，由土壤本身和施肥2个方面供给养分的原理来计算肥料的用量。

方法是先确定目标产量，以及为达到这个产量所需要的养分数量。再计算作物除土壤所供给的养分外，需要补充的养分数量。最后确定施用多少肥料。

目标产量就是计划产量，是肥料定量的最原始依据。目标产量并不是按照经验估计，或者把其他地区已达到的绝对高产作为本地区的目标产量，而是由土壤肥力水平来确定。

作物产量对土壤肥力依赖率的试验中，把土壤肥力的综合指标 X（空白田产量）和施肥可以获得的最高产量 Y 这两个数据成对地汇总起来，经过统计分析，两者之间，同样也存在着一定的函数关系，即 $Y=X/(a+bX)$ 或 $Y=a+bX$，这就是作物定产的经验公式。

一般推荐把当地这一作物前三年的平均产量，或前三年中产量最高而气候等自然条件比较正常的那一年的产量作为土壤肥力指标，然后提高 10%，最多不超过 15%，拟定为当年的目标产量。

（1）养分平衡法。"平衡"是相对的、动态的，是方法论。不同时空不同作物的平衡施肥是变化的。利用土壤养分测定值来计算土壤供肥量，然后再以斯坦福公式计算肥料需求量。

肥料需求量＝[（作物单位产量养分吸收量×目标产量）－（土壤养分测定值×0.15×校正系数）]/（肥料中养分含量×肥料当季利用率）

作物单位产量养分吸收量，可由田间试验和植株地上部分分析化验或查阅有关资料得到。由于不同作物的生物特性有差异，使得不同作物每形成一定数量的经济产量所需养分总量是不同的。主要作物形成 100 千克经济产量所需养分量见表 4－2。

由于不同地区，不同产量水平下作物从土壤中吸收养分的量也有差异，故在实际生产中应用表 4－2 的数据时，应根据情况，酌情增减。

作物总吸收量＝作物单位产量养分吸收量×目标产量

土壤养分供给量（千克）＝土壤养分测定值×0.15×校正系数

表 4 - 2　主要作物形成 100 千克经济产量所需养分量（千克）

作物	纯氮	五氧化二磷	氧化钾
玉米	2.62	0.90	2.34
小麦	3.00	1.20	2.50
水稻	1.85	0.85	2.10
大豆	7.20	1.80	4.09
甘薯	0.35	0.18	0.55
马铃薯	0.55	0.22	1.02
棉花	5.00	1.80	4.00
油菜	5.80	2.50	4.30
花生	6.80	1.30	3.80
烟叶	4.10	0.70	1.10
芝麻	8.23	2.07	4.41
大白菜	0.19	0.087	0.342
番茄	0.45	0.50	0.50
黄瓜	0.40	0.35	0.55
大蒜	0.30	0.12	0.40

　　土壤养分测定值以毫克/千克表示，0.15 为该养分在每亩 150 吨表土中换算成千克/亩的系数。

　　校正系数 ＝（空白田产量×作物单位养分吸收量）/（养分测定值(毫克 / 千克)×0.15）

　　优点：概念清楚，理论上容易掌握。

　　缺点：由于土壤的缓冲性和气候条件的变化，校正系数的变异较大，准确度差。因为土壤是一个具有缓冲性的物质体系，土壤中各养分处于一种动态平衡之中，土壤能供给的养分，随作物生长和环境条件的变化而变化，而测定值是一个相对值，不能直接计算出土壤的"绝对"供肥量，需要通过试验获得一个校正系数加以调整，才能估计土壤供肥量。

（2）地力差减法

原理：从目标产量中减去不施肥的空白田的产量，其差值就是增施肥料所能得到的产量，然后用这一产量来算出作物的施肥量。

计算公式：肥料需要量＝［作物单位产量养分吸收量×（目标产量－空白田产量）］/（肥料中养分含量×肥料当季利用率）

优点：不需要进行土壤养分的化验，避免了养分平衡法的缺陷，在理论上养分的投入与利用也较为清楚，人们容易接受。

缺点：空白田的产量不能预先获得，给推广带来困难。由于空白田产量是构成作物产量各种环境条件（包括气候、土壤养分、作物品种、水分管理等）的综合反映，无法找出产量的限制因素对症下药。当土壤肥力愈高，作物吸自土壤的养分越多，作物对土壤的依赖性也愈大，由公式所得到的肥料施用量就越少，有可能引起地力损耗而不能觉察，所以在使用这个公式时，应注意这方面的问题。

第三类：田间试验法。包括肥料效应函数法、养分丰缺指标法、氮磷钾比例法。通过简单的单一对比，或应用较复杂的正交、回归等试验设计，进行多点田间试验，从而选出最优处理，确定肥料施用量。

①肥料效应函数法。采用单因素、二因素或多因素的多水平回归设计进行布点试验，将不同处理得到的产量进行数理统计，求得产量与施肥量之间的肥料效应方程式。根据其函数关系式，可直观地看出不同元素肥料的不同增产效果，以及各种肥料配合施用的联合应用效果，确定施肥上限和下限，计算出经济施肥量，作为实际施肥量的依据。如单因子、多水平田间试验法，一般应用模型为：

$$Y = a + bx + cx^2$$

最高施肥量 $= -b/2c$

优点：能客观地反映肥料等因素的单一和综合效果，施肥精确度高，符合实际情况。

缺点：地区局限性强，不同土壤、气候、耕作、品种等需布置多点不同试验。对于同一地区，当年的试验资料不可能应用，而应用往年的函数关系式，又可能因土壤、气候等因素的变化而影响施肥的准确度，需要积累不同年度的资料，费工费时。这种方法需要进行复杂的数学统计运算，一般群众不易掌握，推广应用起来有一定难度。

②养分丰缺指标法。利用土壤养分测定值与作物吸收养分之间存在的相关性，对不同作物通过田间试验，根据在不同土壤养分测定值下所得的产量分类，把土壤的测定值按一定的级差分等（如：极缺、缺、中、丰、极丰），一般为3～5级，制成养分丰缺及应该施肥量对照检索表。在实际应用中，只要测得土壤养分值，就可以从对照检索表中，按级别确定肥料施用量。

③氮、磷、钾比例法。通过田间试验，在一定地区的土壤上，取得某一作物不同产量情况下各种养分之间的最好比例，然后通过对一种养分的定量，按各种养分之间的比例关系，来决定其他养分的肥料用量。如以氮定磷、定钾，以磷定氮，以钾定氮等。

优点：减少了工作量，比较直观，一看就懂，容易为群众所接受。

缺点：作物对养分的吸收比例，与应施肥料养分之间的比例是2个不同的概念。土壤中各养分含量不同，土壤对各种养分的供应强度不同，按上述比例在实际应用时难以定得准确。

7. 有机肥和无机肥比例的确定 以上配方施肥各法计算出来的肥料施用量，主要是指纯养分。而配方施肥必须以有机肥为基础，得出肥料总用量后，再按一定方法来分配化肥和有机肥料的用量。主要方法有同效当量法、产量差减法和养分差减法。

（1）同效当量法。由于有机肥和无机肥的当季利用率不同，通过试验先计算出某种有机肥料所含的养分，相当于几个单位的化肥所含的养分的肥效，这个系数，就称为"同效当量"。例如，测定氮的有机无机同效当量在施用等量磷、钾（满足需要，一般可以氮肥用量的一半来确定）的基础上，用等量的有机氮和无机氮 2 个处理，并以不施氮肥为对照，得出产量后，用下列公式计算同效当量：

同效当量＝（有机氮处理－无氮处理）/（化学氮处理－无氮处理）

例如：小麦施有机氮（N）7.5 千克的产量为 265 千克，施无机氮（N）的产量为 325 千克，不施氮肥处理产量为 104 千克，通过计算同效当量为 0.73，即 1 千克有机氮相当于 0.73 千克无机氮。

（2）产量差减法。先通过试验，取得某一种有机肥料单位施用量能增产多少产品，然后从目标产量中减去有机肥能增产部分，减去后的产量，就是应施化肥才能得到的产量。

例如：有 1 亩水稻，目标产量为 325 千克，计划施用厩肥 900 千克，每百千克厩肥可增产 6.93 千克稻谷，则 900 千克厩肥可增产稻谷 62.37 千克，用化肥的产量为 262.63 千克。

（3）养分差减法。在掌握各种有机肥料利用率的情况下，可先计算出有机肥料中的养分含量，同时，计算出当季利用率，然后从需肥总量中减去有机肥利用部分，留下的就是无机肥应施的量。

化肥施用量＝（总需肥量－有机肥用量×养分含量×该有机肥当季利用率）/（化肥养分×化肥当季利用率）

第二节　间作套种与轮作休耕技术

一、农作物立体间套种植技术

（一）农作物立体间套种植的概念

立体间套种植是相对单作而言的。单作是指同一田块内种植一种作物的种植方式。如大面积单作小麦、玉米、棉花等。这种方式作物单一，耕作栽培技术单纯，适合各种情况下种植，但不能充分发挥自然条件和社会经济条件的潜力。

间作是指同一块地里成行或带状（若干行）间隔地种植2种或2种以上生长期相近的作物。若同一块地里不分行种植2种或2种以上生长期相近的作物则叫作混作。间作与混作在实质上是相同的，都是2种或2种以上生长期相近的作物在田间构成复合群体，只是作物具体的分布形式不同。间作主要是利用行间；混作主要是利用株间。间作因为成行种植，可以实行分别管理，特别是带状间作，便于机械化和半机械化作业，既能提高劳动生产率，又能增加经济效益。

套种则是指2种生长季节不同的作物，在前茬作物收获之前，就套播后茬作物的种植方式。此种植方式，使田间2种作物既有构成复合群体共同生长的时间，又有某一种作物单独生长的时间。既能充分利用空间，又能充分利用时间，是从空间上争取时间，从时间上充分利用空间，是提高土地利用率、充分利用光能的有效形式，这是一种较为集约的种植方式，对作物搭配和栽培管理的要求更加严格。

在作物生长过程中，单作、混作和间套作构成作物种植的空间序列；单作、套作和轮作构成作物种植的时间序列。2种序列结合起来，科学的综合运用是种植制度的高速发展，也是我国农业的宝贵经验。为此，应该不断地深入调查研究，认真总结经验教训，反复实践，不断提高，使立体间套种植在现代化农业进程中发挥更大的作用。

（二）搞好立体间套种植应具备的基本条件

作物立体间套种植方式在一定季节内单位面积上的生产能力比常规种植方式有较大的提高，对环境条件和营养供应的要求较高，只有满足不同作物不同时期的需要，才能达到高产高效的目的。在生产实践中，要想搞好立体间套种植，多种多收，高产高效，必须具备和满足一定的基本条件。

1. 土壤肥力条件 要使立体间套种植获得高产高效，必须有肥沃的土壤作为基础。只有肥沃的土壤、水、肥、气、热、孔隙度等因素的协调，才能很好地满足作物生长发育的要求，从结构层次看，通体壤质或上层壤质下层稍黏为好，并且耕作层要深厚，以 30 厘米左右为宜，土壤中固、液、气三相物质比例以 1∶1∶0.4 为宜，土壤总孔隙度应在 55% 左右，其中大孔隙度应占 15%，小孔隙度应占 40%。土壤容重值在 1.1～1.2 为宜。土壤养分含量要充足。一般有机质含量要达到 1% 以上，全氮含量要大于 0.08%，全磷含量要大于 0.07%，其中速效磷含量要大于 0.002%。全钾含量应在 1.5% 左右，速效钾含量应达到 0.015%。另外其作物需要的微量元素也不能缺乏。

同时，高产土壤要求地势平坦，排灌方便，能做到水分调节自由。土壤水分是土壤的重要组成部分，也是土壤中极其活跃的因素，除它本身有不可缺少的作用外，还在很大程度上影响着其他肥力因素。首先，土壤水分影响着土壤的养分释放、转化、移动和吸收；其次，土壤水分影响着土壤的热量状况，土壤水分多，土壤空气就少，通气不良，反之亦然；第三，土壤水分影响着土壤的热量状况，因为水的热容量比土壤热容量大；第四，土壤水分影响土壤微生物的活动，从而影响土壤的物理机械性和耕性。因此，它不仅本身能供给作物吸收利用，而且还影响和制约着土壤肥、气、热等肥力因素和生产性能。所以，在农业生产中要求高产土壤地势平坦、排灌方便、无积水、漏灌现象，能经得起雨水的侵蚀和冲刷，蓄水性能好。一般中小雨不会流失，大雨不长期积存，若能较好地控制土壤水分，努力做到需要多少就能供应多少，既不多给也不多供，是作物高产高效的根本措施。

2. 水资源条件 目前，对水资源的定义差别较大，有的把自然界中各种形态的水都视为水资源；有的只把逐年可以更新的淡水作为水资源。一般认为水资源总量是由地表水和地下水资源组成。即河流、湖泊、冰川等地表水和地下水参与水循环的动态水资源总和。

世界各地自然条件不同，降水和经流差异也很大。我国水资源受降水的影响，其时空分布具有年内、年际变化大以及区域分布不均匀的特点。全国平均年降水总量为 61 889 亿立方米，其中 45% 的降水转化为地表和地下水资源，55% 被蒸发和蒸散。降水量夏季明显多于冬季，干湿季节分明，多数地区在汛期降水量占全年水量的 60%～80%。全国水资源总量相对丰富，居世界第 6 位，但人均占有量少，人均年水资源量为 2 580 立方米，只相当于世界人均水资源占有量的 1/4，居世界第 110 位，是世界 13 个贫水国之一。另外，因时空分布不均匀，导致我国南北方水资源与人口、耕地不匹配。南方水资源较丰富，北方水资源较缺乏。而北方耕地面积占全国耕地面积的 3/5，水资源量却只占全国的 1/5。

从全球来看，70% 左右的用水量被农业生产所消耗，要搞立体农业，首先要改善水资源条件，特别是北方农业区只有在改善了水资源条件的基础上，才能大力发展立体农业；其次要在搞好南水北调大型水利工程前提下，同时开展节水农业的研究与示范，走节水农业的路子，集约化农业才能持续稳步发展。

3. 劳动力与机械化水平条件　农作物立体间套种植是 2 种或 2 种以上作物组成的复合群体，群体间既相互促进，又相互竞争，高产高效的关键是发挥群体的综合效益。因此，栽培管理的技术含量高，劳动用工量大，时间性强，所以农作物立体间套种植必须有充足并掌握一定的农业科学技术的劳动力，否则可能造成多种不多收，投入大产出少的不良后果。

搞好农作物立体间套种植，必须注重相适应的机械化水平提高，在农业转型升级过程中，机械化水平条件是能否搞好农作物立体间套种植模式创新的关键。

（三）农作物立体间套种植的技术原则

农业生产过程中存在着自然资源优化组合和劳动力资源的优

化组合的问题。由于农业生产受多种因素的影响和制约，有时同样的投入会得到不同的收益。生产实践证明，粗放的管理和单一的种植方式谈不上优化组合自然资源和劳动力资源，恰恰会造成资源的浪费。搞好耕地栽培制度改革，合理进行茬口安排，科学搞好立体间套种植，才能最大限度地利用自然资源和劳动力资源。作物立体间套种植，有互补也有竞争，其栽培的关键是通过人为操作，协调好作物之间的关系，尽量减少竞争等不利因素，发挥互补的优势，提高综合效益，其中，要研究在人工复合群体中，分层利用空间，延续利用时间，以及均匀利用营养面积等。总之，栽培上要搞好品种组合、田间的合理配置、适时播种、肥水促控和田间统管工作。

1. 合理搭配作物种类 合理搭配作物种类，首先要考虑对地上部空间的充分利用，解决作物共生期争光的矛盾和争肥的矛盾。因此，必须根据当地的自然条件、作物的生物学特征，合理搭配作物，通常是"一高一矮""一胖一瘦""一圆一尖""一深一浅""一阴一阳"的作物搭配。

"一高一矮"和"一胖一瘦"是指作物的株高与株型搭配，即高秆与低秆作物搭配，株型肥大松散、枝叶茂盛、叶片平展生长的作物与株型细瘦紧凑、枝叶直立生长的作物搭配，以形成分布均匀的叶层和良好的通风透光条件、既能充分利用光能，又能提高光合效率。

"一圆一尖"是指不同形状叶片的作物搭配。即圆叶形作物（如豆类、棉花、薯类等）和尖叶作物（多为禾本科）搭配。这里豆科与禾本科作物的搭配也是用地养地相结合的最广泛的种植方式。

"一深一浅"是指深根系与浅根系作物的搭配，可以充分利用土壤中的水分和养分。

"一阴一阳"是指耐阴作物与喜光作物的搭配，不同作物对光照强度的要求不同，有的喜光、有的耐阴，将两者搭配种植，彼此能适应复合群体内部的特殊环境。

在搭配好作物种类的基础上，还要选择适宜当地条件的丰产型品种。生产实践证明，品种选用得当，不仅能够解决或缓和作物之间在时间上和空间上的矛盾，而且可以保证几种作物同时增产，又为下茬作物增产创造有利条件。此外，在选用搭配作物时，应注意挑选那些生育期适宜、成熟期基本一致的品种，便于管理、收获和安排下茬作物。

2. 采用适宜的配置方式和比例　搞好立体间套种植，除必须搭配好作物的种类和品种外，还需安排好复合群体的结构和搭配比例，这是取得丰产的重要技术环节之一。采用合理的种植结构，既可以增加群体密度，又能改变通风透光条件，是发挥复合群体优势，充分利用自然资源和协调种间矛盾的重要措施。密度是在合理种植方式基础上获得增产的中心环节。复合群体的结构是否合理，要根据作物的生产效益、田间作业方式、作物的生物学性状、当地自然条件及田间管理水平等因素妥善处理配置方式和比例。

带状种植是普遍应用的立体间套种植方式。确定耕地带宽度时，应本着"高要窄，矮要宽"的原则，要考虑光能利用，也要照顾到机械作业。此外，对相间作作物的行比、位置排列、间距、密度、株行距等均应做合理安排。

带宽与行比主要决定于作物的主次、农机具的作业幅度、地力水平以及田间管理水平等。一般要求主作物的密度不减少或略有减少，而保证主作物的增产优势，达到主副作物双丰收，提高总产的目的。

间距指的是作物立体间套种植时 2 种作物之间的距离。只有在保持适当的距离时，才能解决作物之间争光、争水、争肥的矛盾，又能保证密度，充分利用地力。影响间距的因素有：带的宽窄、间套作物的高度差异、耐阴能力、共生期的长短等。一般认为宽条带间作，共生期短，间距可略小；共生期长，间距可略大。

对间套种植中作物的密度不容忽视，不能只强调通风透光而降低密度。与单作相比，间套种植后，总密度是应该增加的。各种作物的密度可根据土壤肥力及"合理密植"部分所介绍的原则来确定。围绕适当放宽间距、缩小株距、增加密度，充分发挥边行优势，提高光、热、气利用的原则，各地总结出了"挤中间、空两边"和"并行增株""宽窄行""宽条带""高低垄间作"等很多经验。

3. 掌握适宜的播种期　在立体间套种植时，不同作物的播种时期直接影响了作物共生期的生育状况。因此，只有掌握适宜播期，才能保证作物良好生长，从而获得高产。特别是在套作时，更应考虑适宜的播种期。套作过早，共生期长，争光的矛盾突出；套作过晚，不能发挥共生期的作用。为了解决这一矛盾，一般套作作物必须掌握"适期偏早"的原则，再根据作物的特性、土壤墒情，生产水平灵活掌握。

4. 加强田间综合管理，确保全苗壮苗　作物采用立体间套种植，将几种作物先后或同时种在一起组成的复合群体管理要复杂得多。由于不同作物发育有早有迟，总体上作物变化及作物的长相、长势处于动态变化之中，虽有协调一致的方面，但一般来说，对肥、水、光、热、气的要求不尽一致，从而构成了矛盾的多样性。作物共生期的矛盾以及所引起的问题，必须通过综合的田间管理措施加以协调解决，才能获得全面增产，提高综合效益。

运用田间综合管理措施，主要是解决间套种植作物的全苗、前茬收获后的培育壮苗，以及促使弱苗向壮苗转化等几个关键问题。

套种作物全苗是增产的一个关键环节。在套种条件下，前茬作物处于生长后期，耗水量大，土壤不易保墒，此时套种的作物，很难达到一播全苗。所以，生产中要通过加强田间管理，满足套种作物种子的出芽、出苗的条件，实现一播全苗。

在立体间套种植田块，不同的作物共生于田间，存在互相影响、相互制约的关系，如果管理跟不上去或措施不当，往往影响前、后作物的正常生长发育，或顾此失彼，不能达到均衡增产。因此，必须科学管理，才能实现优质、高产、高效、低成本。套种作物的苗期阶段，生长在前茬作物的行间，往往由于温、光、水、肥、气等条件较差，长势偏弱，而科学的管理就在于创造条件，促强转弱，克服生长弱，发育迟缓的特点。套种作物共生期的各种管理措施都必须抓紧，适期适时地进行间苗、中耕、追肥、浇水、治虫、防病等。管理上不仅要注意前茬作物的长势、长相，做到两者兼顾，更要防止前茬作物的倒伏。

前茬作物收获后，套种作物处于优势位置，充分的生长空间，充足的光照，田间操作也方便，此时是促使套种作物由弱转强的关键时期，应抢时间，根据作物需要，以促为主地加强田间管理，克服"见粒忘苗"的错误做法。如果这一时期管理抓不紧，措施不得当，良好的条件就不能充分利用，套种作物的幼苗就不能及时得以转化，最终会影响间套种植的整体效益。所以，要使套种作物高产，前茬收获后一段时间的管理极为重要。

5. 增施有机肥料　农作物立体间套种植，多种多收，产出较多，对各种养分的需要增加，因此，需要加强养分供应，以保证各种作物生长发育的需要。有机肥养分全、来源广、成本低、肥效长，不仅能够供应作物生长发育需要的各种养分，而且还能改善土壤耕性。协调水、气、热、肥力因素，提高土壤的保水保肥能力。有机肥对增加作物营养、促进作物健壮生长、增强抗逆能力、降低农产品成本、提高经济效益、培肥地力、促进农业良性循环有着极其重要的作用。增施有机肥料是提高土壤养分供应能力的重要措施。有机肥中含氮、磷、钾大量营养元素以及植物所需的各种营养元素，施入土壤后，一方面经过分解逐步释放出来，成为无机状态，可使植物直接摄取，提供给作物全面的营养，减少微量元素缺乏症。另一方面经过合成，部分形成腐殖质，促使土壤中生成各级粒径的团聚体，可储藏大量有效水分和养分，使土壤内部通气良好，增强土壤的保水、保肥和缓冲性能，供肥时间稳定且长效，能使作物前期发棵稳长，使营养生长与生殖生长协调进行，生长后期仍能供应营养物质，延长植株根系和叶片的功能时间，使生产期长的间套作物丰产丰收。

有机肥料种类较多，性质各异，在使用时应注意各种有机肥的成分、性质，做到合理施用。

6. 合理施用化肥 在增施有机肥的基础上，合理施用化学肥料，是调节作物营养，提高土壤肥力，获得农业持续高产的一项重要措施。但是盲目地施用化肥，不仅会造成浪费，还会降低作物的产量和品质。应大力提倡经济有效地施用化肥，使其充分有效发挥化肥效应，提高化肥的利用率，降低生产成本，获得最佳产量。

7. 应用叶面肥喷肥技术 叶面喷肥是实现立体间套种植的重要措施之一，一方面立体间套种植，多种多收，生产水平较高，作物对养分需要量较多；另一方面，作物生长初期与后期根部吸收能力较弱，单一由根系吸收养分已不能完全满足生产的需要。叶面喷肥作为强化作物营养和防治某些缺素症的一种施肥措施，能及时补充营养，可较大幅度地提高作物产量，改善农产品品质，是一项肥料利用率高、用量少而经济有效的施肥技术措施。实践证明，叶面喷肥技术在农业生产中有较大增产潜力。

随着立体间套种植产量效益的提高，一种作物同时缺少几种养分的现象将普遍发生，今后的发展方向将是多种肥料混合喷施，可先预备一种肥料溶液，然后按用量加入其他肥料，而不能先配置好几种肥液再混合喷施。在加入多种肥料时应考虑各种肥料的化学性质，在一般情况下起反应或拮抗作用的肥料应注意分别喷施。如磷、锌有拮抗作用，不宜混施。

8. 绿色综合防治病虫害 农作物立体间套种植，在单位面积上增加了作物类型，延长了土壤负载期，减少了土壤耕作次数，也是高水肥、高技术、高投入、高复种指数的融合；从形式上融粮、棉、油、果、菜各种作物为一体，利用它们的时间差、空间差以及种质差，组成多作物、多层次的动态复合体，从而促进或抑制某种病虫害的滋生和流行。为此，对立体间套种植病虫害的防治，在坚持"预防为主，综合防治"的基础上，应针对不同作物、不同时期、不同病虫种类采用"统防统治"的方法，利用较少的投资，控制有效生物的影响，并保护作物及其产品不受污染和侵害，维护生态环境。

　　总之，农作物立体间套种植病虫害的防治应在重施有机肥和平衡施肥的基础上，积极选用抗病虫害的品种，从株型上和生育时期上严格管理，以期抗虫和抗病。管理上，加强苗期管理，采取一切措施保证苗全、苗齐、苗壮，并注重微量元素的喷施，解决作物的营养元素缺乏问题。从而达到抗病抗虫、减少化学农药施用量的目的。中后期，防治中心应重点性、重发性病虫害防治为主线，采取人工的、机械的、生物的、化学的方法去控制病虫害的发生。

（四）立体间套种植模式的不断完善与发展

　　立体间套种植与一般的农业技术相比，涉及因素较多，技术上比较复杂，有其特殊之处。随着我国农业生产的发展，尤其是在建设现代化农业的过程中，应当正确地认识和运用这项技术。在实际运用过程中，要因地制宜，充分利用当地自然资源，并结合各地区不同特点不断完善，真正实现高产高效。

　　1. 因地制宜，充分利用自然资源　　因地制宜是农业生产的一项基本原则，立体间套高产高效种植模式在具体运用过程中，也必须遵循这一原则。首先，各种种植模式，都是由不同种植模式构成的复合群体，既利用有利的种间生物学关系，充分利用自然资源提高生产效率的可能性，同时也往往包含着不利于增产的因素，并且不同的种植模式又各有其特点，各有自身的适应范围和需要的条件。所以，在具体运用过程中，必须结合当地实际情况，深入细致地研究其特点，获得理想的效果。其次，立体间套高产高效种植模式的应用，必须强调与当地土壤肥力与水肥条件相适应，只有这样才能充分发挥间套种植的优势，充分利用光能和提高生产效率的潜力。第三，在选择立体间套高产高效种植模式时，要综合考虑当地的农业生产条件、土壤肥力水平、劳动力的素质和数量以及产业优势，以充分利用自然资源。

2. 不断创新和发展的立体间套种植技术 任何事物都处于不断发展变化之中，立体间套高产高效种植模式也同样要在实践中进一步创新发展和完善。在创新发展和完善的过程中，要重点考虑四个方面的问题：第一，加强理论研究。深入研究立体间套种植作物种间和种内的相互关系，全面研究表现在地上部和地下部的边际效应；在重视对光能的利用效应研究的同时，加强对间套种植在不同条件下对土壤肥力的要求和影响的研究。第二，把立体间套种植与精耕细作和现代农业科学技术有机结合起来。第三，正确处理立体间套种植与农业机械化的关系。农业机械化是现代农业的重要内容，立体间套种植模式的发展必须与农业机械化相适应，在提高土地产出率的同时提高劳动生产率。第四，及时总结农民群众的实践经验。在现代农业发展中，农民的科技意识不断增强，在种植实践中创造了许多新的立体间套种植模式，成为立体间套种植技术不断发展的重要源泉。农业科技工作者，要及时总结农民群众的实践经验并加以科学的改进和提高。

二、轮作休耕技术

中国传统农业注意节约资源，并最大限度地保护环境，通过精耕细作提高单位面积产量；通过种植绿肥植物还田、粪便和废弃有机物还田保护土壤肥力；利用选择法培育和保存优良品种；利用河流、池塘和井进行灌溉；利用人力和畜力耕作；采取栽培措施、生物、物理的方法和天然物质防治病虫害。因此，中国早期的传统农业既是生态农业，又是有机农业。但是，经过长期发展，我国耕地开发利用强度过大，一些地方地力严重透支、水土流失、地下水严重超采、土壤退化、面源污染加重已成为制约农业可持续发展的突出矛盾。当前，国内粮食库存增加较多，仓储补贴负担较重。同时，国际市场粮食价格走低，国内外市场粮价倒挂明显。利用现阶段国内外市场粮食供给宽裕的时机，在部分地区实行耕地轮作休耕，既有利于耕地休养生息和农业可持续发展，又有利于平衡粮食供求矛盾、稳定农民收入、减轻财政压力。在《关于〈中共中央关于制定国民经济和社会发展第十三个五年规划的建议〉的说明》中提出了"关于探索实行耕地轮作休耕制度试点"的建议。下面对耕地轮作休耕制度进行分析研究。

（一）实行轮作休耕制度的意义

实行耕地轮作休耕制度，对保障国家粮食安全，实现"藏粮于地""藏粮于技"，保证农业可持续发展具有重要意义。近年来，在我国粮食连年增产的同时，我国也面临着资源环境的多重挑战，我国用全球 8% 的耕地生产了全球 21% 的粮食，但同时化肥消耗量占全球 35%，农业生产带来的水土流失、地下水严重超采、土壤退化、面源污染加重已成为制约农业可持续发展的突出矛盾。

中国农业科学院农业经济与发展研究所秦富教授指出，科学推进耕地休耕顺应自然规律，可以实现藏粮于地，也是践行绿色、可持续发展理念的重要举措，对推进农业结构调整具有重要意义。与此同时，国际粮价持续走低，国内粮价居高不下，粮价倒挂使得国内粮食仓储日益吃紧，粮食收储财政压力增大。这种情况也表明，适时提出耕地轮作休耕制度时机已经成熟。

中国社会科学院农村发展研究所李国祥研究员分析指出，耕地休耕不仅可以保护耕地资源，确保潜在农产品生产能力，同时利用现阶段国内外市场粮食供给宽裕的时机，在部分地区实行耕地轮作休耕，也有利于平衡粮食供求矛盾、稳定农民收入、减轻财政压力。轮作休耕将对农业可持续发展，对于促进传统农业向现代农业转变，建设资源节约型、环境友好型社会都具有重要意义。

农业部小麦专家指导组副组长、河南农业大学郭天财教授分析指出，目前，我国大部分地区粮食生产一年两熟，南方多地一年三熟，土地长期高负荷运转，土壤得不到休养生息，影响了粮食持续稳产高产。

因此，在国际市场粮食价格走低，国内外市场粮价倒挂明显，国内外市场粮食供给宽裕的有利时机，在部分地区实行耕地轮作休耕，既有利于耕地休养生息和农业可持续发展，又有利于平衡粮食供求矛盾、稳定农民收入、减轻财政压力。

（二）实行轮作休耕应注意的问题

1. 轮作休耕要试点先行，科学统筹审批和监督　耕地轮作休耕是一项系统工程、长期工程，需要制定出一系列严格的配套措施，应创新好模式，试点先行，科学统筹推进，实行审批和监督制度，才能保证其顺利实施。

（1）把好审批关。对哪些耕地实行轮作、哪些耕地实行休耕，要制订科学的轮作休耕计划，明确休耕面积与规模。决定对哪些耕地实行轮作休耕时，要坚持产能为本、保育优先、保障安全的原则。对那些连年种植同一品种粮食的耕地，进行全面统计，用科学的测量方法和评估方法进行分类，需要进行轮作的，则实行轮作。应将长期种植水田作物（或旱田作物）的耕地改种其他作物，尽量实行水旱轮作。而对于那些处于地下水漏斗区、重金属污染区、生态严重退化地区的耕地，则要执行休耕制度，让这些耕地休养生息，实现农业可持续发展。

（2）把好监督关。休耕的目的是让耕地得到滋养，提高耕地的肥力，这就要求对休耕的土地进行有效的管理和监督，在休耕的土地上种植绿肥植物，培肥地力；在地力较差的地区采用秸秆还田办法，让土地形成有机肥，促进土壤有机质的改善，坚决杜绝将休耕的耕地大面积抛荒的现象。同时在适合轮作的耕地上实行科学的轮作方式，保证在耕地轮作休耕期间能达到应有的目的。

（3）搞好耕地轮作休耕补偿。对确定轮作休耕的土地，要与农民签订好休耕协议，对休耕农民给予必要的粮食或现金补助，让休耕农民吃上定心丸。同时，要利用科学手段，对确定休耕的耕地实行动态性管理，防止出现不问地力如何，将一些不具备休耕条件的耕地列入休耕范围，造成耕地的大面积抛荒；另一方面，也要防止一些农民出于个人利益，不让自己承包的土地实行休耕。总之，要保证那些确定为休耕的耕地在急用之时能够产得出、用得上。

2. 轮作休耕要避免"非农化"倾向 当前，耕地轮作休耕应如何试点推进，休耕是否意味着土地可以"非农化"？对于这一问题，在《关于〈中共中央关于制定国民经济和社会发展第十三个五年规划的建议〉的说明》中明确指出"开展这项试点，要以保障国家粮食安全和不影响农民收入为前提，休耕不能减少耕地、搞非农化、削弱农业综合生产能力，确保急用之时粮食能够产得出、供得上"。同时，要加快推动农业走出去，增加国内农产品供给。耕地轮作休耕情况复杂，要先探索进行试点。

"休耕一定要避免非农化倾向，这是由我国基本国情和国内国际环境决定的"。我国人多地少的国情决定了我国粮食供需将长期处于紧平衡状态。我国也是一个资源禀赋相对不足的国家，随着人口增加、人民生活水平提高、城镇化加快推进，粮食需求将继续刚性增长，紧平衡将是我国粮食安全的长期态势；而从国际上看，受油价上涨、气候变暖、粮食能源化等因素影响，全球粮食供给在较长时间内仍将处于偏紧状态。

"休耕不是非农化，更不能让土地荒芜，可以在休耕土地上种植绿色植物，培肥土地，而在东北地区则可以采用秸秆还田办法，利用粉碎、深埋等技术形成有机肥，促进土壤有机质的改善提高"。同时，轮作休耕离不开科技支撑。从科技角度讲，采取耕地轮作制度可以减轻单一物种种植带来的土壤污染和资源消耗等问题，对于解决南方部分土壤重金属污染具有重要作用，可以在未来试点中逐步推进。

3. 轮作休耕应科学统筹推进　大力发展现代农业的同时实施轮作休耕制度，在我国仍是一个新生事物，未来如何科学推进成为值得关注的问题。这一制度可以在哪些区域先行推进？对此，在《关于〈中共中央关于制定国民经济和社会发展第十三个五年规划的建议〉的说明》中明确指出"实行耕地轮作休耕制度，国家可以根据财力和粮食供求状况，重点在地下水漏斗区、重金属污染区、生态严重退化地区开展试点，安排一定面积的耕地用于休耕，对休耕农民给予必要的粮食或现金补助"。

"轮作休耕制度要与提高农民收入挂钩，这离不开政策支持和补贴制度。科学制定休耕补贴政策，不仅有利于增加农民收入，还可促进我国农业补贴政策从'黄箱'转为'绿箱'，从而更好地符合 WTO 规定"。现阶段实施轮作休耕制度必须考虑中国国情，大面积盲目休耕不可取，而是要选择生态条件较差、地力严重受损的地块和区域先行统筹规划，有步骤推进，把轮作休耕与农业长远发展布局相结合。也可制订科学休耕计划，明确各地休耕面积和规模，与农民签订休耕协议或形成约定，还可探索把休耕政策与粮食收储政策挂钩，统筹考虑，从而推进休耕制度试点顺利推进。

（三）轮作休耕实用技术

在我国人均耕地资源相对短缺的现实情况下，实行轮作休耕制度，不可能像我国过去原始农业时期那样大面积闲置休耕轮作，也不可能像现在一些发达国家那样大面积闲置休耕轮作，当前我国实行轮作休耕制度，应积极科学地种植绿肥植物，既能达到休耕的目的，又可有效地减少化肥的施用量，提高地力，保持生态农业环境，一举多得。

种植绿肥植物是重要的养地措施，能够通过自然生长形成大量有机体，达到用比较少的投入获取大量有机肥的目的。绿肥生长期间可以有效覆盖地表，生态效益、景观效益明显。同时，绿肥与主栽作物轮作，在许多地方是缓解连作障碍、减少土传病害的重要措施。

目前，全国各地季节性耕地闲置十分普遍，适合绿肥种植发展的空间很大。如南方稻区有大量稻田处于冬季休闲状态；西南地区在大春作物收获后，也有相当一部分处于冬闲状态；西北地区的小麦等作物收获后，有2个多月时间适合作物生长，多为休闲状态，习惯上称这些耕地为秋闲田；近年来，华北地区由于水资源限制，冬小麦种植面积在减少，也出现了一些冬闲田。此外，还有许多果园等经济林园，其行间大多也为清耕裸露状态。这些冬闲田、秋闲田、果树行间等都是发展绿肥的良好场所，可以在不与主栽作物争地的前提下种植绿肥，达到地表覆盖、改善生态并为耕地积聚有机肥源的目的。

1. 种植绿肥的作用与价值　利用栽培或野生的植物体直接或间接作为肥料，这种植物体称为绿肥。长期的实践证明，栽培利用绿肥对维持农业土壤肥力和促进种植业的发展起到了积极作用。

（1）绿肥在建立低碳环境中的作用。当今世界现代农业生产最显著的特点，就是大量使用化学肥料和化肥农药，这种依靠化学产品作为基础技术的农业，虽然大幅度地提高了农作物产量，但对产品质量和自然生态环境及整体经济上的影响，并不都是有益的。大量文献报道中显示，一些地区由于多年实施这种措施，结果导致了土壤退化、水质污染、病虫害增多、产量质量下降、种田成本不断提高、施肥报酬递减等一系列问题，这些现象引起了世人的关注。实践证明，种植绿肥作物的措施虽不能解决农业提出来的全部问题，但作为化学肥料的一项代替措施，保护土壤、提高土壤肥力、防止农业生态环境污染、生产优质农产品等方面是行之有效的。绿肥作为一种减碳、固氮的环境友好型作物品种，特别是在当今世界提倡节能减排、低碳经济的情况下，加强绿肥培肥效果研究具有重要意义。研究发现：①施用绿肥可以提高土壤中多种酶的活性。翻压绿肥第一年和第二年与休田相比，均提高了土壤蔗糖酶、脲酶、磷酸酶、芳基硫酸酯酶及脱氢酶活性，此外，随着施氮量的增加，土壤酶活性有降低的趋势，这种趋势在第二年的结果中体现得更为明显。②翻压绿肥可以显著提高微生物三大类群的数量，能显著提高土壤中的细菌、真菌、放线菌的数量。③翻压绿肥能显著提高土壤微生物碳、氮的含量。

（2）绿肥在农业生态系统中的作用。

①豆科绿肥作物是农业生态系统中氮素循环中的重要环节。氮素循环是农业生态系统中物质循环的一个重要组成部分。生物氮是农业生产的主要氮源，在人工合成氮肥工业技术发明之前的漫长岁月中，农业生产所需的氮素，绝大部分直接或间接来自生物固氮。因此，从整个农业生产的发展历史来看，可以说没有生物固氮就没有农业生产。因此，要提高一个地区的农业生产力，就必须建立起一个合理的、高功效的、相对稳定的固氮生态系统，充分开拓和利用生物固氮资源，把豆科作物（特别是豆科绿肥饲料作物）纳入作物构成和农田基本建设中，以保证氮素持续、均衡地供应农业生产之需要。

②绿肥作物对磷、钾等矿物质养分的富集作用。豆科绿肥作物的根系发达，入土深，钙磷比及氮磷比都较高，因此，吸收磷的能力很强，有些绿肥作物对钾及某些微量元素具有较强的富集能力。

③绿肥在作物种植结构中是一个养地的积极因素。绿肥作物由于其共生固氮菌作用及其本身对矿质养分的富集作用，能够给土壤增加大量的新鲜有机物质和多种有效的矿质养分，又能改善土壤的物理性状，因而绿肥在作物种植结构中是一个养地的积极

因素。

根据各种作物在农业生态系统中物质循环的特点，大体可分为"耗地作物""自养作物"和"养地作物"三大类型。

第一类"耗地作物"，指非豆科作物，如水稻、小麦、玉米、高粱、向日葵等。这些作物从土壤中带走的养分除了根系外，几乎全部被人类所消耗，只有很少一部分能通过秸秆还田及副产品养畜积肥等方式归还于农田。

第二类"自养作物"，指以收获籽粒为目的的各种作物，如大豆、花生、绿豆等，这类作物虽然能通过共生根瘤菌从空气中固定一部分氮素，但是，绝大部分通过籽粒带走，留下的不多，在氮素循环上大体做到收支平衡，自给自足。

第三类"养地作物"，指各种绿肥作物，特别是豆科绿肥作物，固氮力强，对养分的富集除满足其本身生长需要之外，还能大量留在土壤，而绿肥的本身最终也全部直接或间接归还土壤，所以能起到养地的作用。

④绿肥是农牧结合的纽带。畜牧业是农业生产的第二个基本环节，也称第二"车间"，是整个农业生产的第二次生产，是养分循环从植物向土壤转移的一个更为经济有效的中间环节。农牧之间相互依存，存在着供求关系、连锁关系和限制关系。绿肥正好是解决这些关系的一个中间纽带。

⑤绿肥具有净化环境的作用。由于绿肥作物具有生长快、富集植物营养成分的能力强等特点，它在吸收土壤与水中养分的同时，也吸收有害物质，从而起到净化环境的作用。绿肥作物同其他草坪、树木等绿色植物一样，具有绿化环境、调节空气的作用。此外，种植绿肥对于保持水土，防止侵蚀具有很大的作用。

绿肥作为一种重要的有机肥料，能使土壤获得大量新鲜的碳源，促进土壤微生物的活动，从而改善土壤的理化性质。为了使肥料结构保持有机肥和无机肥的相对平衡，就必须考虑增加绿肥的施用。总之，绿肥在农业生态系统中具有不可替代的多种功能和综合作用，在建设农业现代化中仍占有相当重要的地位。特别是绿肥农业以保护人的健康并保护环境为主旨的农业，随着人们对农产品质量的要求愈来愈高，绿肥农业将会有一定的市场和较高的产值。

（3）绿肥对提高农作物产量和质量的作用。绿肥能改善土壤结构，提高土壤肥力，为农作物提供多种有效养分，并能避免化肥过量施用造成的多种副作用，因此，绿肥在促进农作物增产和提质上有着极其重要的作用。种植和利用绿肥，无论在北方或南方、旱田或水田、间作套种或复种轮作、直接翻压或根茬利用，对各种作物都普遍表现出增产效果。其增产的幅度因气候、土壤、作物种类、绿肥种类、栽培方式、翻压、数量以及耕作管理措施等因素而异。总之，低产土壤的增产效果更高，需氮较多的作物增产幅度更大，而且有较长后效。

（4）绿肥的饲用价值。绿肥不仅可以肥田增产，而且是营养价值很高的饲料。豆科绿肥干物质中粗蛋白质的含量占 15%～20%，并含有各种必需氨基酸以及钙、磷、胡萝卜素和各种维生素如维生素 B_1、维生素 B_2、维生素 C、维生素 E、维生素 K 等。按单位面积生产的营养物质产量计算，豆科绿肥是比较高的。适时收割的绿肥，蛋白质含量高，粗纤维含量低，柔嫩多汁，适口性强，易消化，可青饲、打浆饲，制成糖化饲料或青贮，也可调制干草、草粉、压制草砖、制成颗粒饲料、提取叶蛋白，还可用草籽代替粮食作为牲畜的精料，用来饲喂牛、马、羊、猪、兔等家畜及家禽和鱼类，都可取得良好的饲养效果。

（5）绿肥对发展农村副业的作用。许多绿肥作物都是很好的蜜源植物，尤其是紫云英、草木樨、苕子等，流蜜期长、蜜质优良。扩大绿肥种植面积，能够促进农村养蜂业的发展，增加农民经济收入。紫穗槐、胡枝子枝条是编织产品的好原料，生长快，质量好，易于发展。柽麻等的茎秆可用于剥麻、造纸和其他纤维制品的原料。草木樨收籽后的秸秆也可以剥麻制绳。田菁成熟的秸秆富含粗纤维，也可剥麻，种子还可以提取胚乳胶，用于石油工业上压裂剂，也可作为食品加工工业中制作酱油的原料。箭筈豌豆种子则是制食用粉的原料。

综上所述，种植绿肥，不仅能给植物提供多种营养成分，而且能给土壤增加许多有机胶体，扩大土壤吸附表面，并使土粒胶结起来成稳定性的团粒结构，从而增强保水、保肥能力，减少地面径流，防止水土流失，改善农田和生态环境。

2. 紫云英种植技术

紫云英属豆科黄芪属，紫云英主要用作绿肥，也是一种优质的豆科牧草和蜜源作物、观赏植物，种子及全草又可药用。它的作用在于增加生物有机肥源，改良、增肥土壤，净化环境，保持生态平衡，提高化肥利用率和促进农区牧副业的发展。特别是在低产田改良，改变"石化农业"带来的不良后果，在绿色农业中的功用，是其他绿肥作物不可代替的。

（1）紫云英生物学特征特性。

根和根瘤。紫云英主根较肥大，一般入土 40～50 厘米，在疏松的土壤中可达 100 厘米以上。在主根上长出发达的侧根和次生侧根。常可达 5～6 级以上，主要分布在耕作层，以 0～10 厘米土层内居多，可占整个根系质量的 70%～80%。由于多数根系入土较浅，形成了紫云英抗旱力较弱、耐湿性较强的特性。紫云英的主根、侧根和地表的细根上都能生根瘤，以侧根上居多数。根瘤的形状分球状、短棒状、指状、叉状、掌状和块状等。

茎。呈圆柱形或扁圆柱形，中空，柔嫩多汁，有疏茸毛，色淡绿。株高 50～80 厘米，直立或半匍匐，无毛，苗期簇生，分枝从主茎基部叶腋间抽出，一般 5～6 个，茎粗 0.2～0.9 厘米。一般大的茎枝有 8～12 节。每节通常长一片羽状复叶，少数可长 2 片或 2 片以上。

叶。有长叶柄，多数是奇数羽状复叶，具有 7～13 枚小叶，小叶全缘，倒卵形或椭圆形；顶部有浅缺刻，基部楔形，长 10～

20 毫米，宽 6～15 毫米。叶面有光泽，绿色，黄绿色；背面呈灰白色，疏生茸毛，托叶楔形，缘有深缺刻，尖端圆或凹入或先端稍尖，色淡绿、微紫或淡绿带紫。

花。伞形花序，一般都是腋生，也有顶生的，有小花 3～14 朵，通常为 8～10 朵，顶生的花序最多可达 30 朵，簇生在花梗上，排列成轮状。雄蕊 10 个，9 个下部联合成管状，另一个单独分开。雌蕊在雄蕊中央；柱头球形，表面有毛，子房两室。在子房基部有蜜腺。

果荚和种子。荚果两列，联合成三角形，稍弯，无毛，顶端有喙。每荚含种子 4～5 粒，多者 7～10 粒，种子肾形，种皮有光泽，黄绿色，千粒重 3～3.5 克。无光泽的黑籽，其发芽力很弱。

（2）紫云英生活习性。

温度。紫云英性喜温暖的气候。在一定范围内，它的生长发育进程随着温度增高而加速。幼苗期，日平均温度在 8℃ 以下，生长缓慢，日平均温度在 3℃ 以下，地上部基本停止生长，但根系仍能缓慢生长，因此，在河南信阳有明显的越冬期，在绝对温度低于 -10～-5℃ 时，叶片便开始出现冻害，但壮苗（越冬前株高 8～10 厘米以上，叶片数 10 片以上，每株有分枝 2～4 个以上，根长 15～20 厘米以上，每株有根瘤 10～20 个以上）却能忍受 -19～-17℃ 的短期低温，即使叶片受冻枯死，叶簇间的茎端和分枝芽也不致受冻，但是刚割稻后的苗，特别是高脚苗，耐寒能力却很弱，如遇到浓霜，往往叶片受冻发白，土壤微冻，便死苗累累。因此，培育壮苗和及早割稻，使割稻到霜前有一段时间（7～10 天以上）进行炼苗，是紫云英获得高产的前提。开春以后，平均气温达到 6～8℃ 以上时，生长便明显加快，如气温上升缓慢，雨水多，则现蕾和开花期会推迟。紫云英开花结荚的最适温度一般为 13～20℃，日平均气温在 10℃ 以下，开花很少，结实率很低，但日平均气温在 22℃ 以上，最高温度在 26℃ 以上，结荚也差，千粒重也低。

水分。紫云英性喜湿润而排水良好的土壤，怕旱又怕渍。绿肥生长最适宜的土壤含水量为 24%～28%，当土壤含水量低于 9%～10%时，幼苗就出现凋萎死亡，当土壤含水量最高至 32%～36%时，生长也不良。但是，在不同生育时期，所需的土壤水分也有很大的差异，而且与当地的气温、蒸发量等有关。在幼苗期根系尚不发达，要求土壤保持较高的水分，紫云英幼苗生长最适合的土壤水分为 30%～35%，当土壤水分低于 10%左右，大气相对湿度低于 70%时，就发生凋萎，苗期渍水 4 天以上，植株的烂根率超过半数，严重影响生长。越冬期间，由于地上部生长缓慢，植株需水较少，此时，根系发育远比地上部快，如土壤水分较高，不仅对根系生长和根瘤发育不利，而且在遇到寒流侵袭，土壤冰冻时，还会发生抬根死苗现象，故此时土壤以稍干一些好。开春以后，紫云英进入旺发阶段，蒸腾作用转旺，对土壤水分的要求也日益增加，因此，春发期的土壤含水量一般以保持在 20%～22%较为有利。盛花期后，植株生长逐渐减慢，对水分的需要逐渐减少，一般土壤水分以保持在 20%～25%为适宜。

光照。紫云英幼苗期耐阴的能力较强，但有一定限度。当水稻茎部（离地面 20 厘米处）光照少于 6 000～7 000 勒克斯时，幼苗便出现茎（上胚轴）拉长现象；光照强度少于 3 000 勒克斯时，幼苗生长很瘦弱，出现较多的高脚苗，割稻后如遇较强冷空气便会大量死亡；光照强度少于 1 000 勒克斯时，种子萌发后生长受到严重抑制，不仅幼茎拉长（一般达 3 厘米以上），而且第一片真叶出现要比自然光下生长的推迟 10 多天，往往不出现第二、第三片真叶，因此，割稻前就产生大量死苗，以后逐步成为"光板田"。紫云英的开花结荚也要求充足的光照，缩短光照时间，会延迟紫云英的开花，同时结荚率较低。

土壤。紫云英对土壤要求不严，但以轻松、肥沃的沙质壤土到黏质壤土生长最良好。耐瘠性较弱，在黏重易板结的红壤性水稻土或淀浆的白土上种植,最好在前作水稻最后一次耕田时施些有机肥,在黏重和排水不良的烂泥田种植,应做好开深沟和烤田,以增加土壤的通透性。紫云英适宜的土壤 pH 是 5.5~7.5,pH 在 4.5 以下或 8.0 以上时,一般都生长不良。

(3)紫云英的利用。

作绿肥利用。紫云英作绿肥,适应性广、耐性强,它与根瘤菌共生,能把空气中的氮素转为土壤中的氮肥,又能活化土壤中的磷素,使其从不可供状态转化为植物能吸收利用的状态。紫云英根系可疏松土壤、积累有机质,对于发展绿色食品、无污染食品和以有机肥为主的持续农业,发展紫云英当为最佳。

作饲料利用。紫云英鲜草柔嫩多汁,含水量 90% 左右,其营养成分在盛花期以前,草的粗蛋白含量达 20% 以上,高于紫花苜蓿、草木樨、箭筈豌豆和苕子等豆科牧草,比黑麦草、雀麦草、苏丹草等禾本科牧草和玉米、稻谷、大麦、小麦等谷类籽实高 1 倍左右。它是一种蛋白质含量丰富的青饲料,可满足家畜任何生理状态下对蛋白质营养的需求。

作蜜源利用。紫云英是主要蜜源植物之一,不仅栽培面积广生产量巨大,而且其蜜和花粉的质量也高。紫云英蜜销售价比一般蜜高 25%。其花粉含有丰富的氨基酸和维生素,必需氨基酸含量约占总量的 10%;其黄酮类物质含量也较普通花粉高(152.53 毫克/千克),对降低胆固醇,抗动脉硬化和抗辐射均有良好作用。

作观赏利用。紫云英碧绿的叶,紫红的花,能美化环境,有一定的观赏价值。昔日的中国江南春天,田野里以麦绿、菜黄、草红为标志。在城市紫云英可以种在保护性的草地,红花绿叶可保持数月之久。在日本,紫云英已作为一种旅游资源或景观来开发利用。

作药材利用。紫云英作为一种中草药。在明代李时珍所著《本草纲目》中载有"翘摇拾遗……辛、平、无毒,(主治)破血、止血生肌，利五脏，明耳目，去热风，令人轻健，长食不厌，甚益人；止热疟，活血平胃。"在《食疗本草》中也有紫云英药用的记载，说明人们当时对紫云英的认识，是既可食用，又有一定医药疗效。

（4）紫云英栽培。中国关于紫云英的记载最早，野生紫云英的分布也最宽广，是世界上紫云英的起源地。日本学者认为，紫云英系日本遣隋、遣唐使者从中国引入，到20世纪40年代，分布几乎遍及日本全国。朝鲜栽培的紫云英系自日本引入。前苏联的紫云英分布于黑海沿岸。东南亚国家如越南和缅甸的北部山区，曾在20世纪50~60年代从中国引种。此外，近年来试种成功的有美国西海岸和尼泊尔等。一般认为，热带海拔在1 700m以上，昼夜温差在15℃以上的地区也可以种植，故在南美、印度、菲律宾等已有地方试种成功。

南方稻田地区冬绿肥一般以紫云英为主，其次是肥田萝卜、油菜及毛叶苕子和箭筈豌豆，也可以种植蚕豆、豌豆、金花菜等经济型绿肥。种植方式可以是紫云英单播，也可以与肥田萝卜、油菜或黑麦草多花混合种植。

①绿肥田准备。包括晒田、水稻收割、开沟等环节。开沟可以在水稻收割前后进行。晒田在水稻收割前7天进行，尽量保证水稻收割时田间土壤干爽，防止水稻收割机械对紫云英幼苗的损伤。水稻收割时采用留高茬为好，即将稻茬高度留在30~40厘米，稻草切碎全量还田后，能与绿肥形成良好的相互补充和促进作用。早期，稻秆可以为绿肥提供庇护场所。后期，绿肥可以覆盖稻秆而加速稻秆腐解。稻秆也能为生物固氮提供碳源。同时，稻秆为高碳有机物，绿肥为高氮有机物，两者搭配后的碳氮比更加协调，有助于养分供应和土壤培肥。

②紫云英田要开沟排水。烂泥田、质地黏重的田块，在紫云英播种前要开沟。土壤排水条件良好的田块可以在水稻收割以及绿肥播种后开沟。小田块，四周开沟或居中开沟即可。土质黏重

或大田块，除四周开沟外，还应每隔 5～10 米距离开中沟，沟沟相通。四周沟深 20～25 厘米，中沟深 15～20 厘米。

③种子准备。对于市售已经进行过种子处理以及包衣的种子，可以直接播种。自留种一般要进行晒种、擦种、盐水选种等过程。晒种是在播种前 1～2 天将紫云英种子在阳光下暴晒半天到一天，有利于种子发芽。擦种是因为紫云英种皮上有层蜡质，不容易吸水膨胀和发芽，播种前需要擦破种皮。简单方式是将种子和细沙按照 2∶1 的比例拌匀，装在编织袋中搓揉 5～10 分钟。盐水选种是将紫云英种子倒入比重为 1.05～1.09 的盐水（100 千克水加食盐 10～13 千克）中搅拌，捞出浮在水面上的菌核、杂草和杂质，然后用清水洗净盐分。具体技术如下：

晒种：选晴好天气，晒种 1～2 天。

胶泥水、盐水等选种：紫云英的种子常混有菌核病病源的菌核，根据菌核与种子的比重不同，采用比重 1.09 的盐水、过磷酸钙溶液或泥水等选种可把菌核基本汰除，同时，除去了杂草籽、秕籽和杂质。用盐水选过的种子要用清水洗净盐分，以免影响发芽。

浸种：种子在播种前用钼酸铵、硼酸、磷酸二氢钾等溶液或腐熟的人尿清液等浸种 12～24 小时。

拌种：用紫云英根瘤菌、钙镁磷肥或草木灰等拌种，用量少，见效早，肥效高。

④接种根瘤菌。多年未种植紫云英的稻田需要接种根瘤菌。选择有正规登记证的市场销售液体或固体根瘤菌剂，根据使用说明进行拌种。注意拌菌种应在室内阴凉处进行，接种后的种子要在 12 小时以内播种。

⑤播种。每亩用种 2 千克左右。播种方式有稻底套播和水稻收割后播种 2 种。一般来说，紫云英的适宜播种期由北向南从 8 月底至 11 月初逐渐过渡，同时要综合考虑单、双季稻的收割及来年栽秧季节。

稻底套播紫云英，在晚稻灌浆或稻穗勾头时为宜，一般在水稻收割前 10~25 天。水稻留高茬后的绿肥播种期较为灵活，水稻收割后及时开沟、播种紫云英即可，开沟也可以在紫云英播种后进行，但要充分考虑播种期不能过晚，并尽量结合水稻留高茬。播种可以采用人工便携式播种器、机动喷粉器等方式进行，做到均匀即可。

⑥中间管理。播种前已开沟的田块，要及时清沟。对于播种前没有开沟的田块要及时补开。没有开沟的田块，要在水稻收割后趁土壤比较湿润时开沟，冬季如遇到干旱，出现土表发白，紫云英边叶发红发黄时应灌水抗旱，以地表湿润不积水为宜。雨量较多时，要观察渍水情况，及时清沟排渍。

⑦水分管理。播后 2~3 天，种子已萌动发芽，自此至幼苗扎根成苗期间，切忌田面积水，否则将导致浮根烂芽，但太干也会影响扎根。对晒田过硬的黄泥田，在播种前 5~6 天就要灌水，促使土壤变软，以利幼苗扎根。群众经验是"既有发芽水，不让水浸芽""湿田发芽，软田扎根，润田成苗"。子叶开展后，要求通气良好而水分又较充足的土壤条件，以土面湿润又能出现"鸡爪坼"为好。这时水稻仍在需水期间，可间歇地灌"跑马水"，切忌淹水时间超过一天以上，否则将会造成大量死苗和影响幼苗生长。水稻收获前 10 天左右，应停止灌水，使土壤干燥，防止烂田割稻，踏坏幼苗。此后至开春前，要求土壤水分保持润而不湿，使水气协调，根系发育良好，幼苗生长健壮，增强抗逆性。

⑧肥料管理。

磷肥：磷肥的增产效果：紫云英施用磷肥，一般效果都较显著。在酸性土壤上，施用钙镁磷肥等碱性肥料，还可降低土壤总酸度和活性铝含量，而施用酸性的过磷酸钙，则相反。"以磷增氮"的效果：把磷肥重点施在紫云英上，可以更好地发挥磷肥的增产作用。施用期和施用方法：早施磷肥可早促进幼苗根系发育、根瘤菌的繁殖和固氮作用、早发分枝。播种时施用磷肥的方法：钙镁磷肥因碱性较强，对根瘤菌的发育有一定的抑制作用，故拌种前应在种子上先拌少量泥浆，避免肥和种直接接触，或在钙镁磷肥中混入等量肥土再拌种子。过磷酸钙因含有游离酸，不仅伤害根瘤菌，而且对浸种后的紫云英发芽也有很大影响，故一般不宜作直接拌种肥，可在播种前或播种后施入作基肥。磷肥的用量：以每亩施钙镁磷肥或过磷酸钙 1.33 千克为宜，特别缺磷的土壤可增加到 2.0 千克。

钾肥：在第一真叶出现时或割稻时施钾（K_2O）3 千克/亩。

氮肥：2 月中旬到 3 月上旬紫云英开始旺长时，施尿素 5 千克/亩。

微肥：叶面喷施硼砂 0.1%～0.15%溶液，钼酸铵 0.05%溶液。

⑨病虫害防治。由于紫云英前期生长病虫害发生轻，一般作为绿肥翻压的田块不需要防治病虫害。老种植区或种子田常见的病害有菌核病、白粉病等。菌核病的物理防治方法是用盐水选种去除种子中的菌核，合理轮作换茬。田间发现病害时用 0.1%多菌灵或硫菌灵喷雾防治。白粉病的物理防治方法是开好排水沟，防止田间积水。化学防治用 1 000 倍液硫菌灵进行喷雾，或每亩用 20%粉锈宁乳油 50～100 克兑水 50 千克喷雾。

常见的虫害有蚜虫和潜叶蝇。防治蚜虫时，每亩可用 25%的辟蚜雾（抗蚜威）20 克兑水 50 千克喷雾。防治潜叶蝇时，用 20%氰戊菊酯 1 500 倍液＋5.7%甲维盐 2 000 倍混合液防治，每隔 7～10 天防治 2～3 次。防治蚜虫和潜叶蝇应避开花期，以减少对蜜蜂的杀伤和蜜蜂的污染。

3. 毛叶苕子种植技术 毛叶苕子也称毛叶紫花苕子，茸毛苕子、毛巢菜、假扁豆等，简称毛苕。20 世纪 40 年代从美国引进，60 年代又引种苏联毛叶苕子、罗马尼亚毛叶苕子、土库曼毛叶苕子等。毛叶苕子主要分布在黄河、淮河、海河流域一带，近年来，辽宁、内蒙古、新疆等地也有引种。

（1）毛叶苕子植物学特征及生物学特性。毛叶苕子是一年生或越年生豆科草本植物，萌发时子叶留在土中，胚芽出土后长成茎枝与羽状复叶，先端有卷须。根很发达，主根粗壮，入土深1～2米，侧根支根较多，根部多须状，扇状根瘤。茎上茸毛明显，生长点茸毛密集，呈灰色，茎方形中空，粗壮。小叶有茸毛，背面多于正面，叶色深绿，托叶戟形，卷须，5枚。花色蓝紫色，萼斜钟状，有茸毛。荚横断面扁圆。籽粒大，每荚2～5粒，千粒重25～30克。分枝力强，地表10厘米左右的一次分枝15～25个，二次分枝10～100余个。

毛叶苕子栽培以秋播为主，我国华北、西北严寒地区也可以春播。草、种产量一般均以秋播高于春播。毛叶苕子一生分出苗、分枝、现蕾、开花、结荚、成熟等个体发育阶段。从出苗至成熟生育期为250～260天。发芽适宜气温为20℃左右。出苗后有4～5片复叶时，茎部即产生分枝节，每个分枝节可产生15～25个分枝，统称为第一分枝，在一次分枝的上部产生的分枝，统称为二次或三次分枝，单株的二次、三次分枝数可达100多个。秋播毛苕在早春气温2～3℃时返青，气温达15℃左右时现蕾。开花适宜气温15～20℃。结荚盛期为5月下旬，适宜气温为18～25℃。

影响毛苕正常生长发育的主要环境条件有温度、水分、养分、土壤等。毛叶苕子一般品种，能耐短时间－20℃的低温，故适于我国黄河、淮河、海河流域一带种植，在秋播条件下，长江南北毛叶苕子幼苗的越冬率都很高。苕子为冬性作物，在春播条件下，种子如经低温春化处理，则生育期可以提早。毛苕耐旱不耐渍，花期水渍，根系受抑制，地上部生长受严重影响，表现植株矮化，枝叶落黄，鲜草产量很低。土壤水分保持在最大持水量的60％～70％时对毛苕生长最为适宜。如达到80％～90％，则根系发黑，植株枯黄。毛苕对磷肥反应敏感，不论何种土壤施用磷肥都有明显的增产效果。毛苕对土壤要求不严格，沙土、壤土、黏土都可以种植。适宜的土壤酸碱度在 pH 为 5.0~8.5，但可以在 pH 为 4.5~9.0 的范围内种植，在土壤全盐含量 0.15% 时生长良好，氯盐含量超过 0.2% 时难以立苗，耐瘠性也很强，一般在较贫瘠的土壤上种植，也能收到较高的鲜草产量，故适应性较广。

（2）毛叶苕子生产利用情况。毛苕作为越冬绿肥，需适时早播，以利安全越冬。华北、西北地区秋播的播期，宜在 8 月，苏北、皖北、鲁南、豫东一带播期宜在 8~9 月，江南、西南地区的播期，宜在 9~10 月。毛苕春播宜顶凌早播，早播则生育期延长，有利于鲜草增长。鲜草高产的苕子田，基本苗一般 7 万~10 万苗/亩，适宜播量为 3.5~4.0 千克/亩，稻田撒播的由于出苗率低，西北地区棉田由于利用期早，需增加播种量，播种量宜在 5 千克/亩左右。间作套种苕子占地面积少，播种量宜减少，一般在 2~2.5 千克/亩。另外，肥活田宜少，瘠薄田宜多。毛苕利用价值较高。毛苕改土培肥，压青比不压青的土壤有机质、全 N、P_2O_5 等含量都有明显增加，与禾本科黑麦草混播，改良土壤理化性状的效果更好。毛苕压青或割去鲜草的苕子茬，均可显著提高农作物产量。毛苕鲜草有很高的饲料价值。1 亩毛苕收鲜草 2 500 千克，可供 16 头牲畜喂养 21 天，每头每天可节约精饲料 0.5 千克，1 亩毛叶苕子的鲜草可节省精饲料 168 千克。

毛苕的花期长达 30~40 天，是优良的蜜源作物。每亩毛笤留种田约有 6 000 株，以每株开子花 5 000 朵计，每亩有子花约 2 000 万朵，可提供酿 25 千克蜂蜜的蜜源。每亩毛苕种田可放 4 箱蜂，每季可产蜜 40~50 千克。

（3）华北、西北地区毛叶苕子种植技术和利用技术。毛叶苕子是华北、西北地区主要冬绿肥，常以冬绿肥—春玉米（棉花）方式种植。

①种植技术。毛叶苕子播种量在每亩 4~5 千克左右。在华北偏南地区玉米田可以用毛叶苕子作绿肥，可在墒情较好时将绿

肥种子撒入玉米行间，也可在 9 月中、下旬收获玉米后，采用撒播方式播种绿肥，撒播后用旋耕机浅旋，等雨后出苗即可。采用小麦播种机播种毛叶苕子也是非常好的播种方式。棉田播种绿肥时，毛叶苕子在 9 月至 10 月 20 日，将种子撒入棉田即可，此时可以借助后期采摘棉花时人工踩踏将种子与土壤严密接触，保证种子出苗。

毛叶苕子为豆科绿肥，如果地块肥力不差，一般不使用基肥，如果地力较差，也可每亩施用 3～5 千克尿素，以提高绿肥产量。

在西北地区也可采用毛叶苕子与箭筈豌豆混播，混播种子比例约 1∶4 左右，即毛叶苕子约 1.5 千克/亩，箭筈豌豆约 6 千克/亩。毛叶苕子匍匐性强，箭筈豌豆直立性强，二者混播可以提高产草量和饲草品质。毛叶苕子和箭筈豌豆在冬（春）小麦、啤酒大麦抽穗至腊熟期均可套播，最适宜套播期为冬（春）小麦啤酒大麦扬花至灌浆阶段，即 6 月 20 日至 7 月 5 日。7 月底前收获的麦田，可以采用麦后播种方式。在麦类作物收割前灌麦黄水或麦收后立即灌水，适墒期浅耕灭茬，7 月 25 日前抢时播种，免耕板茬播种亦可。全苗后灌第一苗水，整个生长季节灌水3 次。

②利用技术。毛叶苕子和箭筈豌豆有刈青养畜、根茬还田和翻压还田 2 种形式。其中刈青养畜、根茬还田是目前最常见的利用方式。毛叶苕子和箭筈豌豆在 10 月中旬为适宜收获期，收后备作饲草。绿肥刈青养畜、根茬还田的地块，可减施化肥氮10%。作绿肥时，毛叶苕子在玉米及棉花播种前进行翻压、整地。先用灭茬机进行灭茬，棉杆、玉米秆等一般可以同时加以打碎，所以收获季节来不及移出的棉杆，玉米可以留待第二年加以粉碎还田，然后用大型翻耕机深翻入土。毛叶苕子翻压还田后，玉米、棉花的施氮量应减少 20%。

华北地区绿肥更重要的功用是生态环境和景观等的综合效应。

（4）西南地区毛叶苕子种植技术。西南地区绿肥以光叶紫花苕子和肥田萝卜为主，主栽作物包括玉米、烟草和马铃薯等，主要的绿肥种植方式是玉米、烟草等与绿肥套作或轮作。本地区的光热资源丰富，气候相对温和，但冬季部分时间以温冷为主，适宜绿肥生长。

①种植技术。玉米、烟草接茬绿肥的播种期宜选择在收获前后进行。如 9 月底前，玉米、烟草收获结束，则采用轮作方式播种绿肥，即可在玉米、烟草收获后进行播种，否则建议 8～9 月间采用套播方式播种绿肥。马铃薯田种植绿肥，可在收获后进行。

光叶紫花苕子的播种量每亩 4～5 千克，一般采用撒播方式。轮作方式种植绿肥时，撒播后尽量用旋耕机浅旋（深度 5 厘米左右）一遍。有条件的地区，采用机械或人工条播、穴播最好，能保证播种质量，提高出苗率与成活率。

如果没有极端气象条件影响，杂草及病虫害管理较为简单。但在潮湿高热条件下，可能会有蚜虫、白粉病发生。建议以预防为主，在苗期长到 10 厘米左右时，喷施 25％多菌灵以防止病害发生。喷施除虫菊酯对蚜虫进行防治。

②利用技术。一是翻压作绿肥。一般来说，在玉米播种、烟草、马铃薯定植前 25～35 天，翻压光叶紫花苕子作绿肥较为合适。翻压量一般为 1 000～1 500 千克/亩。如鲜草量过高，可部分刈割作饲草或用作其他田块翻压作绿肥。翻压 1 000～1 500 千克/亩光叶紫花苕子、玉米、烟草可以少施基肥 20％～30％。二是刈割喂畜。一般可以刈割 2 次，12 月至翌年 1 月一次，第二年 4 月一次。在光叶紫花苕子长势旺盛，茎长约 60 厘米，全部覆盖地面时，刈割作饲草喂畜。刈割时留茬高度 3～5 厘米，为再生创造条件。第二次刈割后的根茬翻压作绿肥。三是晒制或烘烤生产甘草粉。在光叶紫花苕子生长的旺盛时期，即初蕾期（一般在 4 月初），选择天气晴朗的早上刈割，留茬高度约 3～5 厘

米。将割下的光叶紫花苕子捆把，每把 0.5～1.5 千克，晾晒 4～5 小时至叶片凋萎，此时光叶紫花苕子水分为 50% 左右。再置于晒场上晾晒，直至叶片及细小的茎秆易用手搓碎、主茎用手较易折断为止，此时光叶紫花苕子水分为 17% 左右。采用烘烤方式时，可利用当地的烤烟房进行，将晾晒后的光叶紫花苕子放进烤烟房，打开天窗、地洞，高温 60～80℃ 烘烤 24 小时，再将天窗、地洞关闭继续烘烤 15～18 小时，使水分含量低于 17% 以下。然后熄火并打开天窗、地洞，自然回潮 5～10 小时后，将干草下炕。干草可制作草粉储存利用。

4. 田菁种植技术 田菁又名咸青、唠豆，为豆科田菁属植物。原产热带和亚热带地区，为一年生或多年生，多为草本、灌本，少为小乔木。全世界山菁属植物约有 50 种，其中，主要种类有 20 多种，广泛分布在东半球热带和亚热带地区的印度北部、巴基斯坦、中国、斯里兰卡和热带非洲。

（1）田菁品种类型。现有栽培品种中，根据其栽培的地区、生育期和形态特征等，常用栽培田菁大致可以分为 3 个类型。

早熟型：多为主茎结荚，植株较为矮小，株高 1～1.5 米。分枝少或无，株型紧凑，茎叶量较少，主茎上结荚，表现出早熟的抗性。全生育期一般在 100 天左右，产草量较低，多在中国北方种植。

晚熟型：主要为分枝结荚，植株高大，枝叶繁茂，株高达 2 米以上。分枝多，主要在分枝上开花结荚，全生育期在 150 天以上，是南方主要栽培种类。

中熟型：多为混合结荚。植株中等大小，枝叶繁茂，株高为 1.5～2 米。分枝多，主茎和分枝均开花结荚，全生育期 120～140 天，主要在华东、华北等地栽培利用。

（2）田菁生物学特性。

温度。种子发芽适宜气温为 15～25℃，最低发芽温度为 12℃。当气温低于 12℃ 时，种子发芽缓慢，甚至因低温造成烂种；当气温在 12℃时播种，种子需 15 天左右才出苗；当气温在 15～20℃时播种，需 7～10 天出苗；当气温在 25℃以上，一般播种后 3～5 天即可出苗。田菁最适生长温度为 20～30℃，当气温在 25℃以上，生长最迅速；气温降到 20℃以下时，生长缓慢；遇霜冻则叶片凋萎而逐渐死亡。

水分。田菁种子发芽需要较多的水分。种子吸水量约为其本身质量的 1.2～1.5 倍。田菁的抗旱能力较差，特别是幼苗期。在干旱情况下，生长缓慢，如不及时浇水，遇久旱对其生长十分不利。当苗龄超过 40 天时，株高 30～40 厘米，植株开始旺盛生长，根系深扎，可以吸取下层土壤水分，在这种情况下，其抗旱能力逐步增强。

光照。田菁为短日照植物，对光照反应敏感。

土壤。田菁的适应性很强，对土壤要求不严格。其适宜生长的土壤应土质肥沃、通透性能好的沙壤土和黏壤土。其适宜生长的土壤酸碱度为 pH5.8～7.5，但 pH 在 5.5～9.0 时，也能正常生长。

养分。田菁根系发达，结瘤多，固氮能力强，在生长 40 天以后，即可开始大量固氮，因此，除在幼苗期需消耗土壤中部分养分外，对氮素的要求不严格。但对磷素养分的多少却十分敏感。在缺磷地区，施用磷肥，其产草量可成倍甚至几倍增长。田菁夏播多作压青用，应以"早"为主。田菁播种覆土不宜过深，以不超过 2 厘米为好，播种可采取条播、撒播或点播。以条播较好，深浅一致，出苗整齐，易于管理，播种量因利用方式而异。作绿肥用时，一般每亩播量 4～5 千克，盐碱地可适当加大播量。

（3）田菁的利用。田菁是一种优质的绿肥和饲料，含有丰富的养分，而且根系发达，能富集一部分深层土壤中的养分和活化难溶性的物质，因而其饲用价值和改土培肥作用十分明显。田菁含有丰富的氮、磷、钾养分和微量元素。翻压田菁可以使土壤团粒明显增加，结构改善，使土壤容重变小，孔隙度加大，田间持水量和排水能力也有明显变化。翻压利用田菁，不仅为后作提供充足的营养，而且为土壤提供较多的有机质和肥分，提高了土壤的肥力。

盐碱地里种植利用田菁，可以明显降低耕层土壤盐分含量，起到改良土壤的作用。田菁不同的种植利用方式都有明显的增产效果。田菁种子还可提取石化工业所需的田菁胶。

（4）田菁采种技术。

①种子处理。田菁种子皮厚，表面有蜡层，吸水比较困难，其硬籽率达30％，高的可达50％以上。其硬籽率高低与种子收获早晚有很大关系，收获越晚，硬籽率越高。研究表明，当田菁荚果开始变成褐色，种子呈绿褐色时，其发芽率最高，而当植株枯黄，种子呈褐色时，其硬籽率提高，使发芽率降低。田菁种子发芽时的温度不同，与破除硬籽的关系十分密切。温度越高，破除硬籽率的效果越好，使发芽率提高。因此，一般春播田菁播种前都应进行种子处理，以提高其出苗率和提早出苗。

在南方和北方夏播时，由于夏季高温高湿条件，对破除硬籽的作用较好，一般情况下，不必进行种子处理。

②播种。田菁留种一般宜春播，春播时的平均地温为15℃左右。田菁播种覆土不宜过深，以不超过2厘米为好。播得过深，子叶顶土困难，影响全苗。播种可采取条播、撒播或点播。以条播较好，深浅一致，出苗整齐，易于管理。播种量每亩1～1.5千克，在中等肥力地块留苗45 000～60 000株，瘠薄地75 000～90 000株。

③施肥。田菁种子田，每亩施用过磷酸钙1.0千克左右，能够增加成熟荚，提高产种量。

④打顶和摘边心。田菁属无限花序植物，花序自上而下，自里及外开放，种子成熟时间不一致，往往早成熟荚已经炸裂，而新荚刚刚形成。因此，田菁留种田的适期收割十分重要，否则，即使丰产也不能丰收。一般在中、下部荚黄熟时，应及时采收，

以免造成种子大量脱落损失，而且还可减少硬籽的数量。采用打顶和打边心的措施，可以控制植物养分分布，防止植株无限制地生长，保证花期相对集中，使种子成熟比较一致，有利于种子产量的提高。

⑤病虫害防治。蚜虫对田菁的危害较大，一年可发生数代，一般在田菁生长初期危害最重，多发生在干旱的气候条件下，轻则抑制其生长，严重时可使整株萎缩甚至凋萎而死亡。可用杀虫剂进行喷洒防治。

卷叶虫也是田菁的主要害虫之一。多在田菁苗后期或花期危害。受害时叶片蜷缩成管状，取食叶片组织，严重时有半数以上叶片卷缩，抑制田菁正常生长，用杀虫剂进行喷洒防治。田菁易受菟丝子寄生危害。严重时整株被缠绕而影响生长，发现时应及时将被害株连同菟丝子一起除掉，以防止扩大。田菁的主要病虫害有疮痂病。病菌以孢子传播，由寄生伤口或表皮侵入，此病对田菁茎、叶、花、荚均能危害，使其扭曲不振，复叶畸形卷缩，花荚萎缩脱落，可用波尔多液进行叶面喷洒防治。

5. 柽麻种植技术 柽麻又称太阳麻、印度麻、菽麻，为一年生草本，豆科猪屎豆属植物，原产于印度。在马来西亚、菲律宾、缅甸、巴基斯坦、越南以及大洋洲、非洲等地都有种植。我国台湾省引种最早，1940年，福建省同安县从台湾省引种以后，广东、广西与江苏3省（自治区）相继引种。

（1）柽麻植物学特征与生物学特性。柽麻为直根型植物，主根上部粗大，侧根较多。柽麻根瘤的互接种族属于豇豆族，在自然界分布较广，根瘤有圆形单瘤和黄瓣状复瘤2种。生长前期单瘤多，中、后期多为复瘤。柽麻茎秆为直立形，有分枝。柽麻具有多分枝习性，每级分枝由上向下逐个发生。柽麻是带子叶出土植物，子叶呈椭圆形。柽麻为总状花序，着生在主茎和各级分枝的顶端，花冠黄色。柽麻为异花授粉植物，自花授粉率一般仅达2%～3%。柽麻的荚果为棒圆形，柄甚短。种子肾脏形，深褐色。

温度。柽麻发芽的适宜温度为 25～30℃。柽麻从播种到出苗的适宜温度为 20～30℃，出苗后 6～7 天出现第一片真叶，在日平均 25℃ 左右时，播种后 2～3 天出苗，出苗后第二天就出第一片真叶。柽麻现蕾、开花、结荚的适宜温度为 25～35℃，低于 15℃ 开花缓慢。

水分。柽麻种子萌动需水量为风干种子质量的 2.01 倍，种子发芽需水量为风干种子质量的 2.07 倍，在轻壤质土壤含水量 5% 时，能吸水萌动和开始发芽，土壤含水量 6%～7% 时发芽出土良好，发芽率达 90% 以上。柽麻需水量比较低，具有较强的耐旱能力。

土壤。柽麻对土壤的选择不严格，在瘠薄土壤上，只要播期适宜，增施磷肥，种植管理得当，均可获得一定数量的鲜草。柽麻在 pH 为 4.5～9.0 范围内的土壤均可种植，表层土壤含盐量不超过 0.3% 时能正常生长，但在低洼重黏土种植生长较差。

（2）柽麻利用栽培技术。在我国南方 4 月中旬到 8 月下旬，华北地区于 4 月下旬到 7 月中旬都能播种，一般每亩播量为 3～5 千克。柽麻作为绿肥，与几种夏绿肥相比，腐解比较缓慢，压青后，腐解最快的是含氮量较高的叶和茎秆上端的嫩枝。柽麻也是一种比较好的饲草。很多地方都以柽麻茎叶作猪、羊与大牲畜的饲草，在华北、华中与华东等地，5 月中旬播种，在正常年份可刈割 2 次，产量为鲜草 3 000 千克/亩左右。柽麻的茎秆可以剥麻，青秆出麻率为 3.5%～5%。

（3）柽麻采种技术。由于柽麻是喜温作物，且属豆科，易受虫害，柽麻留种技术严格，地域性强。既要保证它能在充足的阳光下生长，同时，又要避开虫害盛期，这样给栽培上带来很大困难。一般来讲，从北到南，柽麻易生长，但是自然产量很低，产量极不稳定。为了稳定柽麻单产，不断地提高产量，满足国家出口任务，我国在 1988 年以后便开始这方面的研究，通过各种试验，研究出了桎麻的留种高产技术，使每亩产量由原来的 25 千克提高到现在 75 千克。桎麻留种高产栽培技术归纳起来有以下几点：

①种子处理。桎麻的枯萎病一般发生严重，有的田块发病率达到 50%，所以在播种前必须对种子做温水浸种或药剂（甲醛或多菌灵胶悬剂）处理。用 58℃的水浸种 30 分钟，还可以使种发芽率提高 20%左右。

②播种期。播种期是影响桎麻单产的主要因素。播种过早，气温低，出苗慢，前期营养生长时间长，开花结荚早，染虫率高，产量不高。播种过迟，生长期缩短，分枝少，蕾花少，开花结荚晚，青荚率高，影响种子产量和质量。因此，最佳的播种期应是保证桎麻充分成熟，同时也要错过虫害的发生盛期。一般桎麻留种应在 5 月上中旬播完，最迟不能超过 6 月 5 日。一般情况下，春地 4 月底播完，油菜地在 5 月 20 日左右播完，麦地 6 月 5 日以前播完。如果超过这段时间，则种子成熟较晚，易受西伯利亚寒潮影响，种子净度差，色泽暗淡，品质差。每亩用种 1 千克，产量 75 千克/亩。

③增施磷肥。桎麻在生长过程中，出现营养生长与生殖生长竞争营养的问题，如果后期营养不足，会导致落花落果。为了确保桎麻在生殖生长过程中营养需要，在播种前必须施足磷肥，每亩施过磷酸钙 50 千克，碳酸氢铵 25 千克，作为基肥。

④密度。播种过密，通风性不好，导致落花落果，最适合的密度为 1 万株/亩，条播，行距 50～67 厘米，株距 6.7～10 厘米，每隔 3～4 米留 1 米宽的排水沟兼走道，便于打药治虫，通风透光。

⑤打顶。打顶是为了促使分枝，控制桎麻的营养生长，保证养分、水分有效地向花枝上运送。据观察，主茎花序结荚率最低，而 1 级、2 级、3 级分枝最高，因此，打顶非常必要，打顶的具体方法是：主茎现蕾以后将其花序摘去，73～83 厘米便可

以打顶，如果播种过迟，则不必打顶。

⑥防虫。柽麻的主要虫害是豆荚螟，为鳞翅目，螟蛾科，以幼虫危害为主，驻食柽麻幼嫩果荚，使果荚大量脱落，严重时可减产 80%。防治豆荚螟可使用 1.8%阿维菌素乳油或 10%高效氯氰菊酯乳油 1 000 倍液，当柽麻一级分枝处于开花盛期或豆荚螟产卵高峰前 3～6 天时，开始喷药，以后每隔 10 天喷 1 次，共喷药 2～3 次即可。

⑦收获。柽麻为无限花序，当下面种子成熟时上部还在开花，成熟的柽麻种子为深褐色，有光泽，一般当全株果荚60%～80%成熟时，即能摇响时便可收种。因柽麻吸水能力强，发芽快，要抢晴天脱粒，晒干入库。脱粒时青黑分开，不含石块，水分在 15%以下。

6. 箭筈豌豆种植技术　箭筈豌豆又名大巢菜、春巢菜、普通巢菜、野豌豆、救荒野豌豆等，为一年生或越年生豆科草本植物，是巢菜属中主要的栽培种。箭筈豌豆原产地中海沿岸和中东地区，在南北纬 30°～40°分布较多。由于广泛引种，目前，在世界各地种植比较普遍。

（1）箭筈豌豆特征特性。箭筈豌豆主根明显，长 20～40 厘米，根幅 20～25 厘米，有根瘤。茎柔嫩有条棱，半攀缘性，羽状复叶，矩形或倒卵形，子叶前端中央有突尖，叶形似箭筈，因此得名。叶顶端有卷须，易缠于其他物上。托叶半箭形。生花 1～2 朵；腋生，紫红、粉红或白色，花梗短或无。子房被黄色柔毛，短柄，花萼背面顶端有茸毛。果荚扁长，成熟为黄色或褐色，扁圆或钝圆形，种皮色泽有粉红、灰、青、褐、暗红或有斑纹等，千粒重 40～70 克。箭筈豌豆适应性广，能在 pH 为 6.5～8.5 的沙土、黏土上种植。但在冷浸烂泥田与盐碱地上生长不良。在我国北方的山旱薄地或肥力较高的川水地以至南方水稻土，丘陵地区茶、桑、果园间都可种植。箭筈豌豆耐寒喜凉生长的起点温度较低，春发较早，生长快，成熟期早。箭筈豌豆经过

2～5℃的低温历期 15 天以上，即可通过春化阶段，秋播时翌年 4 月中旬至 5 月底成熟，生育天数 180～240 天，春播为 105 天。日平均温度 25℃以上时生长受抑制。幼苗期能忍受短暂的霜冻，在-6℃的低温下不受冻害。箭筈豌豆耐旱性较强，遇干旱时虽生长缓慢，但能保持生机。箭筈豌豆也较耐瘠，在新平整的土地上种植也能获得较好的收成。箭筈豌豆耐盐能力较差，在以氯盐为主的盐土上全盐达 0.1％即受害死亡；在以硫酸盐为主的盐土上，耐盐极限为 0.3％。箭筈豌豆不耐渍，由于渍水使土壤通气不良，影响根系活动，抑制根瘤生长。苗期渍水后苗弱发黄，生长停滞；苗花期渍水造成茎叶发黄枯萎，严重时出现根腐，造成减产或死亡。

箭筈豌豆无论秋播或春播，出苗后生长均较快。在正常情况下，秋播的一次分枝 4～7 个，二次分枝有 3～5 个，春播营养生长期短，分枝比秋播的少，鲜草产量也相对较低。箭筈豌豆为无限花序，初花至终花 50 多天。每朵小花一般都开 2 次。有一定的落花落荚抗性，但不同品种花荚脱落率不同，一般为 33.3％～51.4％。箭筈豌豆结瘤多而早，苗期根瘤就有一定的固氮能力，随着营养生长加速，固氮活性不断提高。

（2）箭筈豌豆栽培利用技术。一般情况下，长江中、下游箭筈豌豆适宜秋播期在 9 月底至 10 月上旬，浙南与闽、赣、湘等地也延至 10 月中下旬，甚至 11 月上旬。在南方春播的适期，江淮至沿江地区以 2 月下旬至 3 月初为宜。长江以南春季气温回升较快，待立春即可播种。在我国北方春麦区，春、夏均可播种，但箭筈豌豆留种栽培必须春播。春播时限较长，通常从 3 月初至 4 月上旬都是适宜的。箭筈豌豆分枝早，分枝性强。在湖北省江汉平原与沿江两岸地区，箭筈豌豆作绿肥用，适宜的播量为每亩 3～4 千克。而留种的播量通常是收草播量的一半。苏北滨海地区，留种的适宜播量为每亩 1.5 千克，而作绿肥用以 3～3.5 千克为宜。西北黄土高原水温条件差，播种量宜增加，如陕西渭北高原，留种的每亩播种量为 3～4 千克；随着地理部位的西移，地热增高，生长季节较短的地区，箭筈豌豆播种量相应增加，留种用的每亩播种量宜 4～5 千克，作绿肥用每亩播种量应达 7.5 千克左右。

箭筈豌豆既可作绿肥、饲料，种子还可作粮食和精料，是很有价值的兼用绿肥作物。在我国南方主要用作冬绿肥，在北方除作绿肥外，刈青作饲草或收种子，以根茬肥地，对培肥地力增加后作产量，均有良好效果。箭筈豌豆压青后，对土壤理化性状的改善也有较明显的效果，土壤含氮量，有机质含量有所增加，pH 和土壤容重有所降低。我国北方一些灌区，由于热量不足，夏收后可种植一茬箭筈豌豆，可收刈大量青饲料。箭筈豌豆每千克干草粉的饲料单位 0.43 个，基本上接近苜蓿干草，比豌豆秆高 36.9%，特别是可消化蛋白质含量丰富，箭筈豌豆青干草粉或收获种子后的糠衣均是喂猪良好饲料。箭筈豌豆出粉率达 30%，比豌豆高出 6%～7%。甘肃省、青海省以及山西省雁北、河北省承德等地常用箭筈豌豆种子制成粉条、粉丝。此外在陕北农村用箭筈豌豆粉与少量面粉混合制成的面条、馒头、烙饼等食用，风味比其他杂面好，为当地群众所喜爱。

（3）箭筈豌豆采种技术。箭筈豌豆种子产量变幅很大，要使种子高产必须控制徒长，协调营养生长与生殖生长的矛盾。控制营养体徒长主要措施有以下几种：

降低播种量。主要是扩大箭筈豌豆个体的营养面积，保持田间通风透光，促使单株健壮生长，增强结实率，从而获得高产。一般播种量为作绿肥的 50%，较肥沃的土地播种量还要酌减，即每亩播种量宜 1.5～2 千克。

适宜晚播。在南方秋季晚播，冬前和返青后植株生长健壮，个体不旺长，推迟田间郁闭，开花结荚多。

旱地留种。在南方高温多雨地区，箭筈豌豆留种应选肥力中等的岗梁、坡地，能有效控制营养生长，改善通风透光，花荚脱落少，结实率高。

设立支架。箭筈豌豆攀缘在支架上，有利于改善下部通风透光，保护功能叶片，提高种子产量。设立支架，要因地制宜，可以与小麦、油菜隔行间作或利用棉秆作支架。

适时采收种子。箭筈豌豆有一定裂荚习性，当有 $80\% \sim 85\%$ 种荚已变黄或黄褐色时，虽顶部有着荚或残花，都应及时收割，以免裂荚损失。箭筈豌豆种皮较薄，后熟期短，遇阴雨温热会发芽，霉损变质，收后要立即摊晒脱粒，扫净入仓。

7. 紫花苜蓿种植技术 紫花苜蓿原产于中亚细亚高原干燥地区。栽培最早的国家是古代波斯，我国紫花苜蓿是在汉武帝时引入。紫花苜蓿是一种古老的栽培牧草绿肥作物。它的草质优良，营养丰富，产草量高，被誉为"牧草之王"，又因其培肥改土效果好，也是重要的倒茬作物。

（1）紫花苜蓿植物学特征与生物学特性。紫花苜蓿为多年生草本豆科植物。它根系发达，主根长达 $3 \sim 16$ 米，根上着生根瘤较多；茎直立或有时斜生，高 $60 \sim 100$ 厘米；叶为羽状三出复叶，小叶倒卵形，上部 1/3 叶缘具细齿；花为短总状花序腋生，花冠蝶形；荚果螺旋形，种子肾形，黄褐色，千粒重 $1.5 \sim 2$ 克。该牧草对土壤要求不严，在土壤 pH 为 $6.5 \sim 8.0$ 范围内均能良好生长，在富含钙质而且腐殖质多的疏松土壤中，根系发育强大，产草量高。一般经济产草年限为 $2 \sim 6$ 年，以后产量逐年下降。种子发芽要求最低温度为 $5 \sim 6$ ℃，最适温度为 $20 \sim 25$ ℃，超过 37 ℃将停止发芽。茎叶在春季 $7 \sim 9$ ℃时开始生长，但苗期能耐 -7.5 ℃的低温。该牧草喜水但怕涝，水淹 24 小时即死亡，适宜年降水量 $660 \sim 990$ 毫米的地区种植。

（2）紫花苜蓿栽培技术。精细整地，足墒足肥播种。紫花苜蓿种子小，整地质量的好坏对出苗影响很大，生产上要求种紫花苜蓿的地块平整，无大小土块，表层细碎，上虚下实。在整地时要求施足底肥，以腐熟沼渣或有机肥为主，可亩施 3 000 千克以上，同时还可施少量化肥，以氮肥不超过 10 千克、复合肥不超过 5 千克为宜。播种时适宜的土壤水分要求是：黏土含水量在 18%～20%，沙壤土含水量在 20%～30%，生产上一定要做到足墒足肥播种。

①播种。紫花苜蓿一年四季均可播种，一般以春播为宜。以收鲜草为目的的地块行距 30 厘米为宜，采用条播方式，亩用种量在 0.5～0.75 千克。播种深度 2～3 厘米，冬播时可增加到3～4 厘米。

②田间管理。在苗期注意清除杂草，尤其在播种的第一年，苜蓿幼苗生长缓慢，易滋生杂草，杂草不仅影响生长发育和产量，严重时可抑制苜蓿幼苗生长造成死亡。在每年春季土壤解冻后，苜蓿尚未萌芽之前进行耙地，使土壤疏松，既可保墒，又可提高地温，消灭杂草，促进返青。在每次收割鲜草后，地面裸露，土壤蒸发量大，应采取浇水和保墒措施，并可结合浇水进行追肥，亩追沼液 1 000 千克以上，化肥每亩 15 千克左右。紫花苜蓿常见的病虫害有蚜虫、地老虎、凋萎病、霜霉病、褐斑病等，应根据情况适时防治。

③收草。紫花苜蓿的收草时间要从 2 个方面综合考虑，一方面要求获得较高的产量；另一方面还要获得优质的青干草。一般春播紫花苜蓿在当年最多收一茬草，第二年以后每年可收草 2～3 茬。一般以初花期收割为宜。收割时要注意留茬高度，当年留茬以 7～10 厘米为宜；第二年以后可留茬稍低，一般为 3～5 厘米。

（3）紫花苜蓿利用方法。青喂时，要做到随割随喂，不能堆放太久，防止发酵变质。每头每天喂量可掌握在：成年猪 5～7.5 千克；体重在 55 千克的绵羊一般不超过 6.5 千克；马、牛 35～50 千克。喂猪、禽时应粉碎或打浆。喂马时应切碎，喂牛羊时可整株喂给。为了增加苜蓿贮料中糖类物质含量，可加入 25% 左右的禾本科草料制成混合草料饲喂或青贮。调制干草要选好天气，在晨露干后随割随晒、勤翻，晚上堆好防露，连续晒4～5个晴天待水分降至15％～18％时，即可运回堆垛备用，储藏时应防止发霉腐烂。

8. 黑麦草种植技术　黑麦草为禾本科黑麦草属多年生和越年生或一年生牧草及混播绿肥。此属全世界有20多种，其中，有经济价值的为多年生黑麦草又称宿根黑麦草，与意大利黑麦草又称多花黑麦草。

我国从20世纪40年代中期引进多年生黑麦草和意大利黑麦草，开始在华东、华中及西北等地区试种，50年代初江苏省盐城地区在滨海盐土试种，结果以意大利黑麦草耐瘠、耐盐、耐湿、适应性强；产草、产种量均比多年生黑麦草好。因此，栽培面积以意大利黑麦草为多。

黑麦草在我国长江和淮河流域的各省市均有种植，以意大利黑麦草为主。利用黑麦草发达的根系团聚沙粒，茎秆的机械支撑作用，以及抗盐、耐寒等特点，与耐盐性弱的豆科绿肥苕子、金花菜、箭筈豌豆等混播，可克服这些豆科绿肥在盐土种植出苗、全苗困难，以及后期下部通风透光不良等问题。豆科绿肥与黑麦草混播，一般比单播可增产鲜草20％～30％，地下根系增产40％～70％。

（1）黑麦草植物学特征与生物学特性。

根的生长。意大利黑麦草根系发达。根系由胚根和次生根组成发达的根群。从两叶期开始生长次生根。根系从出苗到种子成熟前其生长深度基本呈直线增长，旬增长量一般在3厘米以上，最高的可达20厘米，入土深度100～110厘米。水平根幅45～75厘米，侧向生长的速度略低于向下生长的速度。并有冬前（11月上旬至12月下旬）和冬后（4月上中旬）2个较明显的高峰期，到抽穗时，根系向下伸展与侧向水平伸展基本停止。在茎秆的中下部节上还可以产生不定根，在掩青翻埋不严时，裸露的茎秆节上可产生根系，发育成新的植株。

根系在土层中的分布。据孕穗期对单株黑麦草冲根观察结果：根系的垂直分布以 0～10 厘米处最多，11～20 厘米次之，21 厘米以下根系数较少。其质量分布，亦以 0～10 厘米片最多，约占根系总量的 72.8%～86.50%，11 厘米以下，逐次递减。根系总质量与鲜草产量相比基本相近。但随着生长期不同有一定差异；返青旺长后地下部分较高，约等于地上部分的 1.22 倍；拔节期，地下部和地上部相近；到抽穗期地下部相对减少，只有地上部的 60%左右。

叶的生长。种子发芽以后，幼苗向上伸长，并逐步展平成叶片。叶鞘裹茎，叶片狭长，叶面可见平行叶脉，叶背光滑有光泽，中央有一突起的中脉。叶片长度一般在 10～15 厘米，最长可达 35 厘米，宽 2～3 毫米，少数达 11 毫米。一生中主茎上可生长 9～24 片叶子。不同播种期有一定差异，秋播在 16～24 片，春播较少。一般每一分蘖有 2～3 张叶片，叶面积在 10.6～14.4 平方厘米，生长旺的可达 22.8～23.4 平方厘米。早播的大于迟播的，稀植的大于密植的，地力肥的大于地力薄的。黑麦草正常叶片由叶鞘、叶片、叶舌、叶耳组成。幼叶作包旋状，叶舌窄短，叶耳拟爪，不锐利。叶片数的增长和气温有密切关系。

分蘖和茎的伸长。黑麦草分蘖力很强。在单株稀植、肥水较好的条件下，出苗后一个月分蘖明显加快，到抽穗前 10 天左右达到最高峰。旬平均增加 13.2～47.0 个分蘖。分蘖的有效性和密度、长势及后期倒伏程度有关。由于密度较大，大田栽培有效性只有 30%～50%，而单株栽培的有效性一般在 60%～90%。各期分蘖的有效性并不一致。冬前和越冬期间产生的分蘖，长势旺，有效性高，一般在 65.5%～90.5%，高的可达 100%。返青、拔节期间产生的分蘖，生长较差，有效性一般只有 38.7%～74.8%。拔节后产生的蘖，由于拔节后植株内部荫蔽条件得到改善，使后期分蘖得以正常生长，有效性又可达 80.3%～98.2%，但这些分蘖穗小、粒少、粒轻、产种量较低。成熟时株高一般

70～90 厘米。

黑麦草茎秆呈圆柱形，中空、有节。秋播一般有 4～11 节，其中 70％以上的植株地面以上只有 5～7 节。早春播种的有 5～8 节，其中 85％以上的植株为 5～6 节。同一植株，因分蘖发生的时间不同，地面以上节数也不一致。冬前分蘖成熟时，地面以上有 5～8 节，越冬期间的分蘖为 4～7 节，返青到拔节期间的分蘖为 4～7 节，拔节后产生的分蘖，地面以上只有 2～6 节。

（2）黑麦草利用价值。黑麦草鲜草产量高，养分丰富，既可作绿肥，又是牲畜的好饲料。在江苏省盐城，一般春天刈割 2 次，亩产鲜草 1 250～2 850 千克，晒干率达 27％左右。干草含粗蛋白 12.3％～13.6％、脂肪 2.6％、粗纤维 27.8％、灰分 4.5％，鲜草可作青饲，制成干草后，其适口性也很好。

黑麦草鲜草含氮素 0.248％，磷（P_2O_5）0.076％，钾（K_2O）0.524％。生育期不同，植株与根系的氮素养分有明显差异，其中，以冬前、越冬和返青期的含氮量较高。根系发达，一般亩产鲜根达 1 000～1 750 千克。

以黑麦草与豆科绿肥混播，可以提高土地和光能的利用率，生产更多绿色有机物。当采用黑麦草与豆科绿苕子、金花菜、箭筈豌豆、紫云英等混播，由于两者生物学特性不同，从而有利于充分利用水、肥、光，发挥种间互利的作用，增强绿肥的抗逆性，达到增加复合群体的密度和高度，提高绿肥总产量。

种植黑麦草可以扩大肥料来源，改良土壤结构与增加土壤肥沃性，将黑麦草压青，能更新积累土壤有机质。江苏省农业科学院土壤肥料研究所在南京试验表明，豆科绿肥中加入黑麦草连续混播 3 年后，其土壤有机质比种前增加 0.21％，而只种紫云英地 3 年后土壤有机质只增加 0.15％。中国科学院南京土壤研究所试验表明，连种 3 年苕子与黑麦草混播地比连种 3 年苕子地，不仅土壤腐殖质含量增加，而且还可以提高土壤中小于 21 微米的复合体的数量，使吸收铵量增加 74～82 毫克，交换量增加

1.9 毫克。

持续稳定增加粮棉产量，增多收益。黑麦草与豆科绿肥混播后，鲜草耕埋入土，由于碳氮比得到调节，在土壤中的分解速率平稳，养分释放缓长。据试验混播绿肥耕埋 25 天后分解率为19％，而苕子分解率达 36％，2 个月后，混播绿肥分解率为56％，而苕子达 72％。其水解氮的释放同样是黑麦草与苕子混播在作物生长前期比苕子区低，后期高。因此，黑麦草与豆科绿肥混播比豆科绿肥单播的对后作物增产更多。江苏省新洋试验站6 年试验表明，黑麦草与苕子混播比苕子单播的棉花产量增加1.10％～13.35％，比不种绿肥的增产 16.11％～21.25％，尤以盐渍化较重的地，混播区比苕子单播增产率更大，增产 7.54％～18.35％，比不种绿肥区增产 42.68％～97.60％。江苏省农业科学院在南京 3 年试验表明，黑麦草与紫云英混播区平均亩产稻谷354 千克，比不种绿肥对照区 3 年平均亩产稻谷 321.65 千克，增产 10.2％。

黑麦草与豆科绿肥混播能多产鲜草和根系，其主要原因是：豆科绿肥有根瘤菌固氮，根系排出的氮和分泌的酸性物质较多，对钙离子的代换吸收能力强，有助于黑麦草对土壤中氮、磷的吸收利用。加之黑麦草有在表土上产生白色须状根的特性，能增进表土层有机质的含量。因此，能使黑麦草生长良好；植株的含氮量增加。同时，黑麦草茎秆的机械支撑作用，能限制豆科绿肥匍匐，增加绿色层高度，改善通风透光条件，提高复合群体的产量。

第三节　病虫草害绿色防控技术

随着农业生产水平的不断提高和现代化生产方式的发展，农作物病虫害的发生越来越严重，已成为制约农业生产的重要因素之一，20 世纪 80 年代以来，利用农药来控制病虫害的技术，已成为夺取农业丰收不可缺少的关键技术措施。由于化学农药防治病虫害可节省劳力，达到增产、高效、低成本的目的，特别是在控制危险性、爆发性病虫害时，农药就更显示出其不可取代的作用和重要性。但近年来化学农药的大量施用，污染了土壤环境，致使农产品中农药残留较多，质量下降，也给人类带来了危害。

农作物病虫害防治和农药的科学使用是一项技术性很强的工作，近年来，我国农药工业发展迅速，许多高效、低毒的新品种、新剂型不断产生，农作物病虫害防治和农药的应用技术也在不断革新，又促使农药不断更新换代。所以说农作物病虫害防治技术也在不断创新和提高。在应用化学农药防治病虫害时，既要考虑选择有效、安全、经济、方便的品种，力求提高防治效果，也要避免产生药害进行无公害生产，还要兼顾对土壤环境的保护，防止对自然资源破坏。当前各地在病虫害防治中，还存在许多问题，造成费工、费药、污染重、有害生物抗药性迅速增强、对作物危害严重等后果。为更好地为现代农业生产服务，发挥好农药在现代农业生产中的积极作用，应充分认识当前作物病虫害防治中存在的主要问题，切实搞好农作物病虫害绿色防控工作，为农业良性循环和可持续发展服务。

一、当前农作物病虫害防治中存在的主要问题

（一）病虫草害发生危害不断加重

农作物病虫草害因生产水平的提高、作物种植结构调整、耕作制度的变化、品种抗性的差异、气候条件异常等综合因素影响，病虫草害发生危害越来越重，病虫草害发生总体趋势表现为种类增多、频率加快、区域扩大、时间延长、程度趋重；同时新的病虫草害不断侵入和一些次要病虫草害逐渐演变为主要病虫草害，增加了防治难度和防治成本。如：随着日光温室蔬菜面积的不断扩大，连年重茬种植，辣椒根腐病、蔬菜根结线虫病、斑潜蝇、白粉虱等次要病虫害上升为主要病虫害，而且周年发生，给

防治带来了困难。

（二）病虫草害综防意识不强

目前，大部分地区小户经营，生产规模较小，在农作物病虫草害防治上存在"应急防治为重、化学防治为主"的问题，不能充分从整个生态系统去考虑，而是单一进行某虫、某病的防治，不能统筹考虑各种病虫草害防治及栽培管理的作用，防治方法也主要依赖化学防治，农业、物理、生物、生态等综合防治措施还没有被农民完全采纳，甚至有的农民对先进的防治技术更是一无所知。即使在化学防治过程中，也存在着药剂选择不当、用药剂量不准、用药不及时、用药方法不正确、见病见虫就用药、甚至有人认为用药浓度越大越好等问题。造成了费工、费药、污染重、有害生物抗药性强、对作物危害严重的后果。

（三）忽视病虫草害的预防工作，重治轻防

生产中常常忽略栽培措施及经常性管理中的防治措施，如合理密植、配方施肥、合理灌溉、清洁田园等常规性防治措施，而是在病虫大发生时才去进行防治，往往造成事倍功半的效果，且大量的用药会使病虫产生抗药性。同时，也造成了环境污染。

（四）重视化学防治，忽视其他防治措施

当前的病虫草害防治，以化学农药控制病虫及挽回经济损失能力最大而广受群众称赞，但长期依靠某一有效农药防治某些病虫或草，只简单地重复用药，会使病虫产生抗性，防治效果也就降低。这样，一个优秀的杀虫剂或杀菌剂或除草剂，投入到生产中不到几年效果就锐减。故此，化学防治必须结合其他防治进行，化学防治应在其他防治措施的基础上，作为第二性的防治措施。

（五）乱用农药和施用剧毒农药

一方面，在病虫防治上盲目加大用药量，一些农户为快速控制病虫发生，将用药量扩大1～2倍，甚至更大，这样造成了农药在产品上的大量积累，也促进了病虫抗性的产生。另一方面，

当病虫害发生时，乱用乱配农药，有时错过了病虫防治适期，造成了不应有的损失，更有违反农药安全施用规定，大剂量将一些剧毒农药在大葱、花生等作物上施用，既污染蔬菜和环境，又极易造成人畜中毒，更不符合无公害蔬菜生产要求。

（六）忽视了次要病虫害的防治

长期单一用药，虽控制了某一病虫草害的发生，同时使一些次要病虫草害上升为主要病虫草害，如目前一些地方在大葱上发生的灯蛾类幼虫、甜菜夜蛾、甘蓝夜蛾、棉铃虫等虫害及大葱疫病、灰霉病、黑斑病等病害均使部分地块造成巨大损失。又如目前联合机收后有大量的麦秸麦糠留在田间，种植夏玉米后，容易造成玉米苗期二点委夜蛾大发生，对玉米危害较大。

（七）农药市场不规范

农药是控制农作物重大病虫草危害，保障农业丰收的重要生产资料，农药又是一种有毒物质，如果管理不严、使用不当，就可能对农作物产生药害，甚至污染环境，危害人畜健康和生命安全。目前，农药经营市场主要存在以下问题：一是无证经营农药。个别农药经营户法制意识淡薄，对农药执法认识不足，办证意识不强，经营规模较小，采取无证"游击"经营。尤其近几年不少外地经营者打着"农业科学院、农业大学、高科技、农药经营厂家"的幌子直接向农药经营门市推销农药或把农药送到田间地头。二是农药产品质量不容乐观。农药产品普遍存在"一药多名、老药新名"及假、冒、伪、劣、过期农药、标签不规范农药的问题，甚至有些农药经营户乱混乱配、误导用药，导致防治效果不佳，直接损害农民的经济利益。三是销售和使用国家禁用和限用农药品种的现象还时有发生。

（八）施药防治技术落后

一是农药经营人员素质偏低，对农药使用、病虫害发生不清楚，不能从病虫害发生的每一关键环节入手指导防治问题，习惯于头痛治头、脚痛医脚的简单方法防治，致使防治质量不高，防治效果不理想。二是农民的施药器械落后。农民为了省钱，在生产中大多使用落后的施药器械，其结构型号、技术性能、制造工艺都很落后，"跑、冒、滴、漏"严重，导致雾滴大，雾化质量差，很难达到理想的防治效果。

二、农作物病虫害综合防治的基本原则

农作物病虫害防治的出路在于综合防治，防治的指导思想核心应是压缩病虫害所造成的经济损失，并不是完全消灭病虫害原，所以，采取的措施应对生产、社会和环境乃至整个生态系统都是有益的。

（一）坚持病虫害防治与栽培管理有机结合的原则

作物的种植是为了追求高产、优质、低成本，从而达到高效益。首先应考虑选用高产优质品种和优良的耕作制度栽培管理措施来实现；再结合具体实际的病虫害综合防治措施，摆正高产优质、低成本与病虫害防治的关系。若病虫草害严重影响作物优质高产，则栽培措施要服从病虫害防治措施。同样，病虫害防治的目的也是优质高产，只有二者有机结合，即把病虫害防治措施寓于优质高产栽培措施之中，病虫草防治要照顾优质高产，才能使优质高产下的栽培措施得到积极地执行。

（二）坚持各种措施协调进行和综合应用的原则

利用生产中各项高产栽培管理措施来控制病虫害的发生，是最基本的防治措施，也是最经济最有效的防治措施，如轮作、配方施肥、肥水管理、田间清洁等。合理选用抗病品种是病虫害防治的关键，在优质高产的基础上，选用如优良品种，并配以合理的栽培措施，就能控制或减轻某种病虫害的危害。生物防治即直接或间接地利用自然控制因素，是病虫草害防治的中心。在具体实践中，要协调好化学用药与有益生物间的矛盾，保护有效生物在生态系统中的平衡作用，以便在尽量少地杀伤有益生物的情况下去控制病虫草害，并提供良好的有益生物环境，以控制害虫和

保护侵染点，抑制病菌侵入。在病虫草害防治中，化学防治只是一种补救措施，也就是运用了其他防治方法之后，病虫害的危害程度仍在防治水平标准以上，利用其他措施也功效甚微时，就应及时采用化学药剂控制病虫害的流行，以发挥化学药剂的高效、快速、简便又可大面积使用的特点，特别是在病虫害即将要大流行时，也只有化学药剂才能担当起控制病虫害的重任。

（三）坚持预防为主，综合防治的原则

要把预防病虫害的发生措施放在综合防治的首位，控制病虫害在发生之前或发生初期，而不是等病虫害发生之后才去防治。必须把预防工作放在首位，否则，病虫害防治就处于被动地位。

（四）坚持综合效益第一的原则

病虫害的防治目的是保质、保产，而不是绝灭病虫生物，实际上也无法灭绝。故此，需化学防治的病虫害一定要进行防治，一定要从经济效益（即防治后能否提高产量增加收入）、是否危及生态环境、是否危及人畜安全等综合效益出发，进行综合防治。

（五）坚持病虫害系统防治原则

病虫害存在于田间生态系统内，有一定的组成条件和因素。在防治上就应通过某一种病虫或某几种病虫的发生发展进行系统性的防治，而不是孤立地考虑某一阶段或某一两种病虫进行防治。其防治措施也要贯穿到整个田间生产管理的全过程，决不能在病虫害发生后才考虑进行病虫害的防治。

三、病虫害防治工作中需要采取的对策

（一）抓好重大病虫害的监测，提高预警水平

要以农业部建设有害生物预警与控制区域站项目为契机，配备先进仪器设备，提高监测水平，增强对主要病虫害的预警能力，确保预报准确。并加强与广电、通信等部门的联系与合作，开展电视、信息网络预报工作，使病虫害预报工作逐步可视化、

网络化，提高病虫害发生信息的传递速度和病虫害测报的覆盖面，以增强病虫害的有效控制能力。

（二）提高病虫害综合防治能力

一是要增强国家公益性植保技术服务手段，以科技直通车、农技 110、12316 等技术服务热线电话、科技特派员、电视技术讲座等形式加强对农民技术指导和服务。二是建立和完善县、乡、村和各种社会力量（如龙头企业、中介组织等）参与的植保技术服务网络，扩大对农民的服务范围。三是加快病虫害综合防治技术的推广和普及，提高农民对农作物病虫害防治能力，确保防治效果。

（三）加强技术培训，提高农技人员和农民的科技素质

一是加强农业技术人员的培训，以提高他们的病虫综合防治的技术指导能力。二是加强职业农民的培训。以办培训班、现场会、田间学校及"新型农民培训工程"项目的实施等多种形式广泛开展技术培训，指导农民科学防治，提高他们的病虫害综合防治素质，并指导农民按照《农药安全使用规定》和《农药合理使用准则》等有关规定合理使用农药，从根本上改变农民传统的施药理念，全面提高农民的施药水平。三是要特别加强对植保服务组织的培训，使之先进的防治技术能及时应用到生产中去，以较低的成本，发挥最大的效益。

（四）加强农药市场管理，确保农民用上放心药

一是加强岗前培训，规范经营行为。为了切实规范农药经营市场，凡从事农药经营的单位必须经农药管理部门进行经营资格审查，对审查合格的要进行岗前培训，经培训合格后方能持证上岗经营农药。通过岗前培训学习农药法律、法规，普及农药、植保知识，大力推广新农药、新技术，对农作物病虫害进行正确诊断，对症开方卖药，以科学的方法指导农民进行用药防治。二是加大农药监管力度。农药市场假冒伪劣农药、国家禁用、限用农药屡禁不止的重要原因是没有堵死"源头"，因此，加强农药市场监督管理，严把农药流通的各个关口，确保广大农民用上放心药。

（五）大力推广无公害农产品生产技术

近几年，全国各地在无公害农产品的管理及技术推广上取得了显著成效。在此基础上，要进一步加大无公害农产品生产技术的推广力度，重点推广农业防治、物理防治、生物防治、生态控制等综合措施，合理使用化学农药，提倡生物、植物源农药确保创建无公害农产品生产基地示范县成果，保证向市场提供安全放心的农产品。

（六）加大病虫害综合防治技术的引进、试验、示范力度

按照引进、试验、示范、推广的原则，加大植保新技术、新药剂的引进、试验、示范力度，及时向广大农民提供看得见、摸得着的技术成果，使病虫综合防治新技术推广成为农民的自觉行动；同时，建立各种技术综合应用的试验示范基地，使其成为各种综合技术的组装车间，农民学习新技术的田间学校，优质、高产、高效、安全、生态农业的示范园区。

四、农作物病虫害绿色防控技术

农作物病虫害绿色防控技术其内涵就是按照"绿色植保"理念，采用农业防治、物理防治、生物防治、生态调控以及科学、合理、安全使用农药的技术，达到有效控制农作物病虫害，确保农作物生产安全、农产品质量安全和农业生态环境安全。

控制有害生物发生危害的途径有 3 个：一是消灭或抑制其发生与蔓延；二是提高寄主植物的抵抗能力；三是控制或改造环境条件，使之有利于寄主植物而不利于有害生物。具体防控技术如下：

1. 严格检疫防止检疫性病害传入。

2. 种植抗病品种　选择适合当地生产的高产、抗病虫害、抗逆性强的优良品种，这是防病虫增产，提高经济效益的最有效方法。

3. 采用农业措施，实施健身栽培技术　通过非化学药剂种子处理，培育壮苗，加强栽培管理，中耕除草，秋季深翻晒土，

清洁田园，轮作倒茬、间作套种等一系列农业措施，创造不利于病虫发生发展的环境条件，从根本上控制病虫的发生和发展，起到防治病虫害的作用。具体措施：

（1）实行轮作倒茬。

（2）合理间作。如辣椒与玉米间作。

（3）田间清洁。病虫组织残体从田间清除。

（4）适时播种。

（5）起垄栽培。

（6）合理密植。

（7）平衡施肥。增施腐熟好的有机肥，配合施用磷钾肥，控制氮肥的施用量。

（8）合理灌水。

（9）带药定植。

（10）嫁接防病。

（11）保护地栽培合理放风，通风口设置细纱网。

（12）合理修剪、做好支架、吊蔓和整枝打杈。

（13）果树主干涂白。用水 10 份、生石灰 3 份、食盐 0.5 份、硫黄粉 0.5 份。

（14）地面覆草。

4. 物理措施　应尽量利用灯光诱杀、色彩诱杀、性诱剂诱杀、机械捕捉害虫等物理措施。

（1）色板诱杀。黄板诱杀蚜虫和粉虱；蓝板诱杀蓟马。

（2）防虫网阻隔保护技术。在通风口设置或育苗床覆盖防虫网。

（3）果实套袋保护。

5. 适时利用生态防控技术　在保护地栽培中及时调节棚室内温湿度、光照、空气等，创造有利于作物生长，不利于病虫害发生的条件。一是"五改一增加"，即改有滴膜为无滴膜；改棚内露地为地膜全覆盖种植；改平畦栽培为高垄栽培；改明水灌溉为膜下暗灌；改大棚中部通风为棚脊高处通风；增加棚前沿防水沟。二是冬季灌水，掌握"三不浇三浇三控"技术，即阴天不浇晴天浇；下午不浇上午浇；明水不浇暗水浇；苗期控制浇水；连续阴天控制浇水；低温控制浇水。

6. 充分利用微生物防控技术 天敌释放与保护利用技术：保护利用瓢虫、食蚜蝇控制蚜虫；捕食螨控制叶螨，防效75％以上；丽蚜小蜂控制蚜虫、粉虱；花绒坚甲、啮小蜂控制天牛；赤眼蜂控制玉米螟，防效70％等。

7. 微生物制剂利用技术 尽可能选微生物农药制剂。微生物农药既能防病治虫，又不污染环境和毒害人畜，且对于天敌安全，对害虫不产生抗药性。如：枯草芽孢杆菌防治枯萎病、纹枯病；哈茨木霉菌防治白粉病、霜霉病、枯萎病等；寡雄腐霉防治白粉病、灰霉病、霜霉病、疫病等；核多角体病毒防治夜蛾、菜青虫、棉铃虫等；苏云金杆菌防治棉铃虫、水稻螟虫、玉米螟等；绿僵菌防治金龟子、蝗虫等；白僵菌防治玉米螟等；淡紫拟青霉防治线虫等；厚垣轮枝菌防治线虫等。还有中等毒性以下的植物源杀虫剂、拒避剂和增效剂。特异性昆虫生长调节剂也是一种很好的选择，它的杀虫机理是抑制昆虫生长发育，使之不能脱皮繁殖，对人畜毒性极低。以上这几类化学农药，对病虫害均有很好的防治效果。

8. 抗生素利用技术

（1）宁南霉素防治病毒病。

（2）申嗪霉素防治枯萎病。

（3）多抗霉素防治枯萎病、白粉病、稻纹枯病、灰霉病、斑点落叶病。

（4）甲氨基阿维菌素苯甲酸盐防治叶螨、线虫。

（5）链霉素防治细菌病害。

（6）宁南霉素、嘧肽霉素防治病毒病。

（7）春雷霉素防治稻瘟病。

（8）井冈霉素防治水稻纹枯病。

9. 植物源农药、生物农药应用技术

（1）印楝素防治线虫。

（2）辛菌胺防治稻瘟病、病毒病、棉花枯萎病，拌种喷施均可并安全高效。

（3）地衣芽孢杆菌拌种包衣防治小麦全蚀病、玉米粗缩病、水稻黑条矮缩病等安全持效。

（4）香菇多糖防治烟草、番茄、辣椒病毒病，安全高效。

（5）晒种、温汤浸种、播种前将种子晒 2～3 天。

（6）太阳能土壤消毒技术。采用翻耕土壤，撒施石灰氮、秸秆，覆膜进行土壤消毒，防控枯萎病、根腐病、根结线虫病。

10. 植物免疫诱抗技术　如：寡聚糖、超敏蛋白等诱抗剂。

11. 科学使用化学农药技术　在其他措施无法控制病虫害发生发展的时候，就要考虑使用有效的化学农药来防治病虫害。使用的时候要遵循以下原则：一是科学使用化学农药。选择无公害蔬菜生产允许限量使用的、高效、低毒、低残留的化学农药。二是对症下药。在充分了解农药性能和使用方法的基础上，确定并掌握最佳防治时期，做到适时用药。同时要注意不同物种类、品种和生育阶段的耐药性差异，应根据农药毒性及病虫草害的发生情况，结合气候、苗情，选择农药的种类和剂型，严格掌握用药量和配制浓度，只要把病虫害控制在经济损害水平以下即可，防止出现药害或伤害天敌。提倡不同类型、种类的农药合理交替和轮换使用，可提高药剂利用率，减少用药次数，防止病虫产生抗药性，从而降低用药量，减轻环境污染。三是合理混配药剂。采用混合用药方法，能达到一次施药控制多种病虫危害的目的，但农药混配时要以保持原药有效成分或有增效作用，不产生剧毒并具有良好的物理性状为前提。

（1）农药科学使用技术。

①选择适宜农药。种类与剂型。

②适时施用农药。

③适量用药。

④选择合适的施药方法，提倡种苗处理、苗床用药。

⑤轮换使用农药。

⑥合理混配农药。

⑦安全使用农药。严禁使用高毒、高残留农药品种。国家2015年4月25日已经有了新规定，严重使用高毒剧毒农药，否则将被行政拘留。

⑧确保农药使用安全间隔期。

（2）目前防治农作物主要病害高效低毒药剂。

①锈病、白粉病。烯唑醇、戊唑醇、丙环唑、腈菌唑。

②黑粉病、锈病。用多抗霉素B或地衣芽孢杆菌拌种或包衣兼治根腐、茎基腐。

③小麦赤霉病。扬花期喷咪鲜胺、酸式络氨铜、氰烯菌酯、多菌灵。

④小麦全蚀病。全蚀净、地衣芽孢杆菌、适乐时、立克锈。

⑤小麦纹枯病。烯唑醇、腈菌唑、氯啶菌酯、丙环唑。

⑥稻瘟病。辛菌胺醋酸盐、井冈·多菌灵、三环唑、枯草芽孢杆菌。水稻属喜硼喜锌作物，全国90％的土地都缺锌缺硼。以上药物加上高能锌高能硼，既增强免疫力又增产改善品质。

⑦水稻纹枯病。络氨铜、噻呋酰胺、已唑醇。

⑧稻曲病。井·蜡质芽孢杆菌、氟环唑、酸式络氨铜。

⑨甘薯、马铃薯、麻山药、铁棍山药、白术等作物的黑斑病、糊头黑烂病、疫病用马铃薯病菌绝或吗胍·硫酸铜加高能钙。既治病治本又增产提高品质。

⑩苗期病害及根部病害。嘧菌酯、恶霉·甲霜灵、烂根死苗用农抗120或吗胍·铜加高能锌。既治病治本又增产提高品质。

⑪炭疽病、褐斑黄斑病。咪鲜胺、腈苯唑、苯甲·醚菌酯、辛菌胺、络氨铜。以上药物加上高能锰高能钼，既能疏通维管束

又能高产且治病治本，提高品质。

⑫灰霉病、叶霉病。嘧霉胺、嘧菌环胺、烟酰胺、啶菌恶唑、啶酰菌胺、多抗霉素、农用链霉素、百菌清。

⑬叶斑病、白绢病、白疫病。辛菌胺醋酸盐、络氨铜、苯醚甲环唑、嘧菌·百菌清、喷克、烯酰吗啉、肟菌酯。以上药物加上高能铜高能锌，因以上病多伴随缺铜缺锌。能提质增产又治病治本。

⑭枯黄萎病、萎枯病、蔓枯病。咪鲜胺、地衣芽孢杆菌、多·霉威、多菌灵、适乐时、辛菌胺醋酸盐。以上药物加上高能钾高能钼，既能疏通维管束又能增产又能彻底治疗和预防该病，且改善品质，因以上病多伴随缺钾缺钼。

⑮菌核病。啶酰菌胺、氯啶菌酯、咪鲜胺、菌核净、络氨铜、硫酸链霉素。

⑯霜霉病、疫霉病。烯酰吗啉、氟菌·霜霉威、吡唑醚菌酯、氰霜唑、烯酰·吡唑酯、多抗霉素B、碳酸氢钠水溶液。

⑰广谱病毒病、水稻黑条矮缩病毒病、玉米粗缩病毒病、瓜菜银叶病毒病。吗胍·硫酸铜、香菇多糖、菇类多糖·钼、辛菌胺。

⑱果树腐烂病。酸式络氨铜、多抗霉素、施纳宁、3％抑霉唑、甲硫·萘乙酸、辛菌胺。凡细菌病害大多易腐烂、水渍、软腐，易造成缺硼缺钙症，以上药物加上钙和硼既能彻底治病又能增产。

⑲苹果烂果病。多抗霉素B加高能钙、酸式络氨铜加高能硼。

⑳果树根腐病。噻呋酰胺、吗胍·硫酸铜、井冈·多菌灵。以上药物加上高能钼，既能疏通维管束又能高产彻底治疗和预防根腐、杆枯、枝枯。

㉑草莓根腐病。地衣芽孢杆菌、辛菌胺、苯醚甲环唑。以上药物加上高能钼，既能打通维管束又能高产彻底治疗和预防根腐、蔓枯、茎枯。

㉒细菌病害。辛菌胺、喹啉铜、噻菌铜、可杀得（氢氧化铜）、氧化亚铜（靠山）、链霉素、新植霉素、中生菌素、春雷霉素。凡细菌病害大多易腐烂、水渍、软腐，易造成缺硼缺钙症，以上药物加上钙和硼既能彻底治病又能增产。

㉓线虫病害。甲基碘（碘甲烷）、氧硫化碳、硫酰氟（土壤熏蒸）、福气多、毒死蜱、米乐尔、甲氨基阿维菌素苯甲酸盐、敌百虫、吡虫·辛硫磷、辛硫磷微胶囊、三唑磷微胶囊剂、丁硫克百威、苦皮藤乳油、印楝素乳油、苦参碱。以上药物加上高能铜，铜离子对微生物类害虫有抑制着床作用，且能补充微量铜元素，有增产效果。

㉔病毒病害。嘧肽霉素、宁南霉素、三氮唑核苷、葡聚烯糖、菇类蛋白多糖、吗胍·硫酸铜、吗啉胍·乙酸铜、氨基寡糖素。以上药物加上高能锌既治病快又能高产，因为作物缺乏锌元素也易得病毒病。

第四节　全程机械化和信息化配套技术

农业的根本出路在于农业机械化和信息化，农业机械化和信息化是实现农业现代化发展的重要标志。由于我国农业经营规模和方式多样化，经营者对农业机械化和信息化的认识也多种多样，导致经营决策不科学，在前阶段农业机械化发展中存在科技含量较低、形式多乱杂、系统化和配套率较低、作业范围狭窄带来重复投入较多等问题，这些问题的存在已不能适应新时期农业现代化发展的需要，旧的不适应和新的发展需求促使对新时期机械化和信息化的发展有些新要求。

一、农业机械化与信息化的概念

（一）农业机械化的概念

农业机械化指的是农业从使用手工工具的原始农业、使用畜力农具的传统农业转变为普遍使用机器，是农业现代化的重要内容之一。从 19 世纪 30 年代蒸汽机的发明，逐步发明了蒸汽犁和拖拉机，到现在农业机械已高度智能化、节能化、环保化。机械化降低了劳动强度，最大限度的发掘了植物的增产潜力，提高了农产品的质量。

（二）农业信息化的概念

信息化农业是指以农业信息科学为理论指导，农业信息技术为工具，用信息流调控农业活动的全过程，以信息和知识投入为主体的可持续发展的新型农业，是农业现代化的高级阶段。农业信息化既是一种信息形态，又是对农业发展到某一特定过程的概念描述。在农业领域内借助现代信息技术，进行农业信息的获取处理和应用，从而有效地开发利用各种农业资源，培育以智能化工具为代表的新的生产力，进而推进农业绿色发展。实现农业信息化。既有利于农业生产模式的转变，也有利于农业市场化经营，更有利于农业产业化与农业生态化的发展。

二、目前我国农业机械化和信息化发展存在的问题

我国农业机械化及信息化的发展给农民带来了很多的方便，也给我国农业发展带来了更大的发展空间，但在发展的过程中还存在一些制约机械化及信息化发展的问题。

（一）农业机械拥有量很大，但整体农机化程度不高，且发展不平衡

我国农业机械化虽然起步较晚，但发展迅速，特别是经过改革开放 40 年的发展，在平原地区，农村农业机械的拥有量很大，在一些农业大县，平均每亩耕地就拥有农业机械动力 1.333 8 万千瓦。但在一些山地丘陵或水田地区，平均每亩耕地拥有的农业机械动力就较少了。在平原地区，虽然每亩耕地拥有较大的农业机械动力，但在主要农作物上，农机化程度才达到 80％左右；在经济效益较高的瓜菜作物和设施栽培作物上，农机化程度却较

低，农业机械化发展在全领域内发展不平衡且有倒挂现象，即效益较高的经济作物农机化程度反而不高。

（二）在大量的农业机械中存在科技含量较低，形式多乱杂，系统化和配套率较低

总体是大中型机具较少，小型农机具居多，配套率过低，致使其整体功能的发挥受到限制，从而影响了农业由粗放型生产向集约化生产的转化。同时，农机化发展中还存在结构性矛盾：一是农机总量增长较快，但先进技术的应用仍较慢；虽然农业产业结构调整力度加大，农机已开始向一些特色产业应用，但应用的步伐仍较慢。二是部分农业机械老化严重，更新换代乏力。三是运输机械多，农田作业机械少。四是动力机械中小型机械多，大中型机械少。五是农机作业配套机具少，配套比率低。六是低档次机具多，适应农业结构调整的新型机具少，高性能机具少。新技术、新机具发展缓慢，满足不了当代农业生产的需要，农机化科研、推广队伍亟待壮大。示范手段落后，信息化、标准化建设滞后，不能及时掌握有关农业产业结构调整的动态信息，难以满足实际工作的需要。

（三）在大量的农业机械中作业范围狭窄带来重复投入较多

我国农业机械在门类品种上存在明显缺陷：一是农业机械化水平在不同作物、不同生产环节上存在着较大的差距。二是在农田作业各主要环节上，水肥一体化、病虫害防治、收获机械化是目前水平较低需求量大的类型。三是在具有节水、节肥、节种等性能的机具上还不同程度地存在数量不足、水平不高的问题，影响了节本增效技术的大面积推广应用。由于农机门类品种和适用性上的缺陷，使农机产品存在过剩与短缺并存的现象，重复投入较多，投入效益偏低，制约了农业机械化的全面发展和农机效率与效益的提高。

（四）农业机械化与信息自动化结合不够，水平偏低

农业机械化与信息自动化水平在不同地区存在差异，由于农

业生产有许多自身特性，不同区域、不同环境、不同生产条件、不同经济条件下农作物的种植也存在很大差异，这也是导致我国农业机械化与信息自动化结合不够，致使机械化产品不够先进、水平偏低。

（五）农机服务组织化程度低整体效益较差

最基层的乡镇农机管理服务工作下滑，农机维修管理关系不顺，农机社会化、专业化、市场化运行机制还没有真正形成，有实力的农机大户少，农机专业服务队、农机协会等农机合作服务组织的发展才刚刚起步，还不够规范，农机作业市场尚未完全形成，农机具闲置与非田间作业时间多，经济效益不高。农业机械使用水平低，农机经营总体效益较差。

（六）农机购买使用中存在"买不起""用不好"的问题

农业机械的作用在于农民的购买、使用和取得效益。但是，在许多地区存在农民买不起、用不好和效益差的问题。主要表现为：一是"买不起"。一般农田作业机械，大中型机械需要5万～10万元，小型机械需要0.3万～1万元，一次性投资大。而目前我国农业生产效益差，农民收入水平较低，对农业机械的购买力不足。虽然许多地方都出台了购买农机补贴政策，但效果不是非常明显。二是"用不好"。农机管理部门经费不足，农机具的引进、试验、推广工作以及农机技术无偿培训工作难以开展，农民素质得不到有效的提高，造成部分农民虽然买得起农机，但也用不好农机。

三、对农业机械化与信息化发展的思考

农业转型升级现代化发展的根本出路在于农业机械化和信息化，要实现农业转型升级现代化发展，必须加大对农业机械化及信息自动化的资金投入，没有足够的资金做后盾，很难发展高科技的机械产品，同时，要针对以上问题，拿出切实可行的办法加以解决，才能搞好农业转型升级现代化发展。随着供给的

改革和农业产业结构的调整，农业生产对于机械化的标准也有了更高要求，旧型号的机械设备已不能满足现在的生产需求，应采取如下对策：

（一）加大政府部门的资金投入，为机械化产业的发展提供更加有力保障

（二）农业机械化及信息自动化发展提倡走节约、绿色化道路

农业绿色发展环境保护是一个永恒的话题，在发展机械化的同时，也应走节约、绿色道路。机械使用的过程中，应尽量减少对空气的污染，多使用低消耗、高效率的机械设备，对于农业使用的机械化及自动化设备，要懂得循环利用，对于以后生产的机械化设备更要注重走环保型道路，为以后的使用提前做好基础准备。在发展机械化及自动化产品的同时做到环保和节约能源的要求，这也是我国机械化未来发展的趋势，研发制造更先进完善的农业机械设备会给我国农业绿色发展带来更多的帮助。

（三）根据农业转型升级和现代化发展需求与农业产业结构调整目标，发展相适应的农业机械化产品

农业机械化产品的开发利用，必须围绕农业绿色发展需求与农业产业结构调整目标去实施，要搞好顶层设计，明确发展方向，最大限度地避免重复投资、效益低下等问题。同时，要因地制宜，根据结构调整模式做好全产业链农业机械产品开发，形成完备的农业机械体系。如中原地区要研究"小麦—玉米""小麦—甘薯""小麦—大葱""油菜—花生""大蒜—玉米"等每年或一个生长周期内的全过程农业机械产品配套。另外，还要加大对一些生产效益较高且用工量较多的经济作物和设施栽培作物的机械化配套产品进行广度研发，努力提高其机械化程度。并对当前规模生产过程中相对滞后的水肥一体化、病虫害防治等机械产品进行强力攻关研发，提高其自动化、科学化程度。

（四）更多的计算机技术与电子技术应用到机械化中去，使机械化与信息自动化技术有机融合

随着科技的不断发展与进步，计算机技术的应用越来越广泛，我国机械产品的发展也将运用到计算机与电子技术，将小型、微型芯片技术应用到机械化中，将为我国农业机械化产品实现完全智能化提供更大空间，电子设备的完善将会带动我国农业机械化装备适应更多的不利环境，也会为我国农业转型升级和现代化发展带来更多的便利。

总之，农业转型升级和现代化发展离不开农业机械化和农业信息化，从现代农业走向机械化信息化农业是农业发展的必然趋势。当前，我国农业正处在改造传统农业，加快发展现代农业的关键阶段，应充分应用农业信息化技术，以机械化和信息化有机融合促进现代农业化发展。

第五章 农业产业化与一二三产业融合转型升级篇

实现全面建设小康社会的宏伟目标，关键在农村，重点在农业，难点在农民。我国的基本国情决定了要保持农业和农村经济的稳定增长，不断提高人民生活水平，只有通过对农业和农村经济结构进行调整、优化，走农业产业化经营道路，才能保持农村稳定，农业发展，农民增收。实践证明，农业产业化经营，它体现了农业先进生产力的发展要求，是促进农业和农村经济结构战略调整的现实选择，是促使传统农业走向现代农业的必由之路，是农业从粗放经营走向集约经营的主要转换方式，是工农业由非平衡发展转向平衡发展的载体，对促进农业和农村经济发展，加快实现农业现代化具有重要意义。

第一节 农业产业化的概念与内涵

农业产业化是在农村商品经济发展过程中，农民实践创造后各级总结完善的一种农村生产经营模式。其基本内容是以资源为基础，以市场为导向，以产品为龙头，以不同所有制形式的企业为依托，以"公司＋基地＋农户"为主要形式，实行生产布局规模化，生产专业与标准化，服务社会化，管理企业化，农、工、商一体化，产、供、销一条龙的生产经营模式。发展类型主要有龙头企业带动型、市场带动型、合作经济组织带动型等。

我国农业虽然早已有之，有其悠久的历史，但农业作为一个现代意义上的产业，却是不成熟的、不完整的。农业产业化是

20 世纪 90 年代中国农村改革与发展中应运而生的伟大创举，是中国农民的伟大创造，它是在市场经济条件下由传统农业向现代农业转型的必然过程，也是农业产业组织和经营管理方式的创新。其实质就是要在发展现代农业过程中，打破部门分割，使它逐步成熟、完整，变成一个完整的、现代意义上的产业，即实现现代化。对农业产业化的基本内涵是什么，在理论界有诸多争论，较集中的认识是这样概括的：在市场经济条件下，通过将农业生产的产前、产中、产后诸环节的整合，使之成为一个完整的产业系统，实现种养加、产供销、贸工农一体化经营，提高农业的增值能力和比较效益，使农民能够分享到农业生产过程中的平均利润，从而形成农业自我积累、自我发展的良性循环的运行机制，使传统农业逐步转变为现代农业。

农业产业化实质上是一次农业的产业革命，它有着农业工业化的含义，但不是把农业变成工业。农业产业化仅是指农业要走工业的社会化、集约化和现代化之路，学习工业的分工协作和科学管理的形式。农业与工业之间毕竟有差别，有不同的发展规律。

在对农业产业化概念的基本内涵理解上，还应把握以下 3 点：一是产业化的本质是集约化、市场化、社会化的农业，要以经营工业的方式来经营农业；二是产业化的基本经营方式是一体化，即实现农工商或贸工农的一体化经营；三是产业化的目的在于提高农业的增值能力和比较效益，使农民能够分享整个农业生产过程的平均利润。

第二节　农业产业化经营的基本特征

真正的农业产业化在实践中应具有以下几个特征：

一、生产专业化

生产专业化即农业生产要打破过去那种家家种粮油、户户小而全的小生产格局，要实行专业化生产分工。实行专业化生产分工，可以扩大生产规模，增加产出，提高劳动生产率，从而也可以提高生产效益。在现实生活中，凡是实行了专业分工的乡村，农民的收入水平都相对比较高。实行专业化分工的本质，在于生产者主要不是为了自己的消费而生产，生产的目的是为了向社会提供商品，实现商品增值，这是从自给农业向商品农业转变的关键。生产专业化是农业产业化的基础，产业化的形成体系上连市场、下连实行专业化的农户，没有千万个专业化生产的农户提供农产品，产业化也就无从谈起。目前，在一些地区农村出现了一些种植和养殖专业户，这就是生产专业化的一种表现。

二、经营一体化

经营一体化即农业生产的产前、产中、产后必须连为一体。这是农业产业化的核心。传统计划经济体制下，农业的产前、产中、产后部门分割，农户只提供初级产品，农业生产资料部门有农机、化肥、农药、良种的定价权和垄断权，可在提高农用生产资料价格等方面获得高额利润；而农产品的加工、运输、销售等部门则可以低价收购农产品，通过加工增值的方式获得高额利润。在此过程中，农民往往会作出较大的牺牲，他们的利益就会受到较大的侵害。而一体化经营，则能使农民也参与产前、产后的经营活动，农户以一定方式与产前和产后部门结成共同体，从而能够分享整个农业产业链条上的平均利润。因此，能否实行一体化经营，是农业能否真正实现产业化的关键。这也是农业产业化最突出的特征。

三、布局区域化

布局区域化即指农业生产的布局实现区域化和规模化。实行家庭联产承包责任制后，大多数地区的农户户均占有土地不仅十分有限，而且条块分割也较为明显。在农户拥有家庭经营自主权的条件下，每个农户种植的作物往往各不相同，从而容易存在布局分散、规模效益差、无法应用先进的技术装备和难以推广先进农业技术等问题，这是不利于农业现代化发展和建设现代农业的。然而通过农业产业化的带动，布局的区域化和规模化就可能成为现实。因为农产品要走向市场，必须做到标准化、系列化、规模化，这就要求农产品的生产要统一良种、统一管理、批量生产、保证质量。因此，必须实行生产布局的区域化和规模化，才能达到产品进入市场的要求。这就克服了农户生产规模偏小的弊端，为农业实现现代化创造了条件。实践证明，在一些农业产业化发展较快的地区，已经实现了农业生产布局的区域化。

四、服务社会化

服务社会化即农业生产过程不再单纯靠自我服务，而是依托社会服务，使农业生产过程不再是一个孤立的生产过程。传统农业的一个显著特点就是实行自我服务，从种子选育到肥料供给、田间管理、收割晾晒等都有农户自己完成。而农业产业化则要求实行社会化服务。根据产业化生产过程分工的需要，种粮者从良种供应到化肥、农药等生产资料供给；从施肥浇水到病虫草害防治；从收割储存到运输销售都能够享受到社会化服务；同样养殖者也能从种苗供应到饲料配给、技术指导、疫病防治、成品加工以及销售都能够享受到社会化服务。但是，这一环节目前大多数地区做得还不够，水平还很低，还跟不上产业化的需要，影响着产业化的发展，需要强化和提高。能否实现社会化服务，也是产业化是否成熟的标志。

五、管理企业化

管理企业化即对农业过程实行企业化的管理。传统农业多是一家一户的小生产，生产过程简单明了，只需一定经验，无须细致严格的科学管理。现代农业是社会化大生产，生产过程分工细密，必须实行细致严格的科学管理。农业实行产业化后，生产过程有明确分工，农户生产实际上也成了分工的一个环节，具有生产车间的意义。在产业化过程中，农户生产的产品往往是原料或半成品，还要经过进一步的加工才能进入市场。这些原料和半成品也必须具有统一的品质、规格标准才能产出合格的成品。因而，农户作为一个生产车间，也必须进行严格细致的科学管理，犹如对一个工业企业那样进行管理。所以，管理企业化也是农业产业化的重要特征。

在农业生产能力进入供过于求的时代，经营的好坏是产业发展的最关键要素，要想在市场竞争中立于不败之地，就必须按市场经济规律去搞企业化经营，不仅要搞好生产，还要重视对产后包装和深加工所能带来的附加值的追求，要完成这些转化，在一个地区一个产业需要有一个龙头企业的带动。前一个时期，一些地方把一些加工厂简单地认为是龙头企业，也有一些地方把"公司＋农户"一类似是而非的措施认为是产业化经营，严重影响了农业产业化的发展。另外，有些龙头企业在管理上还存在一些问题：一是企业的运作机制有待进一步优化，有些企业要在与农户结成利益共同体上下功夫，要充分让利于农户，才能生存和发展；有些企业要在加工原料的自身生产能力上下功夫，特别是企业发展初期，自身如果对加工原料没有一定生产能力，在资源、加工产品质量、加工规模等多方面就会出现问题。二是一些企业在科技创新上重视不够。"科学技术是第一生产力"，先进科学技术需要先进的科技人才来掌握和创造，农业科技要以培养和利用当地人才为主，不要盲目照搬外地经验，否则可能达不到预期目的。三是企业普遍规模小，资金不足，发展缓慢。四是市场发育滞后，也影响到一些企业发展。五是产业区域布局还不尽合理，区域优势没有得到充分发挥。

第三节　农业产业化经营的意义

一、农业产业化经营是在家庭承包经营基础上实现农业现代化的有效途径

家庭承包经营经过长期实践和总结，已经被党和国家确定为我国农村政策的基石，必须长期坚持、绝不动摇。在家庭承包经营基础上如何脱贫致富奔小康，如何实现农业现代化，是必须正视和解决的一个问题。在联产承包制下，以户为单位的生产经营方式，规模细小，经营分散，经济实力薄弱。当农业经济发展到一定水平，单靠农民个人力量显得越来越为有限，很多农户既没有扩大生产规模，实现集约化经营的基本资源条件，又缺少依靠科技手段提高劳动生产率的资本投入实力，因此很难突破传统农业的生产经营模式的束缚，这样生产上不去，农民收入的提高也就成为无源之水。基本国情决定了我国农业实现现代化不能走以欧美为代表的扩大土地经营规模、发展大农场的路子，也不能走以日本为代表的高补贴、高投入的路子。农业产业化是以市场为导向，以家庭承包经营为基础，以本地优势资源为依托，依靠多种形式的"龙头企业"的带动，形成生产、加工、流通一体化的产业体系和利益机制。这种组织形式和经营机制，突破了产业、区域和所有制界限，将分散的农户联结为一体，通过产前、产中和产后的服务链条，把每个农户都纳入到现代化大农业生产系列之中，使资金、技术、现代装备有机地融入农业生产经营的各个环节，即坚持了家庭承包经营，又能解决农业发展中遇到的问题，是一条具有中国特色的农业现代化发展道路。

二、农业产业化经营是农业和农村经济结构战略性调整的重要带动力量

解决分散的农户适应市场，进入市场的问题，是经济结构战

略性调整的难点，关系着结构调整的成败。目前，农业生产者对结构调整的重要和紧迫性虽有一定程度的认识，但结构调整这篇大文章还没有完全做好，结构上的问题、品种品质上的问题、布局上的问题还没有从根本上解决。"春天不知种什么对？秋天不知卖什么贵？中间不知买什么生产资料最实惠？"，农民对种什么、养什么、发展什么，还不完全清楚，甚至顾虑重重。具体体现为：市场还看不准，发展路子还不宽，对农业的信息和技术服务还比较滞后。总体上还缺乏明确的规划，还不同程度地存在简单模仿外地经验和模式。要使结构调整不断向农业的深度和广度进军，有一点显得十分重要，就是要使千家万户的小生产与千变万化的大市场有机对接起来。农业产业化经营的龙头企业具有开拓市场，赢得市场的能力，是带动结构调整的骨干力量。从某种意义上说，农户找到龙头企业就是找到了市场。龙头企业带领农户闯市场，农产品有了稳定的销售渠道，就可以有效降低市场风险，减少结构调整的盲目性，同时也可以减少政府对生产经营活动直接的行政干预。农业产业化经营对优化农产品品种、品质结构和产业结构，带动农业的规模化生产和区域化布局，发挥着越来越显著的作用。

三、农业产业化经营，是实现农民增收的主要渠道

改革开放 40 年来，是农民收入增长较快的时期，但近年来农民收入增长缓慢，城乡收入差距进一步拉大。农民增收缓慢的内在原因是：农产品产量与农村劳动力"两个充裕"并存；农业生产劳动率和农产品转化加工率"两个过低"并存。发展农业产业化经营，可以促进农业和农村经济结构战略性调整向广度和深度进军，有效拉长农业产业链条，增加农业附加值，使农业的整体效益得到显著提高，可以促进小城镇的发展，创造更多的就业岗位，转移农村剩余劳力，增加农民的非农业收入；可以通过农业产业化经营组织与农民建立利益联结机制，使参与产业化经营

的农民不但从种、养业中获利，还可分享加工、销售环节的利润，增加收入。

四、农业产业化经营是提高农业竞争力的重要举措

加入世界贸易组织后，国际农业竞争已经不是单项产品、单个生产者之间的竞争，而是包括农产品质量、品牌、价值和农业经营主体、经营方式在内的整个产业体系的综合性竞争。积极推进农业产业化经营的发展，有利于把农业生产、加工、销售环节联结起来，把分散经营的农户联合起来，有效地提高农业生产的组织化程度；有利于应对加入世界贸易组织的挑战，按照国际规则，把农业标准和农产品质量标准全面引入到农业生产加工、流通的全过程，创出自己的品牌；有利于扩大农业对外开放，实施"引进来，走出去"的战略，全面增强农业的市场竞争力。在传统农业条件下，产品比较单一，生产工具也比较落后，一般只生产初级产品，无法进行加工增值，因而农业生产效益难以提高，农民也难以致富。农业产业化经营的出现，在解决农业分散经营的同时，也使先进的装备进入农业，使农产品能够由初级产品变为加工制成品，其价值也成倍增加，从而使农业效益大幅度提高，农民收入也因此增加。传统农业社会只是一个谋生社会，农民从事的劳动仅为满足温饱，而农业产业化则使农业成为一个能赚钱、能谋利的行业，使农业的内部规模和外部规模都得以扩大，使农村由传统自给自足的自然经济走向大规模的商品经济和现代化的市场经济，从而完成从传统农业向现代化农业的历史性转变。

五、农业产业化经营推动了先进的科学技术在农业和农村中的应用

农业产业化经营提高了农民的素质，为农民转换职业角色创造了条件。在传统农业条件下，由于农业本身的技术十分落后，

掌握这些技术仅靠简单的经验传授即可完成，因此，科技和教育在农村得不到重视，先进的科学技术很难在农村得到推广，劳动者的素质也难以提高。农业产业化的出现，首先带来的是先进的科学技术。因为龙头企业一般都拥有比较先进的农产品加工技术装备，同时也拥有符合市场经济要求的先进经营管理经验，给农民以直接的示范作用。其二，龙头企业批量订购农产品，对农产品的品种、品质等都有严格的标准和要求，这就需要品种优良化、管理科学化、生产标准化，原先的那种简单的生产技术和劳动技能已无法满足新的需要。其三，一部分农民被吸收到龙头企业工作，更需要掌握先进的机器设备的运行，科技文化水平低是无法适应这种先进技术要求的。因此，农业产业化的出现，必然推动先进科学技术在农业和农村中的应用，同时对劳动者的素质提出了新的要求，从而也必然推动科技和教育在农村的发展，使农民的素质得到提高，为农业现代化创造条件。

第四节　提升农业产业化水平的途径

当前，在经济欠发达的农业区，一般工业比较"苍白"，农业经济的一个最大弱点就是农业产业化程度低，农业资源没有得到最佳配置，抵御市场风险的能力弱。努力提升农业产业化水平，将是解决这一问题的有效途径，也是农业走向工业化、现代化的必由之路。不断提升农业产业化水平，是谋划农业发展，推进社会主义市场经济进程的必然选择；也是促进科技进步，发展现代农业，切实解决"三农"问题的根本途径。如何提升农业产业化水平？下面从发展途径、思维、组织、管理和运作方式以及保障措施等方面进行讨论。

一、立足当地优势，科学确立产业化发展道路

要按照市场经济配置资源的原则和效益最大化的目标，在

进一步推进农业产业向优势区域集中的同时，把工作重心放在建成一批"一乡一业""一村一品"的专业化、规模化、产业化、标准化的点、片建设上，提高农业产业的效益和整体生产水平。

（一）种植业要调整结构，优化布局

根据农业资源分布特点，按照区域化布局、规模化经营、专业化生产的原则，在稳定粮食种植面积的前提下，进行作物布局调整，改革耕作制度，创新种植方式，发展特色农业。同时，建立健全标准化生产体系，并创立农产品品牌，发展品牌战略。

（二）强化集约经营，发展示范园区

"榜样的力量是无穷无尽的"，先进农业技术推广的一个较好途径就是搞好示范样板，让大家来学习。同时，通过建示范园区，采取"公司加基地带农户"的模式，企业与农民签订合同，公司、基地、农户形成"风险共担、利益共享"的经济共同体。

（三）发展特色农业

要立足当地自然和文化优势，培育主导产品，优化区域布局，适应人们日益多样化的物质文化需求，因地制宜地发展特而专、新而奇、精而美的各种物质、非物质产品和产业，特别要重视特色园艺业、食用菌业和水产养殖业与特种养殖业。通过规划引导、政策支持、示范带动等办法，加快培育一批特点明显、类型多样、竞争力强的专业村、专业乡镇。

（四）创新发展畜牧养殖业

要转变养殖观念，积极推行健康养殖方式，加强饲料安全管理，加大动物疫病防控力度，建立和完善动物标识及疫病可追溯体系，从源头把好养殖产品质量安全关，使养殖业发展更加适应市场需求变化。农区要发展规模养殖和畜禽养殖小区，促进养殖业整体素质和效益逐步提高。

二、转变思维、组织、管理和运作方式，提升农业产业化水平

（一）以工业化思维为先导，提升农业产业化水平

以工业化思维为先导是现代农业经济发展的客观要求，也是农业发展的新特点和新趋势，要运用工业化思维和市场经济的办法谋划农业和农村经济发展。

首先，农业也是企业。从目前的发展现实来看，农业企业的大量存在，无论是以农产品加工为主的生产加工型企业，还是以给农户提供产前、产中、产后服务为主的服务型企业，他们共同构筑了现阶段农业市场的主体。从一家一户的农户看，尽管绝大多数农户还未达到相当水平和规模，但依然显现出企业的雏形。其二，农业正在走向市场。既然农业也是企业，那必然要走向市场。一方面，通过流通交易，让农产品转化为商品，通过加工转化，提高其产品价值；另一方面，通过参与市场竞争，促进企业产品优胜劣汰，改进产品结构，提升企业市场竞争力，进而提升产业化。其三，农业需要招商引资。农业产业化经营需要较大资本投入，靠农民自己的资本无法满足农业产业化发展的需要，靠国家扶持和银行贷款有限，解决问题的办法，在于积极引导工商资本、民间资本和国外资本开发农业。

因此，运用工业化思维，进一步优化农业和农村内外部环境，着力统筹和调整城乡二元结构，促进传统农业向现代农业的根本转变，这在工业化尚未完成，农业生产力欠发达的现阶段，便是全力推进农业工业化、不断提升农业产业化、全面实现农业现代化发展的客观要求。

（二）以主导产业基地化为依托，提升农业产业化水平

发展产业基地化规模经营可着力化解以下几个矛盾：解决在社会主义初级阶段和社会主义市场经济条件下农业小生产和社会化大生产的矛盾；解决农村联产承包责任制与社会主义市场经济

体制相衔接的问题；解决增加农产品有效供给与农业比较利益低之间的矛盾；解决农户分散经营与提高规模效益的矛盾。农业发展要运用工业化的思维，要走工业化的路子，首要的问题就是要把基地建设作为整个农业产业化的"第一生产车间"来建，解决农民一家一户生产与规模化的矛盾，从根本上实现和提升农业产业化，推动农村经济全面、协调、可持续发展。

（三）以大力发展农民专业合作经济组织为核心，提升农业产业化水平

农民专业合作经济组织是联结农业与市场的桥梁和纽带。一是要多形式、多渠道发展流通企业。流通企业集聚千家万户的农产品，销往五湖四海，消化了农民的农产品，带回了农业的再生资金，"一出一进"使产品转化成商品。政府要在优化农业内外部环境方面下大功夫，开辟农产品绿色通道，让农民从流通中获利。二是要多品种、多门类建立专业协会。要积极依托主导产业，建立起与主导产业相应的农民专业协会、专业合作社，不断完善组织体系，制定章程，明确责、权、利，形成"市场一动，效益跟上；市场一调，产品就调"的网络预警机制。三是要全方位、多角度发展农村经纪人和农村运输大户。要抓好宣传，让农民知道当前发展农村经纪人和农村运输大户是解决千家万户小生产与千变万化大市场矛盾的最终选择，引导激励有这方面特长的农户加入经纪人组织，围绕农资供销、农产品流通，组建以运输大户参加的农村运输联合体，降低运行风险，真正使农民合作经济组织成为农民进入市场的桥梁和纽带。

（四）以现代企业管理为手段，提升农业产业化水平

推进农业产业化经营的根本出路在于把工业企业成功的经营管理理念和经验置入农业经营管理实体，贯穿于农业产业化经营的生产、加工、销售环节的始终。

重点要抓好 4 个方面的管理。一是资金管理。要科学选择项目，坚持调查研究分析预测资本市场动态，增强对资金投入的可

行性研究，防范投资风险。要合理使用和调度资金，使农民的资金发挥最大效益。建立健全财务管理制度，管理好资金，真正向管理要效益，使管理出效益。二是质量管理。要大力加强农业标准化建设，严格执行质量标准，按标准化组织生产。从产前生产资料供应，到产中技术环节，再到产后农产品的分级、包装、储运等都必须按生产标准和技术规程操作，提高从农户到加工企业等多个生产环节的标准化水平。建立健全农产品质量监督体系，确保农产品质量和食品安全。三是用工管理。农业各生产组织要运用国内外工业企业的先进管理方法强化劳动用工管理，严格依法建立健全用工制度和保护措施，使"以人为本"的现代科学管理理念和机制贯穿于农业生产、加工、销售经营的全过程。四是信息管理。必须加强信息管理，充分抓好农业信息服务体系建设，使信息效益体现于农业发展全过程。一方面，要加大信息对农业的引导作用，建立一个从事农产品信息分析、研究、统计和报告的专门机构，及时提供和发布权威性信息；另一方面，要积极统筹整合信息资源，宣传品牌，推介产品，开展农产品网上营销。

（五）以科技自主创新，提升农业产业化水平

搞市场经济就会有激烈的市场竞争，要在激烈的市场竞争中立于不败之地，就必须有自主的科技创新体系。发展农业也不例外，要从农业大国向农业强国跨越，搞好自主创新十分重要。

三、提升农业产业化水平的保障措施

（一）组织领导保障

农业产业化是一项系统工程，涉及生产、加工、流通等多环节、多领域和多部门，各级政府要把农业产业化工作列入重要议事日程，充分发挥政府职能作用，通过制定政策、科学规划、组织协调、积极引导、优质服务等，全力推进农业产业化经营。同时，要进一步转变工作思路，解放思想，更新观念，加大工作力

度，提高工作效率，实现最优效益，进一步树立求真务实的工作态度，突出工作重点，明确工作职责，改进工作方式，强化服务意识，不断提高工作水平和工作效率。为农业产业化水平的提高提供组织保障。

（二）资金保障

农业产业化经营需要较大资本投入，要千方百计筹措建设资金。一是要进一步争取上级支持，努力争取国家省级项目资金的支持。充分利用国家相关产业政策，多渠道增加投入，确保农业产业化持续健康发展。二是大力吸收民间资本，通过招商引资，鼓励更多的民间资本参与发展农业产业化。

（三）制度与技术保障

各级政府和职能部门要制定一系列的支农优惠政策或奖励措施，大力扶持农业产业化的快速发展。不断加大科技投入力度，把农科教专家有机结合起来，聘请专业技术人员深入一线长期指导，及时解决生产中的问题。

第五节 农业产业化经营中土地流转与规模经营

土地是财富之母、农业之本、农民之根。土地制度是一个国家最为重要的生产关系安排，是一切制度中最为基础的制度。当前，我国农业农村正经历着广泛而深刻的历史性变革：农业生产从传统向现代转型、农村社会从封闭向开放转变、城乡关系从分割向融合转化，土地制度作为农村的最基本的制度，也必须适应新的形势变化进行改革和完善，这是新时代赋予的新使命。

一、农村土地适度规模经营的重要性

党的十一届三中全会后推行了以家庭联产承包责任制为核心的经营方式，极大地解放了农村生产力，有力地推动了农业农村

经济的发展。随着社会主义市场经济体制的逐步确立和传统农业向现代农业的过渡，这种分散经营的小农生产与现代农业对规模经济、产业化经营的要求越来越难以适应。党的十七届三中全会及时指出"加强土地承包经营权流转管理和服务，建立健全土地承包经营权流转市场，按照依法自愿有偿原则，允许农民以转包、出租、互换、转让、股份合作等形式流转土地承包经营权，发展多种形式的适度规模经营。有条件的地方可以发展专业大户、家庭农场、农民专业合作社等规模经营主体。"这一重大决定的出台，将对农村土地适度规模经营起到至关重要的作用；同时，也是实现家庭承包经营责任制与现代农业顺利对接的有效途径。

（一）农村土地经营规模变更的必然性

我国是一个农业大国，特点是人多地少，以家庭联产承包责任制为核心的经营方式，目前已面临 4 个突出矛盾：一是农户超小规模经营与现代农业集约化的要求相矛盾；二是农民因土地承包而产生的恋土情结与发展土地规模经营的客观需要相矛盾；三是按福利原则平均分包土地与按效益原则由市场机制配置土地资源的要求相矛盾；四是分散经营的小农生产与社会大生产的要求相矛盾。借鉴发达国家的经验，只有实行农村土地流转和适度规模经营才是解决以上矛盾的根本出路。

（二）农村土地适度规模经营是现代农业发展的需要

农业现代化要求要用现代化科学管理办法组织管理农业，在不改变家庭经营的前提下，由贸工农一体化的规模经营方式，取代千家万户分散的小农经营方式，使农业经营逐步实现产业化和规模化。只有发展土地适度规模经营，才能提高农业社会化程度，有利于统一供种、统一防治病虫害、统一采取新的种养方法，有利于产后加工、销售服务。同时，只有发展土地适度规模经营，才能容纳现代农业科学技术和运用的技术装备，有利于机械化作业，促进农业现代化发展。

（三）农村土地适度规模经营是提高农业农民收入的需要

实践证明，仅靠少量的土地生产粮棉油是无法让一个 3～5 口之家达到小康水平的。目前条件下，多数农民提高收入的主要途径有以下 3 个：一是种地与外出打工相结合；二是通过转承包或租赁，种更多的土地，形成适度的经营规模，成为种粮专业户；三是放弃土地，在其他行业中谋发展求生存。第二条途径就是所说的土地适度规模经营，显然只有走第二条途径的人才能以农为本，靠专业化土地经营来发家致富，它代表着先进与未来社会经济发展相适应的经营模式，符合商品化、产业化的发展趋势，有利于逐步消除小农经济思想。同时，在国家发展城市化战略背景下，这些能适度集中到一起的土地主要来自靠第三条途径致富的农户所主动放弃的土地，在更广阔的领域发家致富。

（四）农村土地适度规模经营是实现农业机械化的需要

农业机械化是农业现代化的基础，当前，由于人均耕地少而分散，再加上富余劳动力多，因而造成农业机械化没有实质性的发展。农业的根本出路在于机械化，没有农业的机械化，农业土地规模化经营就无从谈起，就无法提高农业劳动生产率，农民就不能从繁重的体力劳动中解脱出来，也就不会走上致富的道路。可见，农业实现机械化是非常必要的。

（五）农村土地适度规模经营也是我国农业与国际农业接轨的需要

随着市场的开放，我国农业要想参与国际竞争获得更大的发展空间，就必须实行规模化经营，同时实行机械化作业，提高在国际市场上的竞争力。否则，根本无出路可言。当然，规模化经营不仅是指土地面积的扩大集中，它还包括资金和技术的投入等方面。

总之，随着社会经济的发展，实现土地规模经营是一种必然的发展趋势。同时，要认识到不能孤立地推进这一过程，要结合城市化和机械化的发展，要破除旧观念，因势利导，不能在时间和区域上搞一刀切，也不能拔苗助长，要形成一种有效的实施推进机制。

二、农村土地适度规模经营应坚持遵循的原则

农村土地适度规模经营是农村经济发展的客观要求，但实行土地适度规模经营必须慎重行事，不可急于求成。实践证明，必须切实解决好以下几个问题才能取得事半功倍的效果。

（一）坚持依法、自愿、有偿的原则

要在家庭联产承包经营的基础上，农民自觉自愿的前提下，推行土地承包经营权有偿流转。具体来说，就是要坚持3条原则：一是依法原则。要按照有关法律法规和中央的政策执行。二是自愿原则。要充分尊重农民的意愿，任何组织和个人不得强迫或阻碍农户流转土地。三是有偿原则。就是土地流转的条件和补偿完全由农户与受让方自主平等协商，流转的收益归农户所有。土地收益权是农户土地承包经营权的核心，农户的土地收益包括承包土地直接经营的收益，也包括流转土地的收益。土地承包经营权在发生流转时，农户有权获得土地流转的土地转包费或租金。

（二）坚持经营模式要灵活多样的原则

土地适度规模经营必须采取灵活多样的方式和方法。由于各地经济发展水平、农民对土地的依赖程度、劳动力素质以及土地条件和土地利用用途不同，土地适度规模经营的形式也不可能一致，在探索土地适度规模经营的过程中，一定要结合各自实际，坚持以市场为导向，以效益为中心，因地制宜选择土地规模经营形式，促进农村土地适度规模经营。

（三）坚持经营者具备相应实力与能力的原则

土地适度规模经营，承包人要懂得经营，会管理，这是关键的关键。实施适度规模经营是手段，最终获取好的效益才是目的。因此，在确立承包面积时，要看承包人是否有一定的经营水

平，否则肯定会出现广种薄收，产品质量差，经营效益挂账等不良后果。同时，承包人应有经济实力，自费投入。家庭承包户承包后，能否使经营者与经营效果紧密联系在一起实行"自费"经营，是推行好适度规模经营成功与否的核心问题。实践证明，坚持自费投入是目前最好的办法，因为自费投入从成本、品种搭配、管理到收获，家庭承包户都要全面考虑，才能本利双收，家庭承包户承包面积越多，成本就越大，其风险和压力也就越大。

（四）坚持政府与社会增强相应服务措施的原则

土地适度规模经营必须增强以政府部门为主，全社会参与的服务意识。土地规模经营能不能顺利推进，关键在于社会化服务能否到位。要切实增强政府部门的服务职能和宗旨意识，积极为土地规模经营提供信息、科技、资金等方面的服务，做到农业产前、产中、产后的社会化服务直接到村、到田间地头，确保土地流转工作健康发展。

（五）坚持生态发展的原则

我国人均耕地较少，农业生产基础条件相对较差，许多地区干旱缺水和生态环境脆弱，水土流失、土壤沙化等自然灾害长期存在；但生态资源相对丰富，潜在区域优势产业明显，有待进一步开发。生态农业作为生态环境建设的主要内容理所应当地应为农业的可持续发展作出较大贡献，针对问题与潜力，其农业发展对策应是充分发挥各地丰富的自然资源优势，大力发展生态农业，走绿色环保、无公害农业生产之路，以战略的高度切实加强农业，使农业生产的发展与当地发展的水平相协调，努力克服农业产投比过低和资源、设施浪费现象，要保持人与自然和谐，使农业生态循环发展和可持续发展。

三、当前土地流转过程中存在的问题与对策

所谓农村土地流转即农村承包土地经营权的流转，是指在农村土地所有权归属和农业用地性质不变的情况下，将土地经营权

从承包权中分离出来，转移给其他农户或经营者。合理有序地推进农村土地承包经营权流转，是推动农村土地适度规模经营的重要途径，也是发展现代农业之路，但当前在土地流转过程中还存在一些问题，需要尽快加以解决。

（一）当前农村承包土地流转的主要方式

据调查，目前土地流转主要有以下 3 种方式：一是亲属之间流转。即在土地承包期内，承包方将土地使用权转包给其亲属，不改变原承包方与发包方的合同关系，承包方不愿放弃其承包土地的权利和义务。二是互换流转。即在土地承包期内，承包方之间为了耕作方便，将同等类型、不同田块的承包土地相互置换，按照同类、同面积、自愿的原则，进行流转。三是有偿租赁流转。即在土地承包期内，承包方将其土地租赁给其他人耕种，每年收取租金。目前，以第三种方式流转的居多，也是探讨的主要流转方式。

（二）当前土地流转过程中存在的问题

1. 思想认识程度低　一是新时期土地流转工作刚刚起步，没有经验可循。二是还存在小农经济思想。部分农民恋土观念强，认为务工经商虽然收入高但有风险，宁可粗放经营，甚至不惜撂荒弃耕，即使外出务工也不愿转出土地，担心失业没地、生活养老没保障；另一方面，农业税全面取消，优惠政策不断出台，土地收益逐年上升，按承包面积给予的粮补促使部分农民不愿转出土地。三是对流转政策心存误解。部分农民担心政策不稳，政府收回土地承包权，没有安全感。

2. 很难实现适宜规模流转　土地流转的目的就是实现规模经营，许多业主租赁土地都希望集中连片，有一个适宜的经营规模，但不同农民利益目标不一致，有一部分文化技能低的劳动力仍从事农业生产，依靠承包地收入维持基本生活，不愿失去土地，往往导致规模土地流转难以成功，影响农业项目实施。

3. 土地流转行为不规范　在土地流转过程中，很少签订正规书面合同，大多实行口头协议，未经发包方同意及管理部门备案公证，即使签订书面合同，其内容不完整、不规范，甚至没有明确责权利关系。一方面造成部分业主借合同不规范、经营不善违约逃债，或未经有关部门审批同意，擅自改变土地农用性质。另一方面国家各项惠农政策落实后，土地不断增值，部分农民借合同不规范索回土地经营权。

4. 土地流转的动力不足　首先，社会保障体系不健全，特别是在农村地区更加薄弱，无法为转出土地的农民提供充分的社会保障。所以，农民对土地流转态度更加慎重，出于对土地普遍有预期增值和稳定的经济收益保障心理，不愿放弃土地承包经营权。其次，流出方农民利益不能完全得到有效保障。如少数地方将土地流转作为增加乡村集体收入、干部福利的手段，用行政手段干预农民土地流转，承租大量土地进行规模开发，常压低流转价格，使农民获得补偿往往最低；另外，还有业主因投资失败和市场变化等原因，不能及时兑现农民租金，农民流转收益存在风险。其三，流转收益缺乏增长机制。在流转合同约定上，农民土地流转收益一般固定，流转期间不再调整租金，流转收益没有随经济发展得到相应增长。

（三）做好土地流转工作的对策与措施

农村土地流转是农村经济社会发展过程中产生的一种新型经济形式，是推进土地集约化经营，规模化生产，产业化发展的必由之路。依法合理有序规范土地流转行为，有利于保护农民土地权益，有利于推动现代农业发展，有利于促进社会主义新农村建设。

1. 加强宣传工作，积极正确引导流转　在土地流转过程中，要充分利用各种媒体，公开宣传土地流转政策，提高全社会对土地流转工作的认识程度，逐步消除传统思想观念。同时，还要加大对通过土地流转增收致富典型的引导力度，充分发挥外出创业有成人员和种田大户的典型示范作用，促使更多农民转变思想观念，以加快土地规模流转。

2. 加强服务管理工作，规范流转行为 一是加强对土地流转双方的管理，积极引导农民签订规范的流转协议，对双方的责权利作出明确规定。二是严格执行土地承包法律法规，建立流转合同的签订、鉴证、仲裁制度。三是加强对流转合同的审查、监督，及时解决流转过程中出现的新问题。四是规范基层组织参与土地流转的行为，不得阻挠农民自愿合理流转土地和损害农户利益，促进土地的顺利流转。

3. 发展农民新型农业经营体系，促进土地适度规模流转经营 要积极探索通过引导农户以承包土地入股，组建土地股份合作社，发展适度规模经营，建立多种形式的农民新型合作组织和经营体系，推进农业适度规模经营。

4. 全社会都要为土地流转积极创造条件 首先，要加快新农村城镇化建设，积极转移剩余劳动力，积极解决人地矛盾问题。只有加快城镇化，才能改变农村人地资源的数量关系，随着进城农民收入水平的提高，会自愿割断农地的关系，推动土地的流转。其次，要探索建立农村社保体系，解除失地农民后顾之忧。要积极探索建立以农村最低生活保障、养老保险、医疗保险等为主的农村社会保障体系。创造城乡公平的就业环境，解决好进城农民子女的就学、就业等难题，解除他们的后顾之忧。逐步弱化土地的社会保障功能，让农民放心流转土地，实现适度规模经营，发展现代农业。

5. 制定优惠政策措施，提高土地流转积极性 一是设立农村土地承包经营权流转专项资金，推动土地适度规模经营。二是加大财政投入力度，提高政府配套社保资金在农民社保基金中的比例，通过土地流转筹集部分社保基金发展农村社区保障，通过政策激励、吸引农民参保。建立和完善农村就业、养老保险、合作医疗等社会保障体系，降低农民对土地的生存依赖性。加快建立现代农业保险体系，优先将规模经营业主纳入保险范畴，增强农民和现代农业企业抗风险能力。三是鼓励工商企业投资土地流转事业，带动农户发展产业化经营。四是金融机构要在符合信贷政策的前提下，为参与农村土地承包经营权流转的龙头企业、农民专业合作社和经营大户提供积极的信贷支持。

第六节　不断创新土地与农业产业化经营体系

一、深化农村土地制度改革

（一）完善农村土地承包政策

稳定农村土地承包关系并保持长久不变，在坚持和完善最严格的耕地保护制度前提下，赋予农民对承包地占有、使用、收益、流转及承包经营权抵押、担保权能。在落实农村土地集体所有权的基础上，稳定农户承包权、放活土地经营权，允许承包土地的经营权向金融机构抵押融资。有关部门要抓紧研究提出规范的实施办法，建立配套的抵押资产处置机制，推动修订相关法律法规。切实加强组织领导，抓紧抓实农村土地承包经营权确权登记颁证工作，充分依靠农民群众自主协商解决工作中遇到的矛盾和问题，可以确权确地，也可以确权确股不确地，确权登记颁证工作经费纳入地方财政预算，中央财政给予补助。稳定和完善草原承包经营制度，2015 年基本完成草原确权承包和基本草原划定工作。切实维护妇女的土地承包权益。加强农村经营管理体系建设。深化农村综合改革，完善集体林权制度改革，健全国有林区经营管理体制，继续推进国有农场办社会职能改革。

（二）引导和规范农村集体经营性建设用地入市

在符合规划和用途管制的前提下，允许农村集体经营性建设用地出让、租赁、入股，实行与国有土地同等入市、同权同价，加快建立农村集体经营性建设用地产权流转和增值收益分配制度。有关部门要尽快提出具体指导意见，并推动修订相关法律法规。各地要按照中央统一部署，规范有序推进这项工作。

（三）完善农村宅基地管理制度

改革农村宅基地制度，完善农村宅基地分配政策，在保障农户宅基地用益物权前提下，选择若干试点，慎重稳妥推进农民住房财产权抵押、担保、转让。有关部门要抓紧提出具体试点方案，各地不得自行其是、抢跑越线。完善城乡建设用地增减挂钩试点工作，切实保证耕地数量不减少、质量有提高。加快包括农村宅基地在内的农村地籍调查和农村集体建设用地使用权确权登记颁证工作。

（四）加快推进征地制度改革

缩小征地范围，规范征地程序，完善对被征地农民合理、规范、多元保障机制。抓紧修订有关法律法规，保障农民公平分享土地增值收益，改变对被征地农民的补偿办法，除补偿农民被征收的集体土地外，还必须对农民的住房、社保、就业培训给予合理保障。因地制宜采取留地安置、补偿等多种方式，确保被征地农民长期受益。提高森林植被恢复费征收标准。健全征地争议调节处理裁决机制，保障被征地农民的知情权、参与权、申诉权、监督权。

二、构建新型农业经营体系

（一）发展多种形式规模经营

鼓励有条件的农户流转承包土地的经营权，加快健全土地经营权流转市场，完善县、乡、村三级服务和管理网络。探索建立工商企业流转农业用地风险保障金制度，严禁农用地非农化。有条件的地方，可对流转土地给予奖补。土地流转和适度规模经营要尊重农民意愿，不能强制推动。

（二）扶持发展新型农业经营主体

鼓励发展专业合作、股份合作等多种形式的农民合作社，引导规范运行，着力加强能力建设。允许财政项目资金直接投向符合条件的合作社，允许财政补助形成的资产转交合作社持有和管护，有关部门要建立规范透明的管理制度。推进财政支持农民合作社创新试点，引导发展农民专业合作社联合社。按照自愿原则开展家庭农场登记。鼓励发展混合所有制农业产业化龙头企业，推动集群发展，密切与农户、农民合作社的利益联结关系。在国家年度建设用地指标中单列一定比例专门用于新型农业经营主体建设配套辅助设施。鼓励地方政府和民间出资设立融资性担保公司，为新型农业经营主体提供贷款担保服务。加大对新型职业农民和新型农业经营主体领办人的教育培训力度。落实和完善相关税收优惠政策，支持农民合作社发展农产品加工流通。

（三）健全农业社会化服务体系

稳定农业公共服务机构，健全经费保障、绩效考核激励机制。采取财政扶持、税费优惠、信贷支持等措施，大力发展主体多元、形式多样、竞争充分的社会化服务，推行合作式、订单式、托管式等服务模式，扩大农业生产全程社会化服务试点范围。通过政府购买服务等方式，支持具有资质的经营性服务组织从事农业公益性服务。扶持发展农民用水合作组织、防汛抗旱专业队、专业技术协会、农民经纪人队伍。完善农村基层气象防灾减灾组织体系，开展面向新型农业经营主体的直通式气象服务。

三、推进一二三产业融合发展

推进农村一二三产业（以下简称农村产业）融合发展，是拓宽农民增收渠道、构建现代农业产业体系的重要举措，是加快转变农业发展方式、探索中国特色农业现代化道路的必然要求。

（一）总体要求

1. 指导思想　全面贯彻落实党的十八大和十八届二中、三中、四中、五中全会精神，按照党中央、国务院决策部署，坚持"四个全面"战略布局，牢固树立创新、协调、绿色、开放、共享的发展理念，主动适应经济发展新常态，用工业理念发展农业，以市场需求为导向，以完善利益联结机制为核心，以制度、技术和商业模式创新为动力，以新型城镇化为依托，推进农业供给侧结构性改革，着力构建农业与二三产业交叉融合的现代产业体系，形成城乡一体化的农村发展新格局，促进农业增效、农民增收和农村繁荣，为国民经济持续健康发展和全面建成小康社会提供重要支撑。

2. 基本原则 坚持和完善农村基本经营制度，严守耕地保护红线，提高农业综合生产能力，确保国家粮食安全。坚持因地制宜，分类指导，探索不同地区、不同产业融合模式。坚持尊重农民意愿，强化利益联结，保障农民获得合理的产业链增值收益。坚持市场导向，充分发挥市场配置资源的决定性作用，更好发挥政府作用，营造良好市场环境，加快培育市场主体。坚持改革创新，打破要素瓶颈制约和体制机制障碍，激发融合发展活力。坚持农业现代化与新型城镇化相衔接，与新农村建设协调推进，引导农村产业集聚发展。

3. 主要目标 到 2020 年，农村产业融合发展总体水平明显提升，产业链条完整、功能多样、业态丰富、利益联结紧密、产城融合更加协调的新格局基本形成，农业竞争力明显提高，农民收入持续增加，农村活力显著增强。

（二）发展多类型农村产业融合方式

1. 着力推进新型城镇化 将农村产业融合发展与新型城镇化建设有机结合，引导农村二三产业向县城、重点乡镇及产业园区等集中。加强规划引导和市场开发，培育农产品加工、商贸物流等专业特色小城镇。强化产业支撑，实施差别化落户政策，努力实现城镇基本公共服务常住人口全覆盖，稳定吸纳农业转移人口。

2. 加快农业结构调整 以农牧结合、农林结合、循环发展为导向，调整优化农业种植养殖结构，加快发展绿色农业。建设现代饲草料产业体系，推广优质饲草料种植，促进粮食、经济作物、饲草料三元种植结构协调发展。大力发展种养结合循环农业，合理布局规模化养殖场。加强海洋牧场建设。积极发展林下经济，推进农林复合经营。推广适合精深加工、休闲采摘的作物新品种。加强农业标准体系建设，严格生产全过程管理。

3. 延伸农业产业链 发展农业生产性服务业，鼓励开展代耕代种代收、大田托管、统防统治、烘干储藏等市场化和专业化服务。完善农产品产地初加工补助政策，扩大实施区域和品种范围，初加工用电享受农用电政策。加强政策引导，支持农产品深加工发展，促进其向优势产区和关键物流节点集中，加快消化粮棉油库存。支持农村特色加工业发展。

加快农产品冷链物流体系建设，支持优势产区产地批发市场建设，推进市场流通体系与储运加工布局有机衔接。在各省（区、市）年度建设用地指标中单列一定比例，专门用于新型农业经营主体进行农产品加工、仓储物流、产地批发市场等辅助设施建设。健全农产品产地营销体系，推广农超、农企等形式的产销对接，鼓励在城市社区设立鲜活农产品直销网点。

4. 拓展农业多种功能 加强统筹规划，推进农业与旅游、教育、文化、健康养老等产业深度融合。积极发展多种形式的农家乐，提升管理水平和服务质量。建设一批具有历史、地域、民族特点的特色旅游村镇和乡村旅游示范村，有序发展新型乡村旅游休闲产品。鼓励有条件的地区发展智慧乡村游，提高在线营销能力。

加强农村传统文化保护，合理开发农业文化遗产，大力推进农耕文化教育进校园，统筹利用现有资源建设农业教育和社会实践基地，引导公众特别是中小学生参与农业科普和农事体验。

5. 大力发展农业新型业态 实施"互联网＋现代农业"行动，推进现代信息技术应用于农业生产、经营、管理和服务，鼓励对大田种植、畜禽养殖、渔业生产等进行物联网改造。采用大数据、云计算等技术，改进监测统计、分析预警、信息发布等手段，健全农业信息监测预警体系。

大力发展农产品电子商务，完善配送及综合服务网络。推动科技、人文等元素融入农业，发展农田艺术景观、阳台农艺等创意农业。鼓励在大城市郊区发展工厂化、立体化等高科技农业，提高本地鲜活农产品供应保障能力。鼓励发展农业生产租赁业务，积极探索农产品个性化定制服务、会展农业、农业众筹等新型业态。

6. 引导产业集聚发展 加强农村产业融合发展与城乡规划、土地利用总体规划有效衔接，完善县域产业空间布局和功能定位。通过农村闲置宅基地整理、土地整治等新增的耕地和建设用地，优先用于农村产业融合发展。创建农业产业化示范基地和现代农业示范区，完善配套服务体系，形成农产品集散中心、物流配送中心和展销中心。

扶持发展一乡（县）一业、一村一品，加快培育乡村手工艺品和农村土特产品品牌，推进农产品品牌建设。依托国家农业科技园区、农业科研院校和"星创天地"，培育农业科技创新应用企业集群。

（三）培育多元化农村产业融合主体

1. 强化农民合作社和家庭农场基础作用 鼓励农民合作社发展农产品加工、销售，拓展合作领域和服务内容。鼓励家庭农场开展农产品直销。引导大中专毕业生、新型职业农民、务工经商返乡人员领办农民合作社、兴办家庭农场、开展乡村旅游等经营活动。支持符合条件的农民合作社、家庭农场优先承担政府涉农项目，落实财政项目资金直接投向农民合作社、形成资产转交合作社成员持有和管护政策。开展农民合作社创新试点，引导发展农民合作社联合社。引导土地流向农民合作社和家庭农场。

2. 支持龙头企业发挥引领示范作用 培育壮大农业产业化龙头企业和林业重点龙头企业，引导其重点发展农产品加工流通、电子商务和农业社会化服务，并通过直接投资、参股经营、签订长期合同等方式，建设标准化和规模化的原料生产基地，带动农户和农民合作社发展适度规模经营。龙头企业要优化要素资源配置，加强产业链建设和供应链管理，提高产品附加值。

鼓励龙头企业建设现代物流体系，健全农产品营销网络。充分发挥农垦企业资金、技术、品牌和管理优势，培育具有国际竞争力的大型现代农业企业集团，推进垦地合作共建，示范带动农村产业融合发展。

3. 发挥供销合作社综合服务优势　推动供销合作社与新型农业经营主体有效对接，培育大型农产品加工、流通企业。健全供销合作社经营网络，支持流通方式和业态创新，搭建全国性和区域性电子商务平台。拓展供销合作社经营领域，由主要从事流通服务向全程农业社会化服务延伸、向全方位城乡社区服务拓展，在农资供应、农产品流通、农村服务等重点领域和环节为农民提供便利实惠、安全优质的服务。

4. 积极发展行业协会和产业联盟　充分发挥行业协会自律、教育培训和品牌营销作用，开展标准制订、商业模式推介等工作。在质量检测、信用评估等领域，将适合行业协会承担的职能移交行业协会。鼓励龙头企业、农民合作社、涉农院校和科研院所成立产业联盟，支持联盟成员通过共同研发、科技成果产业化、融资拆借、共有品牌、统一营销等方式，实现信息互通、优势互补。

5. 鼓励社会资本投入　优化农村市场环境，鼓励各类社会资本投向农业农村，发展适合企业化经营的现代种养业，利用农村"四荒"（荒山、荒沟、荒丘、荒滩）资源发展多种经营，开展农业环境治理、农田水利建设和生态修复。国家相关扶持政策对各类社会资本投资项目同等对待。

对社会资本投资建设连片面积达到一定规模的高标准农田、生态公益林等，允许在符合土地管理法律法规和土地利用总体规划、依法办理建设用地审批手续、坚持节约集约用地的前提下，利用一定比例的土地开展观光和休闲度假旅游、加工流通等经营活动。能够商业化运营的农村服务业，要向社会资本全面开放。积极引导外商投资农村产业融合发展。

（四）建立多形式利益联结机制

1. 创新发展订单农业　引导龙头企业在平等互利基础上，与农户、家庭农场、农民合作社签订农产品购销合同，合理确定收购价格，形成稳定购销关系。支持龙头企业为农户、家庭农场、农民合作社提供贷款担保，资助订单农户参加农业保险。鼓励农产品产销合作，建立技术开发、生产标准和质量追溯体系，设立共同营销基金，打造联合品牌，实现利益共享。

2. 鼓励发展股份合作　加快推进农村集体产权制度改革，将土地承包经营权确权登记颁证到户、集体经营性资产折股量化到户。地方人民政府可探索制订发布本行政区域内农用地基准地价，为农户土地入股或流转提供参考依据。以土地、林地为基础的各种形式合作，凡是享受财政投入或政策支持的承包经营者均应成为股东方，并采取"保底收益＋按股分红"等形式，让农户分享加工、销售环节收益。探索形成以农户承包土地经营权入股的股份合作社、股份合作制企业利润分配机制，切实保障土地经营权入股部分的收益。

3. 强化工商企业社会责任　鼓励从事农村产业融合发展的工商企业优先聘用流转出土地的农民，为其提供技能培训、就业岗位和社会保障。引导工商企业发挥自身优势，辐射带动农户扩大生产经营规模、提高管理水平。完善龙头企业认定监测制度，实行动态管理，逐步建立社会责任报告制度。强化龙头企业联农带农激励机制，国家相关扶持政策与利益联结机制相挂钩。

4. 健全风险防范机制　稳定土地流转关系，推广实物计租货币结算、租金动态调整等计价方式。规范工商资本租赁农地行为，建立农户承包土地经营权流转分级备案制度。引导各地建立土地流转、订单农业等风险保障金制度，并探索与农业保险、担保相结合，提高风险防范能力。

增强新型农业经营主体契约意识，鼓励制定适合农村特点的信用评级方法体系。制定和推行涉农合同示范文本，依法打击涉农合同欺诈违法行为。加强土地流转、订单等合同履约监督，建立健全纠纷调解仲裁体系，保护双方合法权益。

（五）完善多渠道农村产业融合服务

1. 搭建公共服务平台　以县（市、区）为基础，搭建农村综合性信息化服务平台，提供电子商务、乡村旅游、农业物联网、价格信息、公共营销等服务。优化农村创业孵化平台，建立在线技术支持体系，提供设计、创意、技术、市场、融资等定制化解决方案及其他创业服务。建设农村产权流转交易市场，引导其健康发展。采取政府购买、资助、奖励等形式，引导科研机构、行业协会、龙头企业等提供公共服务。

2. 创新农村金融服务　发展农村普惠金融，优化县域金融机构网点布局，推动农村基础金融服务全覆盖。综合运用奖励、补助、税收优惠等政策，鼓励金融机构与新型农业经营主体建立紧密合作关系，推广产业链金融模式，加大对农村产业融合发展的信贷支持。推进粮食生产规模经营主体营销贷款试点，稳妥有序开展农村承包土地的经营权、农民住房财产权抵押贷款试点。

坚持社员制、封闭性、民主管理原则，发展新型农村合作金融，稳妥开展农民合作社内部资金互助试点。鼓励发展政府支持的"三农"融资担保和再担保机构，为农业经营主体提供担保服务。鼓励开展支持农村产业融合发展的融资租赁业务。积极推动涉农企业对接多层次资本市场，支持符合条件的涉农企业通过发行债券、资产证券化等方式融资。加强涉农信贷与保险合作，拓宽农业保险保单质押范围。

3. 强化人才和科技支撑　加快发展农村教育特别是职业教育，加大农村实用人才和新型职业农民培育力度。加大政策扶持力度，引导各类科技人员、大中专毕业生等到农村创业，实施鼓励农民工等人员返乡创业三年行动计划和现代青年农场主计划，开展百万乡村旅游创客行动。

鼓励科研人员到农村合作社、农业企业任职兼职，完善知识产权入股、参与分红等激励机制。支持农业企业、科研机构等开展产业融合发展的科技创新，积极开发农产品加工储藏、分级包装等新技术。

4. 改善农业农村基础设施条件　统筹实施全国高标准农田建设总体规划，继续加强农村土地整治和农田水利基础设施建设，改造提升中低产田。加快完善农村水、电、路、通信等基础设施。加强农村环境整治和生态保护，建设持续健康和环境友好的新农村。

统筹规划建设农村物流设施，逐步健全以县、乡、村三级物流节点为支撑的农村物流网络体系。完善休闲农业和乡村旅游道路、供电、供水、停车场、观景台、游客接待中心等配套设施。

5. 支持贫困地区农村产业融合发展　支持贫困地区立足当地资源优势，发展特色种养业、农产品加工业和乡村旅游、电子商务等农村服务业，实施符合当地条件、适应市场需求的农村产业融合项目，推进精准扶贫、精准脱贫，相关扶持资金向贫困地区倾斜。鼓励经济发达地区与贫困地区开展农村产业融合发展合作，支持企事业单位、社会组织和个人投资贫困地区农村产业融合项目。

（六）健全农村产业融合推进机制

1. 加大财税支持力度　支持地方扩大农产品加工企业进项税额核定扣除试点行业范围，完善农产品初加工所得税优惠目录。落实小微企业税收扶持政策，积极支持"互联网＋现代农业"等新型业态和商业模式发展。

统筹安排财政涉农资金，加大对农村产业融合投入，中央财政在现有资金渠道内安排一部分资金支持农村产业融合发展试点，中央预算内投资、农业综合开发资金等向农村产业融合发展项目倾斜。创新政府涉农资金使用和管理方式，研究通过政府和社会资本合作、设立基金、贷款贴息等方式，带动社会资本投向农村产业融合领域。

2. 开展试点示范　围绕产业融合模式、主体培育、政策创新和投融资机制，开展农村产业融合发展试点示范，积极探索和总结成功的做法，形成可复制、可推广的经验，促进农村产业融合加快发展。

3. 落实地方责任　地方各级人民政府要切实加强组织领导，把推进农村产业融合发展摆上重要议事日程，纳入经济社会发展总体规划和年度计划；要创新和完善乡村治理机制，加强分类指导，因地制宜探索融合发展模式。县级人民政府要强化主体责任，制定具体实施方案，引导资金、技术、人才等要素向农村产业融合集聚。

4. 强化部门协作　各有关部门要根据有关要求，结合自身实际，抓紧制定和完善相关规划、政策措施，密切协作配合，确保各项任务落实到位。

图书在版编目（CIP）数据

农业转型升级种养增效措施与实用技术 / 高丁石等
主编. —北京：中国农业出版社，2019.10
ISBN 978-7-109-25863-1

Ⅰ.①农… Ⅱ.①高… Ⅲ.①生态农业－农业发展－
研究 Ⅳ.①S-0

中国版本图书馆 CIP 数据核字（2019）第 182293 号

中国农业出版社出版
地址：北京市朝阳区麦子店街 18 号楼
邮编：100125
责任编辑：郭银巧　张　利　文字编辑：李　莉
版式设计：王　晨　责任校对：吴丽婷
印刷：中农印务有限公司
版次：2019 年 10 月第 1 版
印次：2019 年 10 月北京第 1 次印刷
发行：新华书店北京发行所
开本：850mm×1168mm　1/32
印张：11.5
字数：300 千字
定价：49.80 元
